经典名著导读版

昆虫记

KUN CHONG JI

[法] 让·亨利·卡西米尔·法布尔　著
张菊红　马维维　译

江苏凤凰文艺出版社
JIANGSU PHOENIX LITERATURE AND ART PUBLISHING

图书在版编目(CIP)数据

昆虫记：经典名著导读版 / (法) 让·亨利·卡西米尔·法布尔著；张菊红，马维维译. — 南京：江苏凤凰文艺出版社，2024.1

ISBN 978-7-5594-7707-1

Ⅰ.①昆… Ⅱ.①让… ②张… ③马… Ⅲ.①昆虫学—青少年读物 Ⅳ.①Q96-49

中国国家版本馆 CIP 数据核字(2023)第 075258 号

昆虫记：经典名著导读版

[法]让·亨利·卡西米尔·法布尔　著

张菊红　马维维　译

出 版 人　张在健
责任编辑　文芹芹
责任印制　杨　丹
出版发行　江苏凤凰文艺出版社
南京市中央路 165 号，邮编：210009
网　　址　http://www.jswenyi.com
印　　制　南京新洲印刷有限公司
开　　本　787 毫米×1092 毫米　1/16
印　　张　15.75
字　　数　250 千字
版　　次　2024 年 1 月第 1 版
印　　次　2024 年 1 月第 1 次印刷
书　　号　ISBN 978-7-5594-7707-1
定　　价　45.80 元

目录

上部　本能的奇迹

下部　童年的回忆

上部

本能的奇迹

第一章　荒石园

一小块地，可以自由自在地和昆虫“交谈”。“愿望”“梦想”“心怀”写出了作者对荒石园的渴望。

这就是我所希望得到的东西：它是一小块地。嗯，虽不是太大，但却是用栅栏围起来，这可以避免毫无遮拦的公路带来的闹心事儿；它也是被人们遗弃的，贫瘠且被太阳炙烤的一小块地。但这里却是蓟（一种菊科植物）和黄蜂、蜜蜂的生存乐园。在这儿，不用担心路人带来的惊扰，我可以与砂泥蜂和打猎黄蜂交谈。在这种艰难的交谈中，我尝试着用它们的语言发现问题和寻找答案；在这儿，不用花费时间去远行，也没有疲惫的漫步让我神情紧张，我可以设计我的进攻计划，安置我的陷阱，并在每天时刻关注它们的结果。是的，这就是我的愿望，我的梦想，它总是萦绕在我的心怀，却又总是消失于未来的迷雾之中。

要知道，当每天被令人烦忧的生计问题所困扰时，在荒郊野外建立一个实验室确实不是件容易的事。这四十年来，我一直怀着坚定的信念，和穷困潦倒的生活做着抗争。最终，我日思夜想的拥有一个野外实验室的夙愿得以实现。尽管我为此付出了不屈不挠、夜以继日的工作代价，但现在我不想再去说它什么了。伴随着它的到来，我可能需要有一些空闲，这才是更重要的一点。我说的是可能，因为我的腿上仍然像是套着囚犯的锁链让我举步维艰。

经历了种种艰辛，作者终于拥有了荒石园，感慨万千。

这个愿望实现了，只是来得有点儿迟，我可爱的昆虫们！我很担心当这里的桃子成熟的时候，我会因为掉光了牙齿而没有办法享用。是的，这个愿望实现得迟了点儿:原先宽阔的地平线已经收缩成低垂而压抑的苍穹,并且日甚一日。能够保留我值得的东西,对于过去的事情我没有什么可后悔的;我甚至对于曾经流逝的青春也不感到惋惜。我也没有什么可希望的了,我已经到了这般境地,种种往事和经历已让我筋疲力尽。我们需要扪心自问:这样的生活是否还有延续下去的价值?

在一片废墟包围中间,有一条颓圮的围墙,纹丝不动地矗立在它坚固的墙基上:这就是我对于科学真理追求的热情!哦,我忙碌的昆虫们,这是否能成为足够的理由,让我在你们的故事里适当地添加几页文字呢?我会不会心有余而力不足呢?的确,为什么我要把你们放弃那么长时间呢?

作者采用第二人称的写作方法,直接和昆虫对话,可见他对昆虫的喜爱。

朋友们为此责备了我。呃,告诉他们吧,告诉那些既是你的也是我的朋友们,我并非健忘,也无厌倦,更未疏忽:我想念你们!我深信,大黄蜂的蜂巢会给我们展示更多美丽的秘密,而打猎黄蜂在追捕中也隐藏着很多神奇之处。但是我没有时间,我和不幸的命运做着搏斗,孤独一人,遭人遗弃。在理性思考之前,一个人首先要能活下去。告诉他们这些,他们将会原谅我。

还有些人指责我的写作风格,认为不够一本正经,也就是缺乏学究般枯燥的语言。他们总是担心一页浅白的、阅读起来毫不费力的文字,不足以表达事实的真相。照他们的说法,只有艰深晦涩的文字才能表达渊博的思想。你们这些长着螯刺和盔甲上长着鞘翅的昆虫们,统统到我这里来,为我作有力的辩护吧!告诉他们,我们之间是多么地亲密无间。我是多么地爱你们,多么有耐心地观察你们,多么仔细地记录你们的活动。你们的证词会毫无异议地显示:是的,虽然我的书还有粗糙的地方,但是没有空洞无物的公式和一知半解的废话,有的是在事实观察基础上所做的准确的叙述——恰到好处。无论是谁还存在质疑,他们将得到同样的答复。

你同意"有些人"的说法吗?请你想一想:作者的写作风格是怎样的?

那么现在，我亲爱的昆虫们，如果你们不能说服这些好人们，是因为你们单调的辩词还没有足够的分量。那么，就让我来对他们说：

不同于解剖形式的科学研究，作者更关注昆虫生命本身。

“你们把动物切割了做实验，而我却研究活着的它们；你们把动物变成恐怖而可怜的尸体，而我却使得人们喜爱它们；你们在酷刑房和解剖室里工作，而我却在蔚蓝的天空下展开我的观察，伴随着蝉儿的鸣叫；你们用化学实验研究蜂巢的原生质，而我却探索它们本能的最高表现；你们探求死亡，而我却探究生命。可是为什么我无法贯彻我的想法呢？因为野猪搅浑了清澈的溪流。博物学原本是年轻人极好的专业，可它却像细胞分裂一样越分越细，导致它变成了一门令人生厌和排斥的学问。如果说我的写作是为了学者和哲学家们——他们有朝一日或将解开一些关于本能的艰深难题——那么我所写的一切也是为了年轻人。我渴望让他们对博物学由痛恨转为热爱。这就是为什么我在昆虫学领域里保持严谨的叙述，而又避免使用你们的科学术语的原因。你们经常用的科学术语，唉，就像从易洛魁人（北美印第安人）的土语中借用来的一样！”

不过这不是我当下要做的事情。我想谈的是我长期魂牵梦绕的那一小块地，我计划在上面建立一个活昆虫实验室。我最终在一个荒僻的小村子里得到了它，这块地的名字叫作“荒石园”。在当地人们的语言中，它指的是无法开垦、乱石密布，只能生长百里香（一种植物）的被废弃的荒地。在这块贫瘠的土地上，即使付出犁田的功夫也收效甚微。而当春雨偶然降临滋润，一些小草开始发芽的时候，绵羊也会经过这里。

本段介绍荒石园的环境，虽然这里土地贫瘠，却是昆虫们的乐园。

不管怎样吧，在我的荒石园中，由于很多石块中夹杂有一些红土，让我开始了首次粗糙的耕种尝试。我被告知这里曾经生长过葡萄藤。的确，事实上当我们计划种植一些树木而挖掘这块地时，在各处都发现了一些宝贵的根茎。由于埋藏地下时间太长，已经部分地炭化了。我用唯一能够刨进土地的耕种农具三齿叉耙这块地。可是很抱歉，原先的植物都已经消失了。不再有百里香，不再有薰衣草，不再有丛生的胭脂虫橡树，这种矮小的橡树是可以形成小树林的，不过只要我们稍微一抬脚就能够跨过去。这些植物，尤其是前两种，可以为蜜蜂和黄蜂提供酷爱的饲料，或许对我有用。这迫使我在用三齿叉刨开的土地上栽种它们。

在我初次翻动的土壤里，有大量的植物在不需要我打理的情况下滋生蔓延，首先就是茅草。这是一种可恶的杂草，三年激烈的战火竟然没有成功地将其斩草除根。在数量上居第二位的是矢车菊，它们全都摆出一副冷酷的表情，浑身长着刺或星形的戟。它们的种类有黄花矢车菊、山地矢车菊、星苞矢车菊和粗叶矢车菊，而黄花矢车菊占主导地位。在到处都是盘根错节的矢车菊中间站立着的，是模样凶恶的西班牙婆罗门参，它们那宛若吊灯般摊开的橘红色花朵闪耀着光芒，而身上却长着如钉子般坚硬的刺。生长得比它高的是伊利亚里棉蓟，它们高耸直挺的单个茎有1～2米长，在茎的末梢长着硕大的粉红色花簇，它们的盔甲不比婆罗门参差。我们也不要忘了数量较少的蓟科植物：首先要认识的是多刺蓟或恶蓟，它们全副武装的刺会让植物采集者不知从何下手；其次是矛刺蓟，它们长有丰富的叶片，而在每个叶片的末端都带有一个刺头；最后是黑蓟，它把自己收缩集聚生长成一个带穗的疙瘩头。在这些蓟之间，悬钩子属植物的蓝色嫩枝，像长绳似的在地上蔓延。想要在长满刺的灌木丛中观察黄蜂如何觅食，你必须穿上长筒靴，或者心甘情愿地忍受小腿被刺的痛楚。只要土地里还残留有一些春雨的水分，这些粗野的植物就会展现出生命的魔力，锥子般的婆罗门参和伊利亚里棉蓟的枝丫，就会从黄花矢车菊连片的地毯似的花海中冒出头

荒石园生长着的都是生命力顽强的植物，“可恶”的杂草，“摆出一副冷酷的表情”的矢车菊……这些在作者眼里却是“伊甸园”。

来。但干燥的夏季到来后，这里又是一片荒芜，擦一根火柴都能将这里从头烧到尾。这就是我决定从今往后独自和昆虫们一起生活的极乐的伊甸园。它不过如此，而我却用四十年不顾一切的斗争才得到它。

本段中，作者将昆虫们比喻成各种独特的工人，富有生趣，也体现了作者对昆虫的热爱。

说这块地是“伊甸园”很合我自己的胃口，我觉得在表述方面并无不妥之处。这块糟糕的没有一个人愿意在上面撒一点儿萝卜种子的土地，对于蜜蜂和黄蜂来说，却是一个人间天堂。地里蓬勃生长的蓟和矢车菊会替我将周围所有的蜜蜂和黄蜂吸引过来。在我捕捉昆虫的记忆中，从来没有在一个地方能看到如此之多的昆虫。这里成为了所有昆虫的召集点。这儿有通过各种方式捕食的狩猎者，有泥屋建造者，有棉制品编制者，有一片树叶或一朵花瓣的碎片收集者，有粘贴板建造者，有搅拌灰泥的泥水匠，有给木板钻孔的木匠，有挖掘地道的矿工，有处理肠膜的工人，简直是不胜枚举。

这是一只什么呢？这是一只黄斑蜂。它刮擦拨弄着黄花矢车菊蛛网般的茎，将其堆集成一个球状物，并得意扬扬地用它的上颚把球状物衔到地下，再做成棉毡包用来储藏蜂蜜和卵。其他这些激烈争夺战利品的家伙又是什么呢？它们是切叶蜂。它们的腹部带有黑色、白色或者血红色的切割刷。它们将离开蓟去探访隔壁的灌木，并在那儿将灌木的叶片切割成椭圆形，用以制作一个合适的容器来存放收获的物品。这些穿着黑丝绒衣服的小家伙是什么呢？它们是石蜂。它们利用泥浆和沙砾进行劳作。在荒石园，我们可以轻易地发现它们在石头上建造的物体。这些猛然间一飞冲天并伴随着嗡嗡叫声的又是什么呢？它们是沙泥蜂，居住在陈旧的墙壁里和附近的向阳堤上。

现在到来的是壁蜂：其中的一只将蜂巢建在空蜗牛壳的螺旋壁上；另外一只正将一段干荆棘的髓汁吸掉，用它的前钩掏出一个圆柱形的住房，并用分隔墙将房间分成一层一层的；第三只使用一截断掉的芦苇的天然通道；第四只是某只高墙石蜂空闲走廊的免费租客。这里是大头蜂和长须蜂，它们的雄性长着骄傲的头角。毛斑蜂的后腿上带有很宽的刷子，这是它的采蜜工具。土蜂有很多不同的种类。隧蜂的肚子是纤细的。在此，我就不再一一介绍了。如果我想记录蓟科植物的客人们，将几乎可以容纳所有采蜜类的昆虫。我曾向波尔多（法国南部港市）的一位名叫佩雷的教授提供过新发现的昆虫珍品。他问我是通过何种特殊的方式，捕获如此之多罕见的甚至是新的品种。而我并不是老练而热情满满的捕猎者，我对于昆虫本身的兴趣远远超过用大头针将它们钉在橱柜里。全部的捕获昆虫的秘密，不过是在我那长着稠密蓟和矢车菊的园地里完成的。

再次表明作者独特的研究方式。

非常巧合的是，和这个数量众多的采蜜者大家庭生活在一起的，是捕猎它们的生物族群。在荒石园，“泥屋建造者”为了修筑围墙，在各处分散地堆积了大量沙子和石头，但它们的工程进展缓慢。在头年运来的材料里，石蜂选择在石头之间的缝隙作为过夜的客栈，它们密集地挤在一起。强壮的单眼蜥蜴就近捕猎，它会张着宽宽的嘴攻击人和狗。它选择一个洞穴隐藏其中，等待圣甲虫经过时实施偷袭。黑耳鵖打扮得像个黑衣兄弟会（天主教四大托钵修士会之一）修士，穿着白色的僧袍，扇动黑色的羽翼。它站在最高的石头上，唱着简短的乡野小调。它的巢穴应该在某处的沙石堆里，那里有它天蓝色的卵。这个小黑衣兄弟会修士已从沙石堆中飞走了。我感到很惋惜，因为它是一位很有魅力的邻居，但我一点儿也不喜欢单眼蜥蜴。

沙子提供给另一种不同的昆虫进行生活。在这儿，泥蜂正在打扫它们洞穴的入口处，把尘土以抛物线的方式向后抛去。朗格多克掘土蜂用触须拖动着螽（蝗类的一种）。大唇泥蜂正忙着储存作为食物的叶蝉。使我感到可惜的是，泥瓦匠最终驱逐了那里的捕猎者。但是我若想让它们回来，只需要重新堆起沙堆，它们便能很快地全部回归。

本段生动的描写，让我们感受到作者观察昆虫的快乐，也吸引我们跟随作者一起走进昆虫世界。

有一些捕猎者没有消失，因为它们的住所在不一样的地方，比如砂泥蜂。我看见它们有的在春天，有的在秋天，沿着花园小径的草地振翅飞翔，寻找毛毛虫。而蛛蜂拍打着翅膀巡视各个角落，留意地搜寻蜘蛛的踪影。个头最大的蛛蜂总是觊觎着狼蛛，它们的窝在荒石园并不罕见。狼蛛的窝像个垂直的井，用牛毛草的丝编结固定。在窝底，强有力的狼蛛闪烁着它如同小钻石般的眼睛，大多数人看了都会感到毛骨悚然。可见，蛛蜂要捕食狼蛛是件多么危险的事！在这边，一个炎热的夏季午后，雌蚁排列着长长的队伍离开它们的兵营，长途跋涉地去捕捉它们的奴隶。我们需要抽空去看看它们是怎么捕猎的。在另一边，于一对腐草变成泥肥的地方，半寸长的土蜂优雅地飞舞着，突然就俯冲而下，为的是掠食金龟子、蛀犀金龟子和花金龟子产在腐草里丰富的卵。

大批人类的离开，反倒给了动物们生存的空间。

这儿有太多的研究课题了！而且还在纷至沓来。这里的房子和土地一样被彻底地遗弃了。人们离开之后这里保持了安宁，于是动物便匆匆忙忙地占领了这里的每一处地方。莺在丁香花灌木丛中筑巢；翠莺把柏树当成自己的避难所；麻雀衔着碎布和稻草来到每一片石板之下；金丝雀跃上树梢吟唱，它的窝差不多和半个杏子一样大小；红角鸮习惯在晚上发出尖声尖气的音符；智慧女神雅典娜的信使猫头鹰则匆忙前来凑热闹，发出大声的叫嚣。

房屋的前面是一个很大的池塘，池水来自于为原村民汲水的沟渠。在交配的季节里，方圆半英里内的青蛙和蟾蜍都会来到这儿。有时候，我们可以看到盘子般大的黄条蟾蜍在那里洗澡，它的背部长有黄色的狭窄条纹。当暮霭降临时，我们看见作为雌蟾蜍助产士的雄蟾蜍，在池塘的边缘蹦跶着。它的腿上挂着一串胡椒籽般大小的卵。这个和蔼的一家之主，将珍贵的卵袋从遥远的地方带过来。它把卵袋放进了水里，旋即退回到一处平滑的石头下面，发出宛若铃铛般叮叮的声音。最后，雨蛙若不是在树丛里哇哇乱叫，就会自我沉溺地做着优美的潜水动作。故而在五月间，每当夜幕来临，池塘就变成了震耳欲聋的乐队演奏会。我们无法在吃饭时谈天，也无法安然入睡。我们似乎有必要采取一点严厉的手段来应付，但我们该如何去做呢？一个欲睡而无法睡着的人需要变得无情一点吧。

从前文中作者对青蛙和蟾蜍的细致描写来看，池塘里的乐队演奏会，真是让作者又爱又恨。

胆子大的还有膜翅目昆虫，把我的住处都给占领了。白边掘土蜂在我家门槛处的泥土废弃物里安置它的巢穴。当我走进家门时必须格外地小心，免得踩坏了它的窝，而导致忙于干活的矿工送了命。我已经有四分之一个世纪没有看见过这种活泼的蟋蟀捕食者了。当我刚刚认识它的时候，我曾经走了好几英里的路去探访它。而每一次的远行都要被八月的骄阳所暴晒。但今天，我却在自家门口发现了它，得来全不费工夫，于是我们成了亲密的邻居。关闭的窗户口为长腹蜂提供了温暖的房间。它的窝是泥土做的，粘在石墙之上。这种捕食蜘蛛的昆虫，利用百叶窗上意外形成的一个小洞返回它的家。在活动百叶窗的线脚上，一些流浪的石蜂建造起它们的蜂房群落。半开的外百叶窗内，一只黑胡蜂构造了它的小土制圆顶，圆顶上面有一个钟口状的短颈。黑胡蜂和长角蜂是我的晚餐客人，它们来到我的餐桌上看看葡萄是否已经成熟。

当然，我目前开列出来的昆虫清单远未全面，还有众多的可供选择。如果我能够成功地让它们进行语言的表达，那么我们之间的交谈将会令我孤独的生活充满乐趣。在之前认识的这些生灵中，既有我的老朋友，也

与动物、植物为邻，作者将它们当成“财富”，快乐跃然纸上。

有我的新朋友，它们都在这里，贴近在一起——打猎、觅食和筑巢。除此之外，如果我们需要换一个现场作为观察点，那么仅几百步远的地方就是山。山里纠缠着长有野草莓丛、岩玫瑰丛和欧石南树丛。那里有对于泥蜂来说珍贵的沙地，有不同种类的膜翅目昆虫喜欢利用的泥灰质斜坡。我预见了这些财富，所以我放弃了城市生活来到乡村，来到塞西利昂，给我的萝卜锄草，给我的莴苣浇水。

人们花费了很大的代价，在大西洋和地中海沿岸建立实验室，用来解剖对我们意义不大的海洋小动物。人们花费一大笔钱用在高倍显微镜、精致解剖仪器、捕猎机器、船只、捕鱼队、水族馆上面，以便探索一种环节动物的卵黄是如何构造的，我至今也没有弄明白这样做有多么重大的意义。人们藐视地上的小昆虫，而它们却与我们的生活息息相关，并可以给普通心理学提供无价的资料。有些昆虫也经常损坏庄稼，给我们的公共利益造成威胁。我们什么时候应该建立一个昆虫学实验室，用来研究活的昆虫，而不是像现在一样研究浸泡在酒精中的昆虫尸体。这个实验室应有它的研究目标：昆虫的习性、生存方式、工作、争斗和繁衍。这些方面难道不能令我们的农业和哲学更加严肃认真地思考一下吗？彻底地了解损坏我们葡萄藤的昆虫的历史，可能比我们了解某种蔓足亚纲动物尾部的神经末梢更加重要。通过实验来划分智慧和本能的界限，通过比较动物进化的连续性来揭示人类理性是否有简化的能力，应该比知道某种甲壳纲动物有几只触角更为重要。为了弄清楚如此多的问题，我们需要大量的工作者，但我们现在一个也没有。现在的研究时髦关注的是软体动物和枝形动物。人们使用相当多的拖渔网来探索深海，而对于我们踩在脚下的土地一直不闻不问。在等待研究潮流改变的过程中，我已经开辟了我的荒石园实验室进行活昆虫学研究事业，而这个实验也没有花费纳税人的一分钱。

尽管作者不赞同实验室研究，但我们要看到观察生命的研究与实验室中的解剖式研究各有特点和利弊。

思维导图

- 荒石园
  - 情节概括 —— 荒石园是“我”的宝地，这里长满了矢车菊、茅草等植物，是膜翅目类昆虫、黄莺、麻雀、金丝雀们的天堂。它们在这里忙忙碌碌，繁衍生息。它们是“我”的邻居、朋友，也是“我”的研究对象。
  - 我的夙愿
    - 愿望 —— 拥有一个野外实验室，可以观察、记录昆虫。
    - 夙愿实现 —— 四十年的信念，不屈不挠、夜以继日的工作，愿望终获实现。
  - 钟情宝地
    - 地理环境
      - 一片废墟，中间是颓圮的围墙。
      - 房屋前面是一个很大的池塘，是青蛙、蟾蜍、雨蛙的乐园。
    - 植物特点
      - 原本乱石密布，贫瘠，生长着百里香。
      - 最多的是茅草和矢车菊。
      - 胭脂虫橡树、西班牙婆罗门参、各种蓟草。
    - 膜翅目昆虫的天堂
      - 以捕食活物为生的“捕猎者”。
      - 以湿土“造房建屋者”。
      - 备料工、建筑师、泥瓦工、木工、矿工……
  - 研究昆虫的理想
    - 一些人的“研究” —— 在酷刑房和解剖室里工作，花费很大代价，建立实验室，用各种精密仪器研究浸泡在酒精中的昆虫尸体。
    - 法布尔的理想
      - 开辟荒石园，研究活的昆虫。
      - 研究昆虫的习性、生存方式、工作、争斗和繁衍。
  - 动物们的天堂
    - 各种蜂 —— 黄斑蜂、壁蜂、石蜂、白边掘土蜂、长腹蜂、黑胡蜂、长角蜂……
    - 捕食者 —— 金龟子、黄莺、翠莺、金丝雀、猫头鹰。

第二章 碧绿的蝈蝈

我们现在处于七月中旬，天文学上认为的三伏天才刚刚开始。可事实上，酷热的季节要比日历提前很多天到来。过去几周里，酷暑已让人难以忍受。

把人类热闹的音乐会与田野里的音乐会对比，引出下文中对蝈蝈的描写。

今晚，村子里在庆祝国庆佳节。当小男孩和小女孩们围着篝火蹦蹦跳跳，火光反射到教堂的尖塔上时，当鼓声伴随着每一只烟火蹿上天空时，我独自一人，于晚上九点，来到一个相当凉爽的黑暗的角落。在这里，我倾听着田野里的音乐会。这个收获季节里的音乐会，要比此刻村子里由火药、篝火、灯笼、烈酒等构成的国庆狂欢还要宏大，真可谓美丽中透着朴素，有力中饱含闲适。

蝈蝈捕蝉的细节描写，既突出了大自然的弱肉强食，也展示了蝈蝈的生活习性——喜欢吃蝉。

夜已深了，蝉安静了下来。在整个漫长的白天，它都沉浸在日光和酷热中纵情歌唱。夜晚的降临意味着要休息了。不过它的休息时常被打断。在稠密的法国梧桐的枝叶间，突然传来了痛苦的呼叫声，刺耳又短促。声声绝望的哀号是蝉被狂热的夜晚捕猎者——绿色蝈蝈逮住时而发出的。蝈蝈是暗中弹跳到蝉的身上而抓住它的。蝈蝈剖开蝉的腹部并洗劫一空。狂欢的音乐过后，屠杀接踵而至。

我从来没有见过，也将永远不会见到至高无上的国庆节表达方式——在隆尚（法国行宫之一）举行的阅兵式。对此，我并不感到遗憾。报纸会带给我想知道的尽可能多的信息，它们将向我展示一张阅兵现场的草图。上面四处都有树木，在不吉利的红十字旗子上标注着“军用救护车”“民用救护车”的说明。很显然，这些东西将会面对断掉的骨头、中暑和令人遗憾的死亡。而这些是被列入计划之内的事件。

我敢打赌，甚至在这个我生活得很平和的小村子里面，如果没有打架斗殴作为尽情欢乐的作料的话，国庆佳节将不会顺利结束，似乎在快乐中添加了痛苦这个调味品，才能使生活更加有滋味似的。

让我们远离喧闹，去倾听和冥想。当被开膛剖肚的蝉还在作无助的抗议和哀鸣的时候，梧桐树上的音乐会还在继续着，只是乐队更换了一支，现在轮到夜曲表演者们上台演出了。近处那翠绿的灌木丛是猎杀之地，但听觉敏锐的人们，也从那里听到了蝈蝈们的浅吟低唱。蝈蝈的翼膜相互摩擦发出了模糊的沙沙声，如同纺车发出的声音一样不惹人注意。在这连绵不断的沉闷低音中，时常会响起急促而尖锐的如同敲击金属般的声音，这是蝈蝈的宣叙调，而低音则构成了伴奏。

虽然低音得到了加强，但这的确是个可怜的音乐会。距离我很近的地方大约有十个蝈蝈在唱歌，但合唱声仍然缺乏强度，以至于我的老鼓膜不总是能捕捉到它们微弱的声音。但在这静谧的夜里，蝈蝈们发出的声音却让我觉得相当地悦耳和舒适。我可爱的碧绿的蝈蝈们，只要你们的声音再大一点，你们歌唱的技艺就会超过那些只会声嘶力竭的鸣蝉了。在这个国家的北方地区，鸣蝉篡夺了你们的名声和荣誉啊！

用鸣蝉的叫声来衬托蝈蝈的叫声。蝈蝈的浅吟低唱相当悦耳和舒适。

尽管如此，那鸣蝉也无法和它们的铃蟾邻居平起平坐。鸣蝉在树上嘶叫，而蟾蜍则在悬铃树下发出叮叮声响。这种蟾蜍是我研究的两栖动物中最小的，但也是最具有冒险精神和矫捷身手的。

有多少次，当夜幕即将来临，借助着白天的最后一丝光明，我在花园中徜徉、思索时总与它们不期而遇。有些东西在我面前逃走，有些则翻着筋斗。那是随风飘零的树叶吗？不是，它们是可爱的小铃蟾，刚才它们的

铃蟾喜欢在夜幕降临时活动。“逃走”“翻着筋斗”“急迫地”，作者的文字是有温度的。

漫步被我的到来所打断。它们急迫地躲到了一块石头、一方土块、一丛杂草之下。在平复了激动的情绪之后,它们又发出了清脆明亮的音律。

在这个举国欢庆的晚上,在我的附件有近一打铃蟾,它们叮叮的鸣叫声此起彼伏。大多数铃蟾蜷缩在花盆里,而这一排排花盆列在我的屋外形成了一个前厅。每一只铃蟾都发出它自己的音律,大多数都是一样的,不过有的声调低些,有的高些,有的短促些,有的清亮些,但音质都是那么地悠扬纯正。

它们看上去像是在反复吟咏着祷文,节奏舒缓、抑扬顿挫。一只唱道"克拉克",另一只用更尖细的声调回应道"克力克",第三只作为乐队主唱的男高音则掺和进来唱道"克洛克"。于是,这些声音无休止得重复了起来,就像节日里村子中的钟声一样连续作响:克拉克——克力克——克洛克;克拉克——克力克——克洛克!

这个两栖唱诗班歌手的演唱让我想起了某一种琴。当我六岁时被那种琴的充满魔力的声音唤起了对音乐的感觉后,就一直渴望得到一副。它包含一系列长短不一的玻璃片,固定在两条拉紧的布带上。一个软木塞插着的铁丝尖便成了一根敲击棒。想象一个没有经验随意敲打键盘,八度和音、不协和和弦、反和弦什么的,都乱七八糟、极其刺耳的音乐,这时你对于铃蟾的歌曲就有了一个非常清楚地了解了。

作者沉醉在自然的音乐会中。

作为歌曲,这首铃蟾歌曲是没头没尾的;作为纯粹的音乐,却很悦耳。自然界的所有音乐会都是这样。在这场音乐会中,我们的耳朵发现了最动听的声音,我们的耳朵变得精细了,除了现实的声音外,开始具有秩序感,这是产生美的首要条件。

现在这种从一个地方到另一个地方之间发出的柔和的声响是婚礼的清唱,是男孩对女孩发出的朴素的召唤。不用过多询问也可以猜测到音乐会的结果,但是无法预见的是婚礼奇怪的最后一幕。注视着父亲，用最崇高的语言来说，在这种情况下是真正的慈父，它的样子变得让人认不出来，有一天它终于要离开它的隐居地了。它把它的子女紧紧地包在后腿四周，它带着一串有胡椒籽大小的卵搬家了。它的子女被包裹着，这鼓鼓的包袱缠着它的大腿；像乞丐的钱包一样压在后背上，它完全都变了模样。

它背着这么重的负担，跳不起来，拖着身子，它要到哪儿去呢？作为一个温情体贴的母亲，它要到母亲不愿去的地方；它要到附近的泥沼去，那儿温暖的水是蝌蚪孵化和生存必不可少的。当它腿四周的卵在一块潮湿的石头的遮盖下正好成熟时，它正勇敢地面对着潮湿和阳光，而它以前是热爱干燥和阴暗的；它一小段一小段地向前走着，累得肺部都充血了。泥沼也许还远着呢，不过没关系，顽强的旅行者一定会找到它的。

它走到了。它立刻跳入水中，尽管它极其厌恶洗澡；而且那串卵由于腿部的相互摩擦完全脱落了下来。卵正处于发育的重要阶段；其余的事将会自动进行下去。父亲顺利完成潜水任务便赶紧回到它受保护的干燥的家。它才一离开，黑色的小蝌蚪就孵化出来了并玩耍着，它们只是等着跟水一接触就挣破它们的卵壳了。

这三段写了铃蟾的繁殖，重点描写了父亲背着卵寻找孵化地的情形，表现了一位尽责、有爱的慈父形象。

在这些七月薄暮的歌手中，只有一个可以变换其乐声，可以和铃蟾和谐的铃声比试高低。这就是鸮，它是个夜间活动的猛禽，样子很好看，有着圆圆的金黄色的眼睛。额头上长着两条小小的羽毛触角，这使它在这个地区得到了“带角猫头鹰”的称号。

它的歌声单调得让人心烦，但却足够响亮，在夜里万籁俱寂的时候，光是这歌声就可以响彻夜空了。这种鸟几个钟头对着月亮唱着它的康塔塔时，节拍沉着而且整齐，一直发出“去欧——去欧”的声音。

其中一只鸟一到就从广场的梧桐树上被人们高兴

的喧闹声吓跑了，它请求我的接待。它的歌声压倒了所有的抒情乐曲，以自己整齐的乐章把蝈蝈和铃蟾的杂乱无章的合唱打断了。

从另一个地方传出好像猫叫的声音，时不时和这柔和的曲调形成对比。这是普通的猫头鹰的叫声——密涅瓦的沉思的鸟。它整个白天蜷缩在橄榄树干的树洞里，当夜幕降临时它便开始吟唱起来。它上下摇荡着弯曲飞行，从附近的某个地方来到了园子里的老松树上。在那里它把它不和谐的猫叫声加入到了音乐会中，由于距离的关系，这叫声稍微轻了些。

想一想：作者写蝈蝈的叫声，为什么前面部分写了其他动物的叫声？而下文又写蟋蟀的叫声？

在喧嚷声中，绿色蝈蝈的声音太微弱以至于听不清；当四周安静时我才能够听到一阵阵最细微的声音。它只有一个小小的鼓和刮响器作为它的发音器官，而那些得天独厚者则有风箱、肺可以发出震动的气流。这是无法比较的。让我们还是回到昆虫上来吧。

其中有一种昆虫，虽然身材比较小且装备简单，在夜晚歌唱抒情曲方面却远远超过了蝈蝈。这就是我讲的苍白细瘦的意大利蟋蟀。它是如此地瘦弱以至于人们都不敢抓它，怕把它捏碎了。当萤火虫为了营造气氛而点燃蓝色亮光时，它便在迷迭香灌木丛中吟唱。这个纤弱的乐器演奏者最主要的是有一对大翅膀，细薄而且闪亮，像云母片一样。由于这对干巴巴的翅膀，它的声音大得可以盖过蟾蜍的赋格曲。它的演出简直就像普通的黑色蟋蟀，不过它的琴音更加清晰动人，更有颤音。当这炎热的天气来临时，真正的蟋蟀——春天里的合唱队队员，已经没有了。不知道的人们肯定会把它们混淆起来。伴随着它优雅的小提琴声而来的是另一种更加优雅而且值得专门研究的琴声。我们会在适当的时候再回过头来叙述。

如果只是挑选出类拔萃者，那它们就是这场音乐会之夜的主要合唱队员：鸮，唱着慵懒的独唱曲；铃蟾，是奏鸣曲的敲钟者；意大利蟋蟀，弹拨着小提琴E弦；绿色的螽蝈，则好像敲打着小小的铁三角。

我们今天来庆祝在政治上以攻陷巴士底狱为标志的新时代，与其说是充满着信念不如说是吵吵嚷嚷罢了；可昆虫们对人类的事情表现出了极度的不关心，它们是在庆祝太阳的节日，歌唱着生活的欢愉，为炎热的六月而放声欢呼。

它们干吗要在乎人类以及人类变化无常的高兴事儿！这些年以后为了谁，为了什么，我们的鞭炮将要发出噼里啪啦的声音？谁要能回答这个问题那他真是非常有远见的。习俗在变化并且带给我们意想不到的东西。趋炎附势的烟火为了昨天还是公众敌人而今天成了偶像的人在空中盛开出一束束火花。而明天它又将为另一个人而升上天空了。

在一个世纪或两个世纪以后，除了历史学家以外，会不会有个人想起攻陷巴士底狱的问题呢？这很值得怀疑。我们都将会有别的欢乐，也会有别的烦恼。

让我们进一步展望一下未来吧。所以一切似乎都在告诉我们，当我们取得一个又一个成就之后，总有一天，人类将会灭亡，被过度的所谓文明的东西所毁灭。人类过于热切地希望能够无所不能，但他却无法享有动物宁静平和的长寿；当铃蟾在螽蝈、鸮和其他昆虫的陪伴下一直唱着它的老调子时，人却死掉了。它们在我们之前就在地球上唱歌；在我们死后它们还将唱下去，庆祝着我们无法改变的、太阳的灼热壮丽。

各种各样的歌声，构成了盛大的自然界的音乐会。

我将不再在这个联欢会上更多地流连了，还是继续做个迫切渴望获得和昆虫私生活相关知识的博物学家吧。在我家附近，绿色的螽蝈似乎并不常见。去年，我打算做个这类昆虫的研究，可发现收获并不多，我不得不求助于给了我很大帮助的护林人，他送给我一对拉嘉德高原的绿色螽蝈，在那个寒冷的地方，山毛榉开始攀登上旺图山了。

反复无常的命运时不时地向坚持不懈的人微笑。去年找不到,但在今年这个夏天变得很平常。我无须走出狭小的花园,要多少蝈蝈便能够找到多少。夜晚,我听见它们在绿色的灌木丛中发出窸窣声,让我们利用这有可能不会再出现的意外收获吧。

本段描写了蝈蝈的外形和颜色。

六月里,我抓了足够多的雌雄蝈蝈关在我的金属网罩里,瓦钵上铺着一层细沙。这确实是个漂亮的昆虫,浑身浅绿色,侧面有两条淡白色的丝带。它有着优美的身材、苗条匀称的比例和大大的轻盈如纱的翅膀,是蚱蜢类昆虫中最漂亮的。我对我的猎获物着迷。它们会告诉我什么呢?为了那个时刻,现在我们必须饲养它们。

用拟人的手法突出蝈蝈的食肉习性。

我喂了这些猎获物一片生菜叶子。它们吃倒是吃,不过吃得很少,并不喜欢。很快我就明白了,我是在和并不诚心的素食主义者打交道。它们需要其他的食物:它们显然是食肉类动物,但究竟是要什么呢?一个偶然的机会告诉了我。

这一自然段与开始的蝈蝈捕蝉相呼应,并引出下文作者的观察研究。

黎明时分,我正在门外散步,突然有什么东西从旁边的梧桐树上落了下来,同时伴有刺耳的尖叫声。我跑过去看到一只蝈蝈正在啄食一只拼命挣扎的蝉的肚子。蝉发出嗡嗡声并且挥动着它的肢,可也是徒劳;蝈蝈咬住不放,把头伸进蝉的肚子深处,一小口一小口地把蝉的内脏拉出来。

我明白了:这场进攻发生在树上,一大清早蝉还在熟睡的时候;可怜的蝉被活活咬伤,猛地一跳使进攻者和被攻击者一起从树上掉了下来。自此以后我有好多次机会来见证这相同的屠杀。

与雀鹰捕食对比,蝈蝈攻击比自己强壮的“庞然大物”,突出蝈蝈的勇猛。

我甚至看到一只蝈蝈非常勇敢无畏地飞奔着追捕蝉,就像雀鹰在空中追捕燕子一样。但是这种以劫掠为生的鸟比昆虫低等,它进攻比自己弱的弱者。蝈蝈,在另一方面，它却攻击一个比自己大得多而且强壮的庞然大物；然而，这种力量悬殊的搏斗的结果是毫无疑问的。蝈蝈用其有力的下颌、锋利的钳子将俘虏开膛剖肚，很少失败，而蝉没有武器，只能尖叫和踢蹬。

捕猎的关键是把蝉牢牢抓住，这在睡意蒙眬的夜间是不难的。任何一只蝉只要被凶猛的蝈蝈夜间巡逻碰到都只能悲惨地死去。这就解释了夜晚音钹已不再响时，突然从树林中发出很刺耳的悲鸣声的原因。穿着苹果绿色服装的强盗突然袭击了正在熟睡的蝉。

我网罩里的寄宿者的食物找到了：我将用蝉来喂它们。它们对这道菜表现出了强烈的喜爱，以至于在两三个星期内，网罩里就像是屠宰者的院子一样，撒满了头骨和胸骨、扯下来的羽翼和断肢残腿。肚子部分全部被吃掉了。这是最美味的部位，虽然不多，但是味道似乎极其鲜美。因为在这个部位，在昆虫的嗉囊里，堆积着蝉用喙从嫩树皮里吮吸的糖浆甜汁。是不是由于这种糖浆甜汁，蝉的腹部比其他部位更美味呢？非常有可能。

本段描写用蝉喂食蝈蝈的场景，进一步引发好奇：蝈蝈为什么喜欢吃蝉的腹部？

事实上，我打算变换食物的花样，我决定给它们一些甜的水果：几片梨、几颗葡萄、几块西瓜。这些它们都很喜欢。绿色蝈蝈像英国人一样，特别喜爱半生不熟的牛排，并用酱做作料。这可能就是它抓到蝉后先吃其腹部的原因，蝉的腹部又有肉又有甜汁。

不是任何地方都能够吃到有甜汁的蝉肉的。在北方，绿色蝈蝈很多，但在这儿它们找不到特别爱吃的菜，它们一定还吃其他东西。为了证实这一点，我喂给它们鳃鱼金龟，夏天的这种虫子相当于春天的鳃鱼金龟。对于鞘翅目甲虫，它们都毫不犹豫地接受，吃的只剩下鞘翅、头和爪。喂给它们漂亮而且多肉的松树鳃鱼金龟，结果也是一样，第二天我便发现这顿奢侈的食物被我这一群肢解牲畜的好手全部开膛剖肚了。

作者先做假设，并尝试喂蝈蝈其他食物，这也是科学研究的一种方法。

得出结论：蝈蝈食性多样，肉食为主，也讲究荤素搭配。

这些例子已经告诉了我们很多：蝈蝈是非常喜欢吃昆虫的，尤其是那些没有过硬胸甲保护的昆虫；它非常喜欢吃肉，但不像螳螂那样只吃肉。蝉的屠夫能够改变其饮食。在吃肉喝血之后，也吃水果甜汁，甚至有时没有好吃的它还可以吃点草。

不过同类相食的行为在蝈蝈中还是很普遍的。诚然，在我的蝈蝈网罩里，我从来没有目睹过在修女螳螂中捕杀竞争对手、活吞情人这样如此常见的残暴行为；但是，如果某个蝈蝈死了，活着的蝈蝈几乎不会放过品尝其尸体的机会，就像吃任何普通的动物一样。它们并不是因为食物缺乏才吃死去的同伴。除此之外，所有携带军刀者都以不同程度地表现出这种爱好，即吃受伤的同伴来填饱它们的肚子。

生动传神的细节描写，既展现出蝈蝈自私的一面，又让人向往它们的自在性情。

在其他方面，在我的网罩里，蝈蝈彼此之间十分和平地共处。它们之间从没发生过严重的争吵，顶多竞争食物时有些敌对而已。我扔了一片梨。一只蝈蝈立刻趴在上面。出于妒忌，它都要踢开试图来咬这美味的蝈蝈。自私心是到处存在的。当它吃饱了后，便让位给另一只蝈蝈，则那另一只蝈蝈也变得不宽容起来。这样一个接着一个，所有的蝈蝈就都能品尝到美味而精神振作。嗉囊装满后，它们用喙部挠挠它们的脚底心，用沾着唾液的爪擦擦前额和眼睛，然后以沉思的姿态抓着网纱或者躺在沙滩上，无忧无虑地消化食物，它们一天中的大部分时间都是在睡觉，特别是最炎热的时候。

蝈蝈喜欢在晚上活动。

到了傍晚，太阳下山后，这群蝈蝈变得活跃起来。九点左右兴奋达到最高点。它们突然纵身一跳，攀爬上网顶，又匆匆爬下来，然后又立刻爬上去。它们哄闹着走来走去，在圆形网罩里跑啊跳啊，路上遇到好吃的东西就吃一点，但并不停下来。

雄蝈蝈到处发出刺耳的声响，用触须挑逗从一旁经过的雌蝈蝈。未来的母亲半举着尖刀神态端庄地游逛

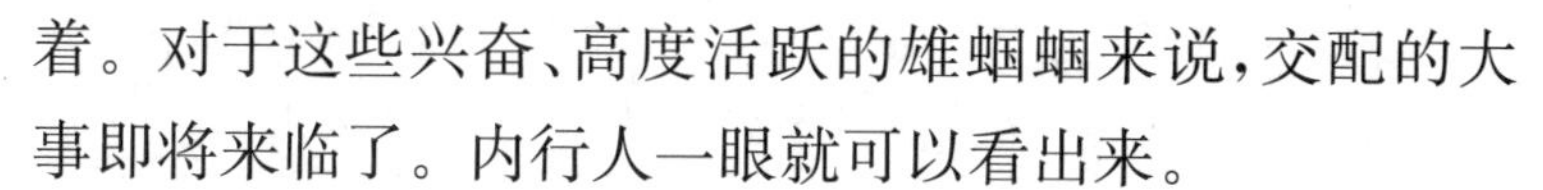

着。对于这些兴奋、高度活跃的雄蝈蝈来说，交配的大事即将来临了。内行人一眼就可以看出来。

这也是我特别想观察的事儿。我的愿望得到了满足，但是并不充分，因为时间太晚了，我无法见证到婚礼的最终行为。交配是在深夜或者一大清早进行的。

我看到的一点点情况就是，蝈蝈的婚礼前奏很冗长。热恋者脸对着脸、几乎是头碰着头，用柔软的触须长时间地互相触摸着、探询着。就像两个击剑手把花式剑来回交叉，而没有干起来。雄蝈蝈时不时地叫几声，弹几下琴弓，然后便保持安静了，也许是感觉太过激动而无法继续下去。十一点的钟声响了；这爱情的表白还没有结束。很可惜，但我实在太困了，我放弃了观看。

第二天早晨，一大早，雌蝈蝈的产卵管下垂着奇怪的囊状物一样的东西，这是个乳白色卵泡，有一粒豌豆那么大，大体上细分成一些鸡蛋形状的囊。当雌蝈蝈走动时，这个东西便擦着地上，沾上了几粒黏性的细沙，变脏了。蝈蝈然后享受了一顿正在受孕的卵泡的盛宴，它慢慢喝光卵泡里的东西，然后一点儿一点儿地吃掉；它长时间咀嚼这个黏黏的东西，最后全部吞了下去。还不到半天的时间，这乳白色的卵泡已经消失了，被津津有味地品尝并全部吃光了。

蝈蝈独特的产卵方式——将受孕的卵泡吃掉。

有人会觉得这肯定是从另一个星球输入的不可思议的盛宴，因为这和地球上的习俗相差太远了。蚱蜢类昆虫是陆地上最古老的动物之一，这些蝗虫科昆虫是多么奇特的种族啊，就像蜈蚣和头足类动物一样，作为古代生活方式的过时代表。

思维导图

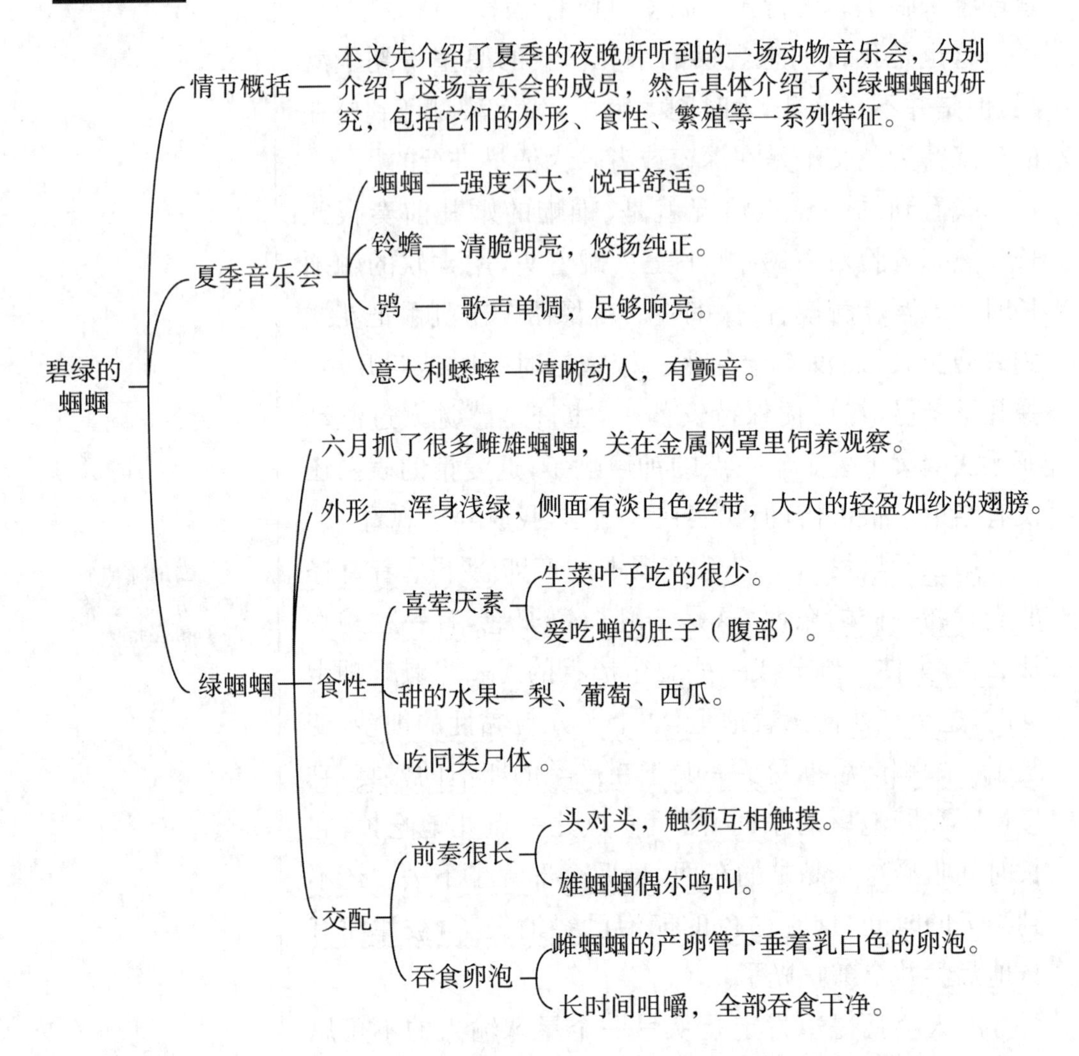
碧绿的蝈蝈
情节概括
本文先介绍了夏季的夜晚所听到的一场动物音乐会，分别介绍了这场音乐会的成员，然后具体介绍了对绿蝈蝈的研究，包括它们的外形、食性、繁殖等一系列特征。
夏季音乐会
蝈蝈—强度不大，悦耳舒适。
铃蟾— 清脆明亮，悠扬纯正。
鸮 — 歌声单调，足够响亮。
意大利蟋蟀 —清晰动人，有颤音。
绿蝈蝈
六月抓了很多雌雄蝈蝈，关在金属网罩里饲养观察。
外形— 浑身浅绿，侧面有淡白色丝带，大大的轻盈如纱的翅膀。
食性
喜荤厌素
生菜叶子吃的很少。
爱吃蝉的肚子（腹部）。
甜的水果— 梨、葡萄、西瓜。
吃同类尸体 。
交配
前奏很长
头对头，触须互相触摸。
雄蝈蝈偶尔鸣叫。
吞食卵泡
雌蝈蝈的产卵管下垂着乳白色的卵泡。
长时间咀嚼，全部吞食干净。

第三章　锥头螳螂

海洋是生命的第一母亲，在海洋深处还存在着许多形状奇特且不和谐的、动物王国最早的生命试验品；土地虽然没有海底富饶，但却更能适应变化，以前的奇特生物几乎全部消失了。少数存留下来的属于原始昆虫类，这些昆虫技能极其有限，变态也受到限制，几乎没有变态。在我的家乡，那些让人想起原始石炭纪森林里的反常昆虫的，首先是螳螂科昆虫，包括习性和结构都很古怪的修女螳螂。锥头螳螂亦是如此，它是本章的研究对象。

开篇点明本章的研究对象——锥头螳螂。

锥头螳螂的幼虫是普罗旺斯陆地动物群中最奇特的生物：它很纤细，摇摆不定，样子奇怪，外行人都不敢去抓它。我邻居家的小孩儿被它的样子吓到了，称它为“小鬼虫”。在他们的印象里，这个古怪的小小的生物，就如同巫术一般。从春天直到五月，到秋天，有时甚至到阳光灿烂的冬天，人们都可以看到它从旁边经过，虽然都是稀稀疏疏地经过。荒芜草地上的硬草皮，有阳光又有石块儿躲避大风的矮小灌木丛，都是这个怕冷的家伙喜欢的住所。

锥头螳螂幼虫样子奇特，喜欢温暖。

让我们给它画个速写吧。它的肚子总是往上翘，都快连到后背了，展开时像抹刀，卷起来时像曲棍。肚皮下方有尖尖的小薄片，像叶片一样绽放开来，排成三行，当肚皮向上卷时叶片也就翻到了背上。这个鳞片状的曲棍竖立在四根又长又细的支柱上，四条腿上武装着斜撑，也就是在大腿和小腿相连的关节上，有一块弯弯的、通过作者的速写，锥头螳螂的幼虫形态跃然纸上。小小的生物却长着“令人胆战心惊的酷刑工具”。

突起的镰刀状的薄片。

这四角板凳似的底座突然往上拐个弯，也就是坚硬的前胸，前胸长得不成比例而且几乎是直立的。在像稻草秸一样又圆又细的前胸顶端，长着捕捉器，就像搏斗时螳螂的前足。像锯齿一样的钳口末端长着比针还要尖的铁钩，真是凶恶的老虎钳。上臂的钳口中间开了一条小槽，小槽每边有五根长刺，长刺之间有更细小的锯齿。前臂的钳口同样开了一条小槽，不过小槽两边的锯齿更加细密均匀，休息时，就折回到上臂的小槽里。用放大镜观察发现，每个小槽都有二十根相同的尖刺。这个捕捉器除了只是规模不大外，还真是个令人胆战心惊的酷刑工具。

它的头部和这套军械装备很协调。这真是个形状奇怪的头！脸尖尖的，触须像海象的八字胡一样翘起；大大的眼睛突出来；两眼之间有一把匕首，一支铁戟，在前额上更是有个奇怪的闻所未闻的东西：一顶过高的帽子岬角般耸立着，像尖尖的翅膀一样左右张开，顶端还裂了一条小槽。这个小鬼想用这丑陋怪异的尖帽子来干什么？不管是东方的魔术师还是西方的占星师都没有戴过比这更奇怪的帽子了。我们看看它捕食就知道了。

它的装束很寻常，全身以浅灰色调为主。在幼虫后期，蜕了一些皮之后，它开始露出了比成虫更加华贵的装束，并且出现了不明晰的浅绿、白色和红色的条纹。雌性和雄性已经能够从触须辨别出来。未来的母亲的触须是线状的，而未来的父亲的触须的下半部分鼓胀成一个纺锤，形成一个盒子或护套，以后从这里面会长出华丽的羽毛。

注视着这个小生物，其外形可以和卡洛的荒诞的铅笔画相媲美。如果你在荆棘丛中看到它，它会在自己四条高跷腿上摇来摇去，摇晃着它的头，以狡黠的神情看着你，转动着它的高帽子，伸到肩上去探听消息。在它那尖尖的小脸上你似乎能看到调皮的表情。当你试图抓住它时，这炫耀的姿势立马消失了。那竖起的前胸低了下去，捕捉器抓住细树枝，匆忙大步地逃走。如果你目光稍微敏锐一点儿，就会发现它逃得并不远。锥体螳螂被抓了起来，为了防止扭伤它脆弱的肢体，把它装到一个纸袋里，最后关进一个铁丝网罩里。这样，在十月里，我就抓了足足一大群锥头螳螂。

怎么喂养它们呢？我的锥头螳螂还很小；它们最多才只有一两个月。我用跟它们大小差不多的蝗虫来喂它们，那我只能找最小的蝗虫了。可它们并不吃。更有甚者，它们害怕蝗虫。如果哪个冒失的蝗虫友好地靠近一只四脚挂在网罩顶的锥头螳螂，这个不速之客就会受到不友好的接待。锥头螳螂把它的高帽子耷拉下来，然后远远地猛撞过去。我们知道了：这个奇怪的帽子是防御的武器，是防身的头盔。公羊用它的角撞人，而锥头螳螂用它的帽子撞人。

一两个月的锥头螳螂胆小又勇猛。它们害怕蝗虫，但若蝗虫靠近它，它会“猛撞过去”。

但它们还没吃东西呢。我喂给它们活的家蝇。它们毫不犹豫地接受了。家蝇从它们身边飞过，这些警觉的小鬼就转动它们的脑袋，弯下像稻草秸一样的前胸，探出捕捉器，用它们的双排锯紧紧地抓住家蝇。猫捉老鼠也不会比它们敏捷。

虽然猎物很小，但作为一顿饭也是足够了。一只家蝇够锥头螳螂撑上一整天，有时甚至好几天。这是第一个令我吃惊的事儿：装备这么凶猛武器的昆虫食量竟然这么小。我本以为它们是吃人妖魔，却发现它们是吃得很少便能满足的节食者。一只家蝇至少可以把它们的肚子填上二十四小时。

敏捷，喜欢吃苍蝇，食量小。

秋末就这样过去了：锥头螳螂一天比一天吃得少，一动不动地挂在铁丝网罩上。它们的自然绝食帮助了我，因为苍蝇变得越来越少了；我必须给这些食客们提供粮食，我会非常困窘，而这样的时刻终于来了。

冬天的三个月没有什么变化。如果天气好，我时不时地把笼子放到窗台上去晒晒太阳。沐浴在温暖中，这些锥头螳螂们会稍微伸展一下肢体，左右摇摆，决定移动一下，但没有表现出任何食欲。我辛辛苦苦抓的几只苍蝇也不能诱惑到它们。对它们而言，度过这个寒冷的季节，彻底绝食是个规定。

寒冷的冬季，锥头螳螂会绝食。

我在笼子里的饲养情况告诉了我锥头螳螂冬天在野外的情况。小锥头螳螂躲在岩石的裂缝里，那是最暖和的地方，它们在麻木中等待着温暖的到来。尽管有许多石头庇护着，但当霜冻期延长、大雪一点一点渗透到这绝佳的藏身地时，还是很煎熬的。不过没关系，它们比看起来要强壮，它们熬过了危险的冬天。如果有时阳光强烈，它们偶尔会走出藏身地，来看看春天是不是快来了。

春天来了。现在是三月。我的囚徒们骚动起来，脱胎换骨。它们需要食物。我的食物的问题又来了。在这个时候很缺乏很容易捕捉的家蝇。我不得不转向那些出现得比较早的双翅目昆虫，如尾蛆蝇。但锥头螳螂不吃。对于它们来说，尾蛆蝇太大了，反抗太激烈了。锥头螳螂甩动它们的高帽子以阻止它们再靠近。

几只小飞蝗被它们乐意地接受了，这可是几块嫩肉。不幸的是，像这种意外之财在我的网罩里很少。锥头螳螂又只能绝食，直到出现了最早的蝴蝶。从此以后，菜花上的白蝴蝶——菜粉蝶便成了锥头螳螂主要的食物来源。

我把菜粉蝶松开放进笼里，锥头螳螂觉得这是很好的猎物。锥头螳螂窥伺着菜粉蝶，抓住菜粉蝶，但又立刻放开了，因为它还没有力量去制服菜粉蝶。蝴蝶的大翅膀扇着风，鼓动着它，让它不得不放开刚抓到的猎物。我过来帮助这只脆弱的虫子，剪掉了菜粉蝶的翅膀。受了伤的菜粉蝶还是充满着生机，在网纱上攀爬着，但立刻被锥头螳螂抓住了，锥头螳螂一点也不害怕它们的反抗，把菜粉蝶嘎吱嘎吱地咬碎了。对于锥头螳螂来说，这道菜很美味，而且很丰盛，因为只剩下了许多它们不屑一顾的残羹冷菜。

它们只吃了菜粉蝶的头部和上胸，剩下肥肥的肚子，前胸、爪子，当然还有剪去后剩下的一点翅膀，这些碰都没碰被扔到一旁。这意味着它们选的是最嫩最美味的肉吗？不，因为肚子上显然肉汁要更多一些；而锥头螳螂没有吃，尽管它连家蝇的最后一块肉都要吃掉。这应该是一种战争策略。我面前又是一只从颈部进攻猎物的昆虫，它能够将猎物迅速地杀死，以免猎物一直挣扎影响其享用美食。锥头螳螂和螳螂一样，是这方面的专家。

一旦注意到这一点，我意识到，不管是苍蝇、蝗虫、飞蝗或蝴蝶都总是从颈后被抓住。第一口咬的地方是颈部淋巴结，猎物则突然就死亡或者不动弹了。猎物完全麻痹可以让捕食者太太平平地进食，而这是每顿佳肴最基本的条件。

经过观察发现，锥头螳螂喜欢从颈部进攻猎物。

锥头螳螂虽然弱小，但也掌握了迅速摧毁猎物抵抗的秘诀。为了给猎物致命一击，它首先咬住猎物的颈后；然后继续一点一点地咀嚼最初的进攻点。这样一来，蝴蝶的头部和前胸上部消失了。但是那时猎人已经吃饱了；它吃得太少了！吃剩的就被它扔在地上，不是因为不好吃，只是因为这对于它来说太多了。一只菜粉蝶远远超过了锥头螳螂胃的容量。蚂蚁还能从它吃剩的食物中受益。

在谈到锥头螳螂的变态之前，还有另外一点需要说明。从头到尾，小锥头螳螂在铁丝网罩中的姿势没有变化过。它们用四只后腿的爪尖紧紧钩在网纱上，占据着笼子上面的位置，一动不动，后背朝下，用四个悬挂点支撑住整个身体。如果它想移动，就打开前面的劫持爪，伸长，抓住一个网孔然后把身体拉过去。当这个短距离的移动完成时，劫持爪又折回到胸前。一直就只靠后面的四条高跷腿支撑着这整个悬挂着的昆虫。

在我们看来，这种倒挂的姿势很难，可它们挂的时间却不短：在我的笼子里，它们保持这种姿势长达十个月，从来没有间断过。当然，苍蝇也能以同样的姿势倒挂在天花板上，但是它会不时地休息；它飞一飞，以正常的姿势走一走，在阳光下伸展它的肢体。而且，它杂技般的姿势不会持续很长时间。而锥头螳螂保持这种奇特的平衡姿势长达十个月之久，从来没有间断。它背朝下悬挂在网纱上，捕食、进食、消化、打盹儿、蜕皮、经历变态、交配、产卵，然后死去。它爬上去的时候还很年轻；当它掉下来的时候，已经变成了一具尸体。

在作者笼子里的锥头螳螂，一生都是悬挂的姿势，自然状态下却不是，你认为这是什么原因造成的？

在自然状态下，事情的发生并不完全是这样。昆虫背朝上站立在灌木丛中，它按正常姿势保持着平衡；要隔很久才会出现倒挂身体的情况。由于长时间的悬挂并不是它们这一种族天生的习惯，所以在我的笼子里这个姿势才显得更引人注目。

这让我想起了蝙蝠。蝙蝠也是头朝下用后爪抓住洞顶悬挂的。鸟的趾爪奇特的结构使它们睡觉时能够吊在一个爪子上，这个爪子能够自动地、不知疲倦地紧紧抓住摇晃的树枝。但是锥头螳螂没有类似的结构。它那可以活动的小爪子很普通：两个爪尖、两个像杆秤一样的爪钩，就这样了。

我真希望解剖学能够向我展示一下它那比钢丝还细的腿里的肌肉、神经和控制爪尖的肌腱，如何能够让它们在这十个月里紧紧抓住，无论是醒着还是睡着。如果真的有把灵巧的解剖刀研究这个问题，我还想请他解决另一个比锥头螳螂、蝙蝠和鸟类的姿势更奇怪的问题。我是指某些膜翅目昆虫夜间休息的姿势。

八月末，我的围墙上出现了许多有红色后爪的砂泥蜂，它们在薰衣草边挑选住所。黄昏时分，特别是天气闷热的黄昏，当暴风雨将要来临之时，我确定能在那里找到有着睡姿奇怪的砂泥蜂。它夜晚的休息姿势真是太奇特了！它嘴里咬着薰衣草秆。这种直角形状比圆形支撑得更加牢固。靠着这个唯一的支撑，砂泥蜂的身体笔直地伸在空中，爪子折叠了起来。它的身体和支撑物的轴线形成了一个直角，而它的身体形成了一个杠杆，昆虫全部的重量压在了嘴这唯一的支撑上。

砂泥蜂靠着它强大的下颚的力量伸展着睡在空中。只有昆虫才会想出这样的主意，这打乱了我们先前对休息的看法。就算暴风雨即将来临，就算薰衣草秆会在风中摇晃，砂泥蜂也不担心它那摇晃的吊床；最多它只是暂时用其前爪抓住摇晃的立杆。一旦恢复平衡，它就又重新恢复它喜欢的水平杠杆姿势。也许它的大颚就像鸟类的趾爪一样，具有风越大它抓得越紧的能力。

砂泥蜂并不是唯一采取这种奇怪睡姿的昆虫，很多其他昆虫还模仿它——黄斑蜂、蜾蠃蜂、长须蜂和雄性蜜蜂。它们都用大颚咬住稻草秆睡觉，身体伸直，爪子折叠起来。有一些较为肥胖的，身体弯成弓形，肚子尾部也靠在秆子上。

我们对膜翅目昆虫住所的探访并没有解决锥头螳螂的问题，反而提出了另一个不易解答的问题。它告诉我们，当要区分动物的机器齿轮是出于疲劳状态还是休息状态时，我们是多么没有远见。砂泥蜂反常地用嘴巴保持静止，而锥头螳螂毫不疲倦地用它的爪倒挂了十个月，使生理学家不禁感到困惑。他们对到底什么是真正的休息感到困惑。事实上，它们从来没有休息，直到生命的结束。斗争从来不会停止，总有某块肌肉在使劲，某根肌腱在绷紧。睡觉就像是回到虚无的静止状态，和清醒时一样，也是在用力。有的是用足爪，有的是用卷起来的尾巴；而有的是用趾爪，有的是用下颚。

作者试图通过砂泥蜂的睡姿来寻找锥头螳螂倒挂的原因。

五月中旬，锥头螳螂的变态有了结果，出现了锥头螳螂的成虫。成虫在体型和服饰上比修女螳螂更引人注目。它从幼虫的古怪体型中保留了那尖尖的帽子、锯齿状的捕捉器、长长的前胸、青蛙般的腿和腹下的三行薄片；不过腹部不再弯曲成曲棍，它的姿势也就好看多了。不管是雌性还是雄性，它们都有大大的、浅绿色的翅膀，翅肩是玫瑰红，都能够迅速飞跃；这大大的翅膀盖住了肚子，肚子下方白一块绿一块。雄性锥头螳螂很俊俏，有羽毛状触须装饰，就像某些蝴蝶，蚕蛾的触须一样。关于其个头儿，雄性和雌性差不多大。

将修女螳螂和锥头螳螂成虫的外形进行对比，并说明锥头螳螂是“爱好和平的昆虫”。

除了一些细微的结构上的差异，锥头螳螂和修女螳螂一样。乡民们容易把两者搞混。在春天里，他们遇到戴着高帽子的昆虫，便以为看见的是习以为常的“祷上帝”，而“祷上帝”是在秋天才能见到的。形态上的相似也许意味着习性的相似。事实上，人们受锥头螳螂这奇怪的盔甲所诱惑，想把比螳螂更残酷的生活加到它身上。我自己一开始也这么想，而且任何人，深信那些虚假的相似结构的人一定都会这么想。这是另外一个要打消的错误念头：尽管锥头螳螂看起来很好战，但它其实是个爱好和平的昆虫，而且几乎不会有暴跳的麻烦。

我把它们养在笼子里，有的是六只成群饲养，有的是一对对分开饲养，它们一直都很安静。就像幼虫一样，成虫都控制它们的饮食，每日的口粮是一到两只苍蝇。

与其他螳螂做比较，突出锥头螳螂食量小，性格平和。

大食量的总是动不动就争吵。螳螂被蝗虫胀大了肚子，立刻变得暴躁起来，摆出挑衅的姿势。锥头螳螂，每顿吃的都很简单，从不让自己表现出敌意。它们邻里之间没有争吵，也从来没有突然张开翅膀——这对于螳螂来说可是摆出幽灵般的姿态，发出受惊的游蛇的声音；在它们残忍的盛宴中，没有一点儿三心二意，吞食在斗争中输了的姐妹。如此凶残的行为在这里都是未知。

婚姻的悲剧也是未知的。雄性锥头螳螂大胆而且坚持不懈，在成功之前要经受很长时间的考验。它一天一天地纠缠着它中意的同伴，一直到对方屈服。婚礼之后一切正常。雄性锥头螳螂的羽毛退了下来，依然受到雌锥头螳螂的尊重，然后它就忙于捕食，丝毫没有被逮住吞食的危险。

雌雄锥头螳螂安静平和地生活在一起，互不干涉，一直到六月中旬。那时候，雄性变得衰老，决定不再捕食，走路也变得摇摇晃晃，慢慢地从高高的金属网罩上爬下来，最后摔倒在地。它寿终正寝了。而雄性修女螳螂，如果你还记得的话，它是在贪婪的雌性修女螳螂的胃里结束生命的。

锥头螳螂不同于修女螳螂，婚姻中互相尊重，雄性锥头螳螂没有被伴侣吞食的危险。

锥头螳螂的产卵是紧接着雄性锥头螳螂消失之后的。

再说几句锥头螳螂和螳螂的不同的习性。螳螂是好战的、残忍的；而锥头螳螂是安静的、平和的。它们的器官结构是一样的，究竟是什么导致它们习性上有如此大的不同？可能是饮食的不同吧。粗茶淡饭确实能软化性格，这对于昆虫和对于人类都一样；大吃大喝使性格变得残忍。大吃大喝者拼命吃肉喝酒，容易凶猛爆发，他们不可能像将面包蘸着奶油一点点吃的人那样温和。螳螂就是那大吃大喝者，而锥头螳螂则是朴实的。

锥头螳螂是螳螂中的异类。

就算如此，但是为什么一个狼吞虎咽，而另一个饮食却非常节制？它们看上去有着几乎完全一样的结构，应该会有相同的生理需求啊。这些昆虫早已以它们的方式告诉我们：习性和才能并不仅仅取决于生理解剖结构；在很多支配物质的物理法则之上，还有很多支配本能的法则。

作者尊重自然界的各种生命，他的研究也是尊重生命本身的。

思维导图

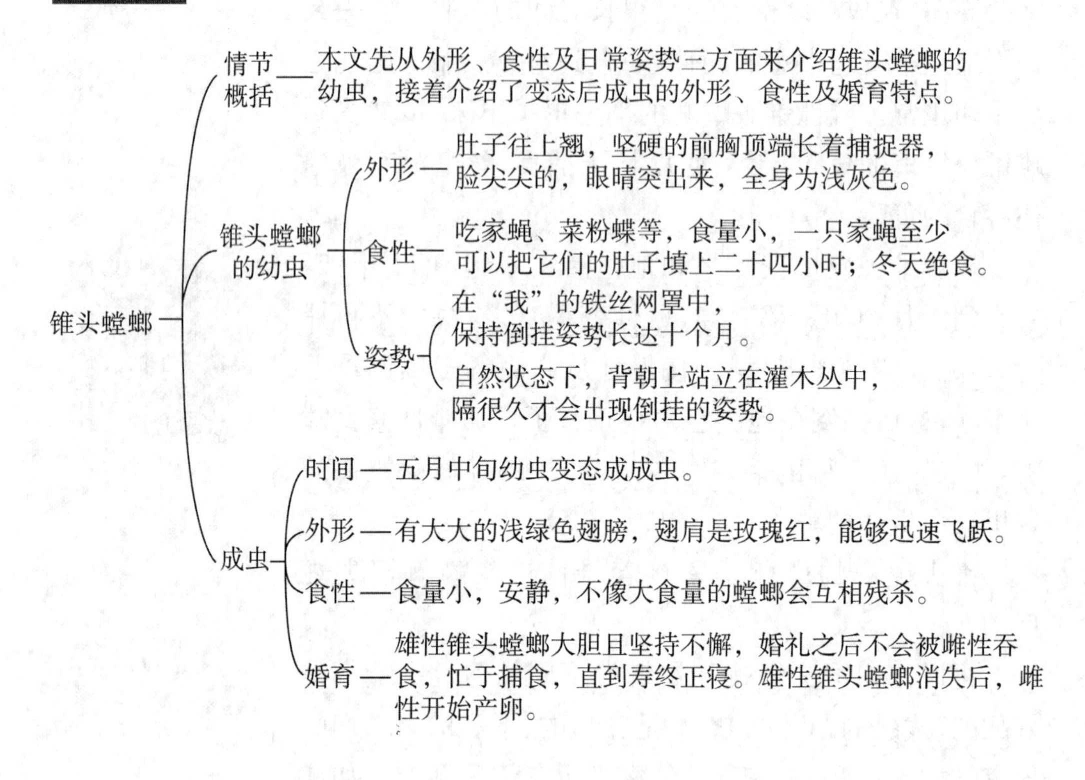
锥头螳螂
情节概括
本文先从外形、食性及日常姿势三方面来介绍锥头螳螂的幼虫，接着介绍了变态后成虫的外形、食性及婚育特点。
锥头螳螂的幼虫
外形
肚子往上翘，坚硬的前胸顶端长着捕捉器，脸尖尖的，眼睛突出来，全身为浅灰色。
食性
吃家蝇、菜粉蝶等，食量小，一只家蝇至少可以把它们的肚子填上二十四小时；冬天绝食。
姿势
在“我”的铁丝网罩中，保持倒挂姿势长达十个月。
自然状态下，背朝上站立在灌木丛中，隔很久才会出现倒挂的姿势。
成虫
时间
五月中旬幼虫变态成成虫。
外形
有大大的浅绿色翅膀，翅肩是玫瑰红，能够迅速飞跃。
食性
食量小，安静，不像大食量的螳螂会互相残杀。
婚育
雄性锥头螳螂大胆且坚持不懈，婚礼之后不会被雌性吞食，忙于捕食，直到寿终正寝。雄性锥头螳螂消失后，雌性开始产卵。

第四章　天牛

我年轻时曾对著名的肯迪拉克的雕像非常崇拜，他认为天牛有嗅觉上的天赋，嗅一朵玫瑰花，然后仅仅靠所嗅的香味就可以产生许多想法。我二十岁的脑海里，全是对这种形式上的推理的信仰，喜欢这个哲学家的神奇说教：我以为我会看到，只要嗅一下，这个雕像变会活过来，能产生视觉、记忆、判断能力和所有心理活动，就像只要一粒小石子可以在一潭死水中激起涟漪。在我的良师——昆虫的影响下，我放弃了我的幻想。天牛告诉我，昆虫所提出的问题比哲学家的说教更令人费解。

作者称昆虫为“我的良师”，说明作者从昆虫身上受益良多，足见作者对昆虫的痴迷。

灰色的天空预示着冬天即将来临，我开始准备过冬取暖用的材料，日复一日的写作中还有了一点点消遣。在我的明确表示下，伐木工已经在他的伐木区挑选了树龄最大而且伤痕累累的树干。我的想法让他感到好笑；他对于我选择这些蛀痕累累的树干的奇怪想法感到很不解，他认为完好的木材更易于燃烧。我在这件事上有自己的打算，这忠厚的伐木工听从了我的想法。

是什么样的打算？吸引读者一探作者的心思。

现在轮到我们两个来观察了。完好的橡树树干上有一道道伤痕，从那里流下的褐色眼泪带着制革厂的味道。树枝被咬，树干被劈开。那侧面究竟又包含什么呢？这对我的研究是极其重要的财富。在干燥的沟痕中，各种各样成群的昆虫有能力度过这寒冷的季节，做好了宿营的准备：吉丁虫建了扁平的长廊；壁蜂已经用嚼碎的树叶在长廊中筑好了房间；在被遗弃的前厅和蛹室里，切叶蜂已经安排了茂密的睡袋；在多汁的树干中，

蛀痕累累的树干是作者的财富——昆虫们在那里筑巢安家。

天牛的幼虫——毁坏橡树的罪魁祸首，已经在那里安了家。

相对于生理结构合理的昆虫，天牛的幼虫是多么奇特啊：它们就像一些蠕动的小肠！每年的这个时候，即中秋时节，我都能看到两个年龄段的幼虫。年长的幼虫有一根指头那么粗，而另一种则几乎达不到铅笔的直径。另外，我还看到过颜色各异的天牛蛹和一些成形的天牛，它们的肚子都是鼓鼓的，当天气变得暖和时，它们便会从树干中出来。它们要在树干里生活三年。它们是怎样度过这长时间孤独的囚禁的日子？天牛在粗壮的橡树树干里闲逛，它们挖掘通道，用挖掘出来的东西作为食物。修辞学中有约伯的马吃掉了道路的比喻；而天牛的幼虫确实吃掉了道路。它黑色强健的上颚像木匠的半圆凿，很短小，没有锯齿却像一把边缘锋利的勺子，天牛幼虫用它来挖掘通道。钻下来的碎屑进入幼虫的胃，产生少量的胃液，消化之后被排泄出来堆积在幼虫身后，留下一条被啮噬过的痕迹。工程所挖出来的碎屑给幼虫前进开辟了空间。幼虫一边补充食物一边挖掘道路，随着工程不断前进，道路也被挖掘出来；身后的道路也被残渣不断阻塞。然而，所有的钻路工一般都是这样从事工作的，既获得了食物又找到了住所。

在树干里生活三年，天牛有自己的打发时间的方式——挖通道。

比喻，形象地写出了天牛幼虫的挖掘工具——上颚的特点。

为了使两片半圆凿形的上颚能够完成这艰苦的工作，天牛幼虫将其肌肉力量集中在身体的前半部，使之呈现出杵头的形状。吉丁虫——另一个灵巧的木匠，采用了同样的姿势工作；吉丁虫的杵头更为夸张，用来猛烈挖掘坚硬木材的那部分应该需要强壮的肌体；而身体的后半部分只需要跟在后面，因此比较纤细。最主要的是作为挖掘工具应该具有扎实的支撑和强劲的力量。天牛幼虫用围绕在嘴边结实的、黑色的角质盔甲来加固它半圆凿的上颚；除了它的头部和装备之外，天牛幼虫的皮肤像缎面一样细腻，像象牙一样洁白。这种洁白来

吃的是简单的木屑，体内却有丰富的脂肪。

源于其体内丰富的脂肪，对于饮食如此简单的昆虫来说真是无法想象。确实，天牛幼虫每天无事可做，除了不停地啃啊嚼啊。这些进入天牛幼虫胃里的木屑为其补充了营养成分。

天牛幼虫的足有三部分，第一部分呈圆球状，最后一部分呈尖状，这些只是退化的器官。它们都不足一毫米长。因此这对于爬行毫无作用；由于身体过度肥胖，它们甚至够不到支撑面。天牛幼虫爬行的器官完全不同。天牛幼虫可以仰面爬行也可以以腹部朝下爬行；它代替了胸部毫无用处的足，它有一个像脚一样的爬行器官，这个爬行器官背离常规，长在背部。

天牛幼虫的足是退化的，它们的爬行器官长在背部。

天牛幼虫腹部有七个环节，上下都长有一个布满高低不平乳突的四边形平面。这些乳突可以使幼虫随意膨胀、收缩、突起、躺平。上面的四边形平面由两部分组成，从背部血管分开来，下面的四边形平面则看不出分为两部分。这些就是天牛幼虫的爬行器官。当幼虫想向前爬行时，它就鼓起后面的步带，即背部和腹部的步带，然后压缩前面的步带。由于表面不平，后面的步带将身体固定在狭小的通道壁上以得到一个支撑。通过缩小身体的直径压缩前面的步带，这样使天牛幼虫能够向前滑动爬行半步。走完一步后，还需要把后半部身体拖上来。为了达到这一目的，幼虫将前面的步带鼓胀起来作为支点，同时后部步带放松，使各环节能够自由收缩。

详细描写天牛幼虫的爬行器官。

借助背部和腹部的双重力量，交替放松和收缩身体，昆虫能在自己挖掘的长廊中自由地前进后退，就像工件能在模子里进退自如一样。但是如果行走步带只能用一个，那它就不可能前进。将天牛幼虫放在光滑的木制桌面上，天牛幼虫扭动缓慢；它伸长身体，收缩身体，却一点也不能前进。将天牛幼虫放在有裂痕的橡树树干上，因为树表有裂痕，表面粗糙、凹凸不平，天牛幼

在不同的平面上观察天牛幼虫的爬行，作者的研究细致入微。

虫非常缓慢地从左到右、又从右到左地扭动身体的前半部，抬起一点，又放下，如此重复。这是它们最大的行动幅度。它那退化的足一动不动，一点用都没有。那为什么它们会有这样的足？如果在橡树内爬行真的使天牛丧失了最初发达的足，那这些足完全没有了岂不是更好？环境的影响使幼虫长着行走步带，这真是太奇妙了，但却让它留下这些无用的残肢，真是有点可笑。会不会天牛幼虫的身体结构是服从其他法则，而不是受环境的影响呢？

提出问题，并通过反复实验来解答：天牛幼虫既没有视觉，也没有听觉。这些实验表现了作者不懈的探索精神和科学严谨性。

这些残弱的足作为成虫足的前身而存在，成虫敏锐的眼睛在幼虫身上没有任何预兆。在幼虫身上，没有任何视觉器官的痕迹。在昏暗厚实的树干内，视力又有什么用处呢？听觉同样如此。在安静的不会被打扰的橡树的最深处，听觉也是毫无意义的。在没有声音的地方，听力又有什么用处呢？如果有人对此感到疑惑，我将用下面的实验来回答。纵向剖开树干，留下半截通道，我可以观察这个居民的一举一动。幼虫时而挖掘前方的长廊，时而停下来休息，休息时用步带将身体固定在通道的两侧。我利用它休息的时候来研究它对声音的反应。无论是硬物的碰撞声，还是金属物的清脆声音，还是用锉刀锉锯子的声音，测试都毫无效果。天牛幼虫对这些声音无动于衷。既没有本能的退缩，也没有皮肤的抖动；也没有警觉的反应。当我用尖尖的硬物刮它旁边的树干、模仿其他幼虫啮噬树干的声音，都没有取得好的效果。人为的声响对于天牛幼虫来说就像是无生命的物体一样，毫无影响。天牛幼虫就像聋子一样。

那它有嗅觉吗？各种事实都告诉我们是没有的。嗅觉只是辅助用来寻找食物的，但是天牛幼虫并不需要寻找食物：它以它的住所为食，以给它提供栖身之地的树木为食。另外，让我们来做一两个实验。我在一段柏树树干中挖了一条沟痕，其直径与天牛幼虫长廊的完全相同，我将天牛幼虫放入其中。柏树有很浓的味道，其具有大多数针叶植物都有的强烈的树脂味。当把天牛幼虫放到气味浓郁的柏树沟痕中，幼虫尽其所能爬到了通道的尽头便不再动了。这种不动的静止状态不就证明了天牛幼虫缺乏嗅觉能力吗？对于长期居住在橡树内的天牛幼虫来说，树脂这种独特的气味会使它感到忧虑和反感；而这种令人不快的感觉会通过身体的抖动或有逃走的企图表现出来。但是，没有这样的反应：天牛幼虫在沟痕里找到合适的位置就不再移动了。于是我又做了另外的实验：我在离天牛幼虫很近的地方，在它自己的长廊里放了一撮樟脑，仍然没有效果。我又用苯进行了同样的实验，仍然没有效果。经过这些毫无结果的尝试后，我认为否定天牛幼虫有嗅觉不会有太大的问题。

通过两个实验，证明天牛幼虫没有嗅觉。

毫无疑问天牛幼虫是有味觉的。但是这是怎样的味觉啊！天牛幼虫的食物很单一，在橡树内生活了三年，橡树便是其唯一的食物，没有其他的食物。那天牛幼虫的味觉是如何评价这单一的食物的？吃到新鲜多汁的橡树干会觉得美味，吃到太干的、没有调味品的树干会觉得干；这些可能就是天牛幼虫的全部味觉标准。

天牛幼虫的味觉也很简单。作者设身处地用天牛幼虫的视角来评价“这单一的食物”，让实验充满人性的关怀。

剩下的便是触觉。触觉分布很散，而且是被动的，对于所有有生命的肉体来说，被针刺都会颤抖。所以，天牛幼虫的感觉能力只限于味觉和触觉，两者都相当迟钝。这使人想起了肯迪拉克的雕像。哲学家心中理想的生物只有一种感觉能力——嗅觉，而且和我们正常人一样灵敏；而现实中的生物，橡树的破坏者却有两种感觉能力，但是把两者加起来，与前者能够清楚分辨玫瑰花和其他事物的嗅觉能力相比，迟钝很多。现实和虚构总是大相径庭。

天牛幼虫只有味觉和触觉，且都很迟钝。

对于具有如此强大的消化功能、如此弱的感觉功能想让自己体验动物思考、观察世界的方式，“不切实际”却又体现了作者对自然的热爱。

科学与哲学、艺术终归不同。

以人性观照虫性，天牛的幼虫有着神奇的预知未来的能力。

的昆虫，它们的心理状态是什么样的呢？我脑海中经常有个不切实际的愿望：能够用狗迟钝的大脑思考几分钟，能够用蝇的复眼观察这个世界，那事物的表面会有多大改变啊！如果用昆虫幼虫的智力来解释世界，变化就更大了。触觉和味觉给那些已经退化的器官带来了什么呢？非常少，几乎没有。天牛幼虫知道好的木块会有一种收敛性的味道；未经自己刨光的通道壁会刺痛皮肤。这就是它们智慧所能达到的最大限度。相比之下，肯迪拉克认为拥有灵敏嗅觉的天牛是科学的奇迹，是被创造者过分赞美的杰作。它可以回忆过去、比较、判断、推理；可这昏昏欲睡的大肚子它会回忆过去吗？它会比较吗？它会推理吗？我把天牛幼虫定义为一节可以爬行的小肠。这个十分贴切的定义为我提供了答案：天牛幼虫所有的感觉能力就是一节小肠可能拥有的能力。

这个毫无用处的家伙却有着惊人的预测能力；它对自己的现状几乎是一无所知，却可以非常清楚地预知未来。我将对这一奇特的观点作一番解释。这三年中，天牛幼虫在这粗厚的树干中晃晃荡荡；一会儿爬上，一会儿爬下，一会儿翻转到这边，一会儿翻转到那边；它为了另一处的美味放弃了眼前正在啮噬的木块，但都不会远离树干深处，因为这里温度适宜，比较安全。当危险的日子来临时，这个隐居者不得不离开它舒适的环境去面对外面的危险。光吃还不够，还必须离开这里。天牛幼虫拥有良好的挖掘工具和强健的身体，通过挖掘通道寻找适宜的住所并不难；但是未来的天牛成虫，它短暂的生命必须在外界度过，它有这样的能力吗？在树干内生长的长角昆虫知道要为自己挖掘一条逃走的道路吗？

这是天牛幼虫得凭直觉解决的困难。尽管我有清晰的理性，但却不能那样熟知未来，我还是求助实验来弄清问题。我发现天牛成虫完全不能够利用幼虫挖掘的通道离开树干。这是一个非常长、非常不规则、被堆放了一堆蛀痕累累的树干的迷宫，直径从尾部向前逐渐缩小。当幼虫钻入树干时它只有一段麦秆的大小，到现在它变得有手指般粗了。在树干中的三年，幼虫一直根据自己身体的直径进行它的挖掘工作。很显然，幼虫进入树干的通道和行动的通道已经不能作为成虫离开树干的出口了：成虫伸长的触角、修长的足、不可折叠的甲壳在这狭窄弯曲的通道里都会遇到无法逾越的障碍，它必须清理通道里的障碍物并拓宽通道的直径。开辟一条新的笔直的通道对于天牛成虫而言难度要小一些。让我们拭目以待。

我将一段橡树劈成两半，在其中挖凿了一些合适大小的天牛成虫的洞穴。在每个洞穴里，我人为放入一只刚刚完成变态的天牛成虫，这些天牛成虫是十月份我在过冬的储备木材中发现的。我将两段树干用金属线连到一起。六月份到了。我在树干中听到了敲打声。是天牛们要出来吗？我认为它们的逃跑工作并不难；它们只需要钻大约十八毫米的通道便可逃走，但是没有天牛逃出来。当一切变得安静了，我剖开了它。里面的俘虏全部死了。里面有一堆木屑，还不足一口烟的烟灰量。这就是它们的全部成果。

我对天牛成虫强劲的工具——上颚期望过高。但是，就如我之前所说，工具并不能造就好的工人。尽管它们拥有良好的钻孔工具，这个隐居者由于缺乏技巧在我的洞穴中死去了。我将它们关在和天牛出生时的通道相同直径的宽敞的芦苇管中，用一块天然隔膜作为障碍物。隔膜很柔软，只有两三毫米厚。有一些天牛能从芦苇管中逃脱，而另一些却不行。那些不够勇敢的天牛被柔软的隔膜堵在了芦苇管中，死了。如果它们必须穿过橡树树干，那会是什么样子？

通过实验证明：天牛成虫并不能靠自己的力量离开幼虫居住的树干。

我们深信：尽管天牛成虫外表很强壮，但却无法只靠自己的力量离开树干。这还得靠貌似肠子的天牛幼以卵蜂的蛹来类比，写天牛幼虫为成虫的离开所做的准备。

虫的智慧来挖掘逃脱之路。我们看到天牛重新以另一种方式展现了卵蜂的功绩。卵蜂的蛹身上长有钻头，为了以后那软弱无能的成虫能够穿过通道。出于一种令人难以捉摸的神秘预感的推动，天牛幼虫离开了橡树，离开了它安静的住所，离开了它坚不可破的据点，扭动着前进到橡树外，那里居住着它的天敌——啄木鸟，可能要吞噬着美味多汁的昆虫。天牛幼虫冒着生命危险，倔强地挖掘通道一直到树皮层，它只留下薄薄的一层阻隔作为自己的窗帘。有时有些冒失的幼虫甚至捅破这窗帘，直接留出一个窗口。

这便是天牛成虫逃脱的出口。为了使其逃走，天牛成虫只需要用上颚和前额捅破这层窗帘即可。当窗户打通的时候，就可以直接从已经打开的窗口逃走，这是经常发生的。当天气回暖时，这不熟练的木匠，戴着它夸张的头饰，就可以通过这个窗口从黑暗中逃出来。

细致描写蛹室的构造。

在为将来的逃走做好准备后，天牛幼虫又开始为眼前的工作做准备了。天牛幼虫刚挖好逃脱窗口，便躲避到长廊中不太深的地方，在出口的另一侧，为自己凿了一个蛹室。我从来没有见过如此装修豪华、壁垒森严的房间。这是一个宽敞的窝，形状呈扁椭圆形，长度可达八十到一百毫米。椭圆结构的两条中轴长度不一样：横向轴长二十五至三十毫米，纵向轴长只有十五毫米。这个尺寸比成虫的长，给成虫的足部的自由活动留有一定空间。当打破壁垒时，这样的居室不会给天牛成虫造成行动上的不便。

木屑是天牛幼虫为天牛蛹准备的“地毯”。

上面所提到的壁垒是天牛幼虫为了排除外界危险而建造的，有两到三层。外面是一层木屑，是挖掘的木材的残存物；里面是一个矿物质的白色凹面封盖。通常情况下，在最内侧还有一层木屑壁垒和前两层连在一起，但并不都是如此。在这多层壁垒的保护下，天牛幼虫便可以为它的变态工作做准备了。从房间壁上锉下一条条木屑，这便是细条纹木质纤维的呢绒。这些呢绒又被天牛幼虫贴回到四周的墙壁上，铺成了一层不足一毫米厚的墙毯。房间四壁就被铺上了优质的双面绒的地毯，这就是质朴的天牛幼虫为柔弱的天牛蛹精心准备的杰作。

奇特的构造，神奇的昆虫。

让我们再回头看看这个布置中最奇特的部分，那层堵住入口的矿物质封盖。这是一个椭圆形的帽状封盖，白色、坚硬，内部光滑外部有颗粒状突起，有点像橡栗的外壳。这个外部的突起表明，这层封盖是天牛一小口一小口用糊状物筑成的。封盖外部，天牛幼虫不能搬动，触碰不到，凝固成细小的突起；而在内侧，天牛幼虫能够触碰到，被锉得光滑平整。天牛幼虫给我们展示的这个绝妙的标本，奇特的封盖究竟有什么性质呢？它就像石灰石一样坚硬而易碎。它不用加热就可以溶解于硝酸并且释放出气体。溶解的过程很漫长，一小块封盖需要好几个小时才能溶解。溶解之后只留下一些黄色、像有机物一样的絮状物。如果加热，封盖会变黑，证明这其中含有可以凝结矿物质的有机物。如果在其中加入草酸氨，溶液会变得浑浊；然后留下许多白色沉淀。这些现象表明这其中含有碳酸钙。我想从其中找到尿酸氨，因为这是昆虫变态阶段非常常见的物质，但是我并没有发现这种物质。因此这个封盖仅仅由碳酸钙和某种有机凝合剂构成，这种有机物应该是蛋白质，能够使钙体变得坚硬。

如果条件更好些，我可能能够研究出天牛幼虫分泌的这些石灰质物质的器官了。不过我深信天牛幼虫的胃部，这一能乳化的器官能够为天牛幼虫提供钙质。胃从食物中分离出钙质，或者直接得到钙质或尿酸氨的衍生物；当天牛幼虫期结束时，它便将所有的异物从钙中剔除，并且将钙质保留下来直到设置壁垒时使用。这个石料工厂并没有令我惊讶：工厂经过转变之后开始进行各种各样的化学工程。某些芫菁科昆虫，比如西塔利芫菁，通过化学反应在体内产生尿酸氨；飞蝗泥蜂、长泥蜂、土蜂在体内生产茧所需的虫漆。今后的研究也一定会发现器官生产的更多产品。

当逃跑通道修好，房间用绒毯布置完毕，用三层壁垒封起来之后，勤劳的天牛幼虫便完成了它的任务。它将它的挖掘工具放到一边，开始蜕皮，然后进入到蛹期。处于襁褓期的蛹虚弱地躺在柔软的睡垫上，头始终朝向门的方向。从表面上来看这是个无关紧要的细节，但其实这却非常必要。由于幼虫身体很柔软，可以在它狭窄的住所里随意翻转，因此头朝向哪个方向并没有什么区别。然而，天牛成虫却无法享有这样的特权。由于天牛成虫身着坚硬的角质盔甲，它不能将身体从一个方向转到另一个方向；如果通道曲折狭窄，它甚至不能弯曲身体。为了使自己不会死在这房间里，它的头必须朝向门的方向。如果幼虫忽略了这一细节，如果蛹的头朝向房间底部，天牛成虫就一定会死掉；它的摇篮就变成了无法逃脱的天牢。

小小的生命，孤独的囚禁在树干内，这种长达三年的生活结束了，成虫终见天日。

但是无须为这种危险担忧：这节小肠能够如此充分地考虑将来，它不会忽略将头朝向门这一细节的。春末时节，天牛拥有强劲的力量，它希望享受阳光的喜悦、参加光辉的节庆。它想出门了。它面前是什么呢？一些细小的木屑，它可以轻松清除；接下来是一层石灰封盖，它不需要将其打碎；它只需用它的前额轻轻一顶或用足轻轻一拉，这层封盖便会整块松动了，从框框中脱落。实际上，我发现被废弃的封盖都是完好无损的。最后是第二层由一些木屑构成的壁垒，它和第一层一样容易清除。道路现在畅通了，天牛成虫只要沿着宽敞的通道便可以准确无误地爬到出口。如果窗户没有打开，它所需要做的只是咬开一层薄薄的窗帘即可；这是一项简单的工作；现在看到天牛成虫出来了，它那长长的触须由于激动不停颤抖着。

我们从天牛身上学到了什么？从天牛成虫身上我们没有受到任何启发；但天牛幼虫却教会我们很多。天牛幼虫感觉功能这么差，预见能力却如此奇特，令我们深思。它知道未来的天牛成虫不能够自己在橡树中挖掘道路，于是它便冒着危险自己为天牛成虫挖掘道路。它知道天牛成虫由于其坚硬的盔甲将无法翻转身体、找到房间的出口，于是它便关怀备至地将它的头朝向门睡觉。它知道蛹很柔软，于是它便在卧室里布置了木质纤维的呢绒。它知道敌人很可能在漫长的变态期发动进攻，于是它便建造起壁垒来抵御攻击，它便在胃里储存了石灰浆。它能够准确地预见未来，准确来说，它是按照它所预见的进行工作的。那么它的动机从何而来？这当然不是靠感觉的经验。对于外面的世界，它又知道些什么？让我们再来重复一遍，那只是一节小肠所能知道的那么多。这个小生物让我们惊叹不已！我感到遗憾，那些聪明的哲学家只想象出一个能嗅出玫瑰花香的动物，而没有想象出它具有某种本能的形象。我多么希望他能很快认识到：动物，包括人类，除了具有感觉能力以外，还具有某些生理潜能，某些先天而并非后天的灵感。

> 总结全文，表达作者的观点，惊叹于天牛幼虫的预见能力。

思维导图

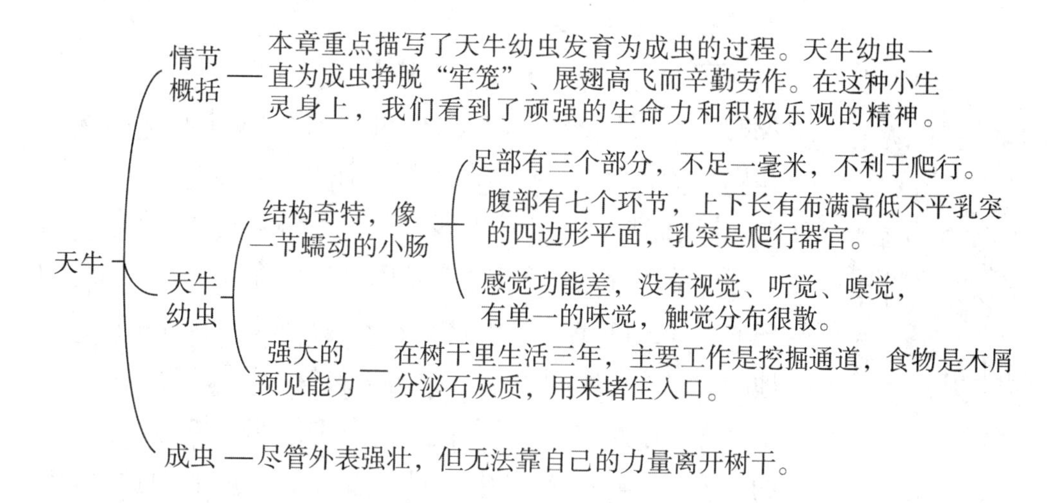

第五章 埋葬虫——埋葬

四月，在羊肠小道旁，躺着一只被农民的铁锹剖开肚子的鼹鼠；在篱笆脚下，无情的淘气鬼用石块砸死刚刚穿上绿色珍珠外衣的蜥蜴；路人认为用脚后跟踩死偶然遇见的无毒蛇是值得称赞的行为；一阵风吹过，将还没有长出羽毛的小鸟从鸟巢吹到了地上。这些小尸体和那么多可怜的生命的残屑会变成什么？人们不会让他们的视觉和嗅觉长时间受到这样的损害的，田野里的从事卫生工作的昆虫工人是一支大军。

焦急的盗贼为各种任务做好了准备。蚂蚁就是其中第一个。它急忙赶来，开始一点点地解剖尸体。很快这具尸体发出的气味引来了双翅目昆虫，并繁殖了恶心的蛆虫。与此同时，扁尸甲、用碎步奔跑的发光的鞘翅目昆虫、腹部涂得雪白的皮蠹、纤细的隐翅虫，它们都不知道从哪儿成群结队赶到这里，用毫不厌倦的热情去调查、探测、饱吸这恶臭的气味。

原本“可怕的东西”，在作者笔下变成了“忙碌的劳动者”的“密集和喧闹”。“发狂”“匆忙”“迷醉”写出了“开发死亡以有利于生命”的虫子们对尸体的“狂热”。

春天里，在一只死了的鼹鼠身下，是有一番多么壮观的光景啊！这个实验室里可怕的东西对于擅长观察和思考的人来说，是那么美好。让我们克服我们的反感吧，让我们将这不干净的残片从脚下拿起来吧。在那下面忙碌的劳动者是多么密集和喧闹啊！长着宽大的深暗色鞘翅的埋葬虫仿佛在哀悼，几乎发狂地在飞翔，然后躲在了土地的裂缝上。腐阎虫像一块光亮的乌木反射着太阳光，匆忙用碎步小跑，离开了它们的工作地。身上有黑色花斑的皮蠹，试着飞走，其中一只穿着浅黄褐色的短披肩，但

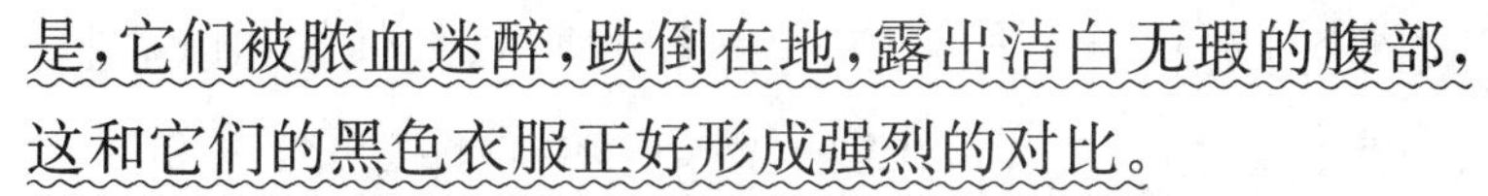

是，它们被脓血迷醉，跌倒在地，露出洁白无瑕的腹部，这和它们的黑色衣服正好形成强烈的对比。

这些狂热干活的虫子在那儿干些什么呢？它们开发死亡以有利于生命。它们是至高无上的炼金术士，它们将可怕的腐烂物制作成新鲜的无害的产品。它们汲尽危险的尸体直到把尸体弄干，直到干得叮当作响，就像垃圾场上被冬天的霜冻和夏天的炎热弄成棕褐色的破拖鞋。它们迫切地对这无害的尸体进行加工。

另一些昆虫也很快出现了。它们更小、更有耐心。它们拿起死者的遗骨一条韧带一条韧带地、一根骨头一根骨头地、一根毛发一根毛发地利用它，直到这一切都返回生命的宝库。我们需要尊敬这些环境清洁者。让我们别再谈这只鼹鼠，言归正传吧。

春耕的另几个受害者——田鼠、鼩鼱、鼹鼠、癞蛤蟆、无毒蛇、蜥蜴，让我们看到了最充满活力、最有名的土地维护者。这就是埋葬虫。它的服装、习性都和死气沉沉的普通虫子不一样。它尊重自己的崇高职务，散发出麝香的气味。它的触角上顶着个红色绒球，胸部覆盖着米黄色法兰绒衣，鞘翅上横系着圆齿状的朱红色腰带。这衣服比其他动物都要奢华美丽，但是就像筹办葬礼的殡仪工穿戴的那样，始终让人感到悲伤。

描写埋葬虫的外形特征时，法布尔也是带着感情的，从“尊重”“悲伤”等词中可以看出来。

它不是用剖开大颚的解剖刀剪切肉的解剖者。严格来讲，它是掘墓者、葬尸者。其他一些昆虫，如扁尸甲、皮蠹、鞘翅目昆虫等，它们自己狼吞虎咽地吃着美味的尸体，当然并没有忘记自己的家人。可是，这种昆虫却很节俭，为了自己，它几乎没有去触碰其他战利品。它把尸体全部埋葬在地窖里，待到恰到好处时，这将是它幼虫的食物。它埋葬这个是为了在那里安顿后代。

这个死尸的囤积者非常呆板，行动迟缓，但是处理残骸时却快得惊人。在短短几小时内，相当庞大的一具尸体，譬如鼹鼠的尸体，就消失了，被掩埋在地下。其他昆虫则是让被掏空了的干尸暴露在空气中，整月整月地任凭风吹雨打。而埋葬虫却整个儿地处理尸体，立刻就把这工作弄得干干净净。它干活没有留下明显的痕迹，除了一个小鼹鼠土丘，这是个埋葬的小土丘，一个小坟墓。

埋葬虫通过其迅速而有效率的方法，成了这块小田野里头等的净化者。它也是在心智才能方面最负盛名的昆虫之一。据说，这个装殓葬尸工有近乎理性的心智才能，而膜翅目昆虫——蜜或猎物的收集者，它们是最有天赋的，也没有这种才能。下面两则趣闻也对它赞颂有加，这是引用自拉科代尔的《昆虫学导论》，这是我能自由支配的唯一一部概述性论著。

作者写道："克莱维尔报告说，他看见一只夜间埋葬虫，这只埋葬虫想埋葬一只死老鼠，但发现躺着老鼠尸体的地方泥土太硬，于是就去离该地有一定距离、土质比较疏松的地方去挖洞。这项工作完成后，它试图把老鼠埋在洞穴里，但是没有成功，于是它便离开了，不久后又回来了，多了四个同伴的陪同。这几个同伴帮助它运输和埋葬了老鼠。"

拉科代尔补充说，我们不能拒不承认这样的情况下思维在起作用。

他还说："格勒迪希报道的下述行为也具有理性起作用的所有迹象。他的一个朋友想将一只蛤蟆弄干，将它挂在一根插在地上的棍子上，以防止埋葬虫过来搬走它。但是，这个预防措施不起作用，这些昆虫够不到死癞蛤蟆，就在插棍子的地上开始挖掘，等到棍子倒下来后，它们就把棍子连同癞蛤蟆尸体一起埋葬了。"

承认在昆虫的智力上有对原因与结果、目的与方法之间的关系的清楚认识，这是个具有重大意义的断言。我不知道有什么比这更适合我们这个时代的哲学的粗暴行为的言论了。但是这两个小故事是真实的吗？它们包含了人们从它们身上推导出来的结论吗？那些把这个作为铁证来接受的人，难道不是太天真了吗？

> 连用三个反问句，表现出作者的思考，同时也引出作者为此所做的研究。

当然，在昆虫学领域需要天真。没有大量这种资质，在讲求实际者眼中的奇思怪想，谁还会关心这小小的昆虫呢？是的，让我们变得天真无邪但不要幼稚轻信。在认为动物会推理之前，让我们自己理性思考一下，让我们对这个实验结果加以验证。一个偶然收集到的没有经过评判的现象不能成为定律。

对于勇敢的掘墓者，我并不是想贬低你的优点，我远没有这种想法。相反，在我的笔记里保留着比癞蛤蟆绞刑架更能对你赞赏有加的材料，我收集了将给你的声誉带来新的荣耀的英勇行为。

不，我的意图不是要贬低你的声誉。此外，公正的历史不必坚持某个确定的论点，事实把这个论点引导到哪儿它就到哪儿。我只是想问你有人说你具有逻辑头脑这个问题。你有没有理性？你的理性是不是还在人类理性的萌芽阶段？这就是我想问的问题。

为了解决这个问题，我们并不指望好运可能给我们带来的机遇。我们必须拥有一个鸟笼，使我们能够经常观察、持续调查和采取一系列方法。那么怎么捕捉这昆虫？在生长油橄榄树的地区，埋葬虫并不多。据我所知，只有一种埋葬虫，即收残埋葬虫。这种北方掘墓者的竞争者非常罕见。在春天里找到三四只是我以前捕猎时最好的收获。今天，鉴于我需要有一打这样的埋葬虫，如果我不设陷阱采取些措施，我将抓不到几只埋葬虫。

这个方法非常简单。田野里的埋葬虫非常少，因此去寻找它们总是白费时间、空手而归。在我的笼子住满昆虫之前，这美好的四月即将过去。捕猎埋葬虫的结果如何很难说，于是我们在荒石园里散布大批死鼹鼠把埋葬虫吸引过来。这种昆虫嗅觉很灵敏，它们赶紧从地平线的各个角落赶来，奔向这被太阳晒熟了的尸体堆。

我和邻居的园丁做了个约定，他每个星期两三次来弥补我那块石子地的缺乏，向我提供来自比较肥沃的土地的蔬菜。我告诉他我迫切需要鼹鼠，数量无法确定。他每天用陷阱和铁锹与这个纠缠不休的、把他的作物弄得一塌糊涂的挖掘者作斗争。他比谁都能够更好地为我弄到这个时候我认为比他的芦苇或是牛心甘蓝更宝贵的东西。

这个老实巴交的人一开始嘲笑我的要求，对我如此重视他极其厌恶的生物“达尔蓬”而惊讶不已。到最后他终于同意了，但是心里并不是没有怀疑。他大概认为我要用这光滑柔软的鼹鼠皮为我自己制作一件法兰绒背心。这对风湿病有好处。好吧,随他去猜测吧。最重要的是达尔蓬到我这儿来。

达尔蓬准时到来了。有时候两只,有时候三只,有时候四只,用甘蓝叶包着,放在园丁的篮子底部。这个乐于顺从我那奇怪要求的老好人永远也不会猜到比较心理学家会多么感激他。在短短几天内,我便有了三十只鼹鼠。这些鼹鼠一到来就被分散到荒石园里光秃秃的地方,在迷迭香、野草莓树和薰衣草丛中。

园丁帮忙找鼹鼠,小保尔作为小助手,帮忙捉鼹鼠尸体引来的埋葬虫,实验就这样开始啦!

现在只需要等待和每天几次去查看我那些腐烂的动物小尸体下面的情况。这对于那些血管里没有激情的人来说,是件令人厌恶的苦差事。在我家里只有小保尔帮助我,他用他那灵巧的小手帮我抓住逃犯。我说过昆虫学家的研究需要天真。在严肃处理埋葬虫这件事上,我的助手是一个小孩儿和一个文盲。

小保尔和我轮流查看,我们不需要等待很长时间。风把动物尸体的气味吹向四面八方,于是装殓埋葬尸体的虫子匆匆赶来,以至于实验对象由四只变成了十四只。我以前研究中所有猎获物的数目都没有这么多。我以前的狩猎没有事先策划,也没有用诱饵引诱。我这次布设陷阱的计谋取得了圆满成功。

在我陈述笼子里取得的成果之前,让我们稍停片刻来谈谈埋葬虫正常的劳动生活条件。这种昆虫对野味的选择并不挑剔,量力而行,就像捕食性膜翅目昆虫一样;偶然碰到什么,它就接受什么。在它发现的东西中,有小的,如鼩鼱;有中等的,如田鼠;有大的,如鼹鼠、阴沟老鼠、无毒蛇。埋葬这些动物的尸体都超过了单独一个埋葬者的挖掘力量。大多数情况下,重负与动力不成比例。在昆虫脊柱用力的情况下,身子稍微移动一下,这就是这种昆虫所能够做到的一切。

泥蜂和蛛蜂在它们认为适宜的地方挖掘洞穴。它们飞行把猎获物运到洞里,如果太重,就拖到洞里。埋

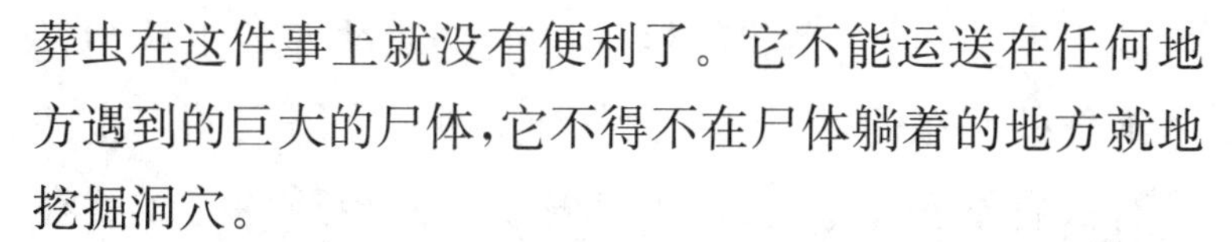

葬虫在这件事上就没有便利了。它不能运送在任何地方遇到的巨大的尸体，它不得不在尸体躺着的地方就地挖掘洞穴。

这个别无选择的埋葬地点可能土质疏松，也有可能贫瘠多石头；可能位于某个寸草不生的地方，也有可能位于另一块细草，特别是狗牙根，根须盘根错节。还有一种很大的可能，短荆棘竖起来，这些荆棘把动物尸体架在离地几寸高的地方。鼹鼠被刚刚送了它性命的种地人用铁锹抛出，随意扔在了某个地方；埋葬虫在尸体坠落的地点开发利用它，只要障碍物不是不可逾越，就无关紧要。

埋葬的困难有很多，使人已经预知到埋葬虫在它的劳动过程中不能采用固定的办法。它受偶然发生的事情的支配，它必须能够在微小的辨别能力允许的范围内改变策略。锯开、砸烂、扫清、升起、震动、移动，对于处于困境的埋葬者来说都是不可或缺的方法。这种昆虫如果被剥夺这些才能，变成只有一成不变的方法，就不能进行这份上帝赐予它的职业。

这时我们可以看到仅从一个孤立的现象作出结论是多么地不理智。在这个现象中，理性的办法手段和事先考虑的意图似乎都在起作用。毫无疑问，所有本能的行为有它存在的理由，但是昆虫会判断这个行动是否合适。让我们以充分了解昆虫的劳动作为开始，让我们用另外一些证据来证明每个证据，这样我们就能回答这个问题了。

科学是严谨的，需要观察、实验、证明，体现了作者作为昆虫学家的严谨性。

首先谈谈食物。埋葬虫是个普通的环境净化者，它不拒绝路上的任何腐烂尸体。对于它来说，长羽毛的猎物、长皮毛的猎物，只要尸体不超过它的力量，都是好的。对两栖动物也好、对爬行动物也好，它处理时都同样卖力。它毫不犹豫地接受它的种族可能还不了解的、不同寻常的发现物。一条金鱼就是证据。这是一条红色的中国金鱼，它在我的笼子里很快就被埋葬虫认为是个绝佳的好东西，并用老方法埋葬掉了。屠夫的肉也并没有被看不起。羊肋条、牛排骨变味到合适的时候就在地下消失了，受到的关注与慷慨大度给予鼹鼠和老鼠的一样。总而言之，埋葬虫并没有排他性的偏好，它把任何腐烂的东西都放到地窖里。

维持保存埋葬虫的职业技艺并没有任何困难。如果缺乏某种猎物，其他任一种偶然碰到的猎物就可以很好地代替它。让埋葬虫定居也没有多大的困难。一个放在瓦钵上的金属钟形罩就足够了，新鲜的沙土一直溢满到瓦钵的边缘。为了防止受野味引诱的野猫来捣乱，笼子被放在一个封闭的玻璃房里。这个房间冬天是植物的避难所，夏天是昆虫的实验室。

现在开始干活。死鼹鼠躺在荒石园中央。土质疏松均匀，这个条件非常适合工作。三雄一雌，面对着这只死鼹鼠。它们躲在尸体下面，别人看不到。这具尸体时不时地似乎有了生命，被这四个劳动者用背不停摇动。不了解情况的人看见死鼹鼠动起来肯定会有点目瞪口呆。有时，一个掘墓者，一般经常是雄性，从尸体下面走了出来围着鼹鼠转圈。它一边研究一边探查它的绒毛。它急急忙忙回去，然后再出现，再观察情况，然后又爬到尸体下面。

拟人化的描写，生动地写出了埋葬虫的侦察兵形象。

摇动声更明显了。尸体不停地摇动。而这时，沙土被压紧形成一个环形软垫，在周围堆积起来。死鼹鼠由于它自身的重量和挖掘者在使劲，由于它在没有遭到破坏的泥土上没有支撑，逐渐陷到地下。

被压紧的沙土很快就在看不见的挖土工的推动下摇动起来，滑落到深坑里，覆盖住了被埋葬的鼹鼠。这是个秘密埋葬。尸体似乎像淹没在流动的介质中那样自动消失了。直到下降的深度被认为足够之前，尸体一直在下降。

总而言之，这是个简单的劳动。埋葬虫在尸体身下一边挖洞，一边拖拉、摇动尸体。即使没有掘墓者的介入，墓穴本身由于沙土的小小震动也能自动填平。埋葬虫的爪子端有锋利的铲子，它强壮的脊柱能够让沙土微微震动：这样，它干这个就不需要别的东西了。让我们加上很基本的一点：它还需要不停地猛拉和摇动尸体这样技艺，这是为了使死者体积缩小，使它能够通过有障碍的道路。我们马上就将看到，这种技艺在埋葬虫的职业中扮演了很重要的角色。

尽管鼹鼠消失了，但还远远没有到达目的地。我们让装殓葬尸工来完成它们的任务吧。它们现在在地下干的活儿是地面活儿的继续，这不会告诉我们任何新东西。我们要等上两三天。

时候到了。让我们去了解一下那边的情况。让我们去看一下公共尸坑。我不会邀请任何人去挖掘。我的身边只有小保尔有勇气帮助我。

鼹鼠不再是鼹鼠了，而是变成了一个绿色的、有点吓人的、已经腐烂的、毛脱得光秃秃的小东西，它蜷缩成一个圆形的、小块猪膘带似的东西。这肯定是经过了细心的处理才会被压缩得这样小，特别是它的皮毛被剥光到这个程度，就像厨师手下的家禽一样。采取这样的烹饪方法是为了那些会受到皮毛妨碍的幼虫吗？还是只是由于腐烂而掉毛？我不确定。但是我看到了整个挖掘行动，猎物被扒光毛皮和羽毛，只留下翅膀和尾巴的毛，而爬行动物和鱼类都保留着鳞片。

将埋葬虫处理鼹鼠的方式与厨师处理食物类比，从而使埋葬虫埋葬动物尸体的方式更加形象，更有利于读者理解。

让我们回到这个让人难以辨认的、曾经是鼹鼠的东西身上吧。它被放在一个宽敞的、内壁坚固的地下室里。这个地下室比得上金龟子的面包坊。除了皮毛散乱分布外，这东西没有被触碰过。掘墓者没有剪切它，这是子女的家产，不是父母的食物。当父母的为了维持自己的生存，会从渗出的脓血中吸几口。

埋葬虫父母对子女的爱和奉献。

在这具尸体旁边有两只埋葬虫在那儿看守和保护尸体,它们是一对夫妻,除此以外别无其他。四只虫合作埋葬尸体,那另外那两只雄虫怎么样了呢?我发现它们躲在土里,离得远远的,差不多要到地面了。

我观察到的这个情况不是个别情况。我每次看见一群埋葬虫埋葬尸体,埋葬结束后,地下室里都只有一对埋葬虫,在上面的那群埋葬虫中,雄虫占大多数,它们都干劲十足。它们帮助埋葬后,除了那对夫妻,其他都默默离开了。

这些掘墓者确实都是卓越的父亲。作为父亲无忧无虑,什么事情都不闻不问,这是昆虫界的普遍规律。父亲纠缠母亲一阵后就抛弃它,把子女的命运就交给它。而埋葬虫不是。在埋葬虫这儿,各个等级的闲散者都要干活,有时为了自己的家庭,有时为了别人,但两者并无区别。如果一对夫妻遇到困难,助手就会闻到尸体的气味立刻赶来。它们热心地伺候贵妇人,钻到尸体下面,用脊椎和爪子加工尸体,埋葬尸体,然后离开,留下宅主在那里欢天喜地、乐不可支。

埋葬虫的“父亲”角色是卓越的,不像大部分昆虫父亲的角色是缺失的。

宅主还需要很长时间来后续处理尸体,拔去它的皮毛或羽毛,将它卷起来,根据幼虫的口味来煨炖。当一切就绪后,这对夫妻就出走、分离,各自随心所欲地去别的地方,至少就像个普通助手那样重新开始干。

到目前为止我最多发现两种为子女的未来操心、并且尽力为它们留下财富的父亲:它们是某些牛粪开发者和埋葬死尸的埋葬虫。掏粪工和装殓葬尸工都具有示范意义。在这样的地方谁会寻找美德呢?

其余的,比如幼虫的生活和变态,都是次要细节,而且大家都很熟悉。这是个枯燥的题目,我简单地谈一下。五月末的时候,我挖到一只掘墓者两周前埋葬的褐家鼠。它已经变成褐色的黏黏的糊状物,这具可怕的尸体为我提供了十五只大部分已经具有正常身材的幼虫。

几只成虫，肯定和它们是一家子，也在恶臭中攒动。产卵期现在已经结束，食物也丰盛。喂食者没事可做就挨着孩子坐着。

装殓葬尸工很快进行家庭教育。自从埋葬以来，最多过去两个星期了。这儿已经有了一批精力充沛的即将变态的居民。它们的早熟让我惊讶不已。看来尸体潮解物对其他动物的胃是致命的，但在它们这儿却产生了特别的力量，能够刺激机体、加快生长，使食物在转化为腐殖土之前被消耗殆尽。有生命的化学很快超过了无机化学的最大限度的反应。

埋葬虫的幼虫呈白色、裸露、失明，具有在黑暗中生存的普通习性。它那披针状的外形很容易使人想到螃蟹。它那强有力的大颚是黑色的，是把很好的解剖刀。它的爪子很短，小跑却很敏捷。腹部的环节下面用一块狭窄的淡红色的板块加固，板块上有四根骨针，显然是为了在幼虫离开出生处所、降到地下变态时提供支撑点。胸部体节的装甲更宽，但是没有刺。

成年埋葬虫陪伴着它们的幼虫，生活在褐家鼠的腐烂尸体里，身上全是令人厌恶的虱子。四月，埋葬虫在第一批鼹鼠尸体下工作，全身发亮、服装整洁。当七月来临时，它们变得令人作呕。一层寄生虫包裹着它们。这些寄生虫慢慢进入它们的关节，几乎形成了一张连续不断的皮层。这些昆虫穿着虱子形成的外套，丑陋无比，我很难用毛笔将这层外套扫掉。把它们从埋葬虫的腹部赶走后，这群寄生虫使这个受苦者变了形，在它背上扎营，不肯放弃。

尽管这项实验感官上并不愉快，作者还是乐此不疲，体现了作者作为科研者的不懈追求。

在这其中我认出了鞘翅目的蜘蛛。它是经常把粪金龟腹部的紫金弄得污秽不堪的蜱螨目昆虫。不，生命的好运不归功于有用的动物。埋葬虫和粪金龟把自己奉献于普通的卫生工作。这种行会的成员因为它们的卫生职能而十分有趣，因为它们的家庭道德而非常突

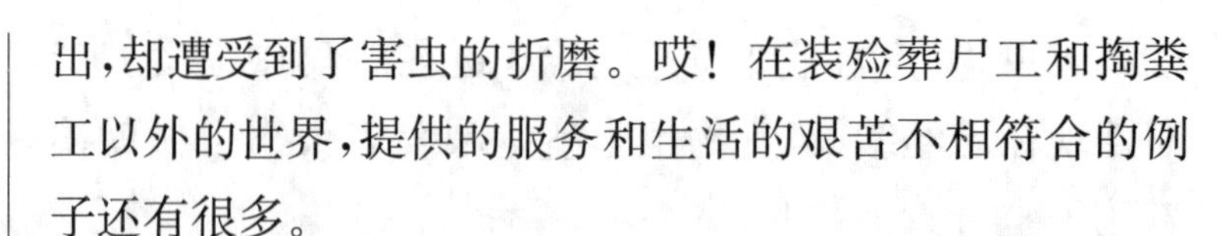

出，却遭受到了害虫的折磨。哎！在装殓葬尸工和掏粪工以外的世界，提供的服务和生活的艰苦不相符合的例子还有很多。

这是模范的家庭习俗，但是埋葬虫却没有坚持到底。在六月的前两周，家里很富足，埋葬工也停止工作了，我的笼子也废弃了，尽管我更换了老鼠和麻雀。一个掘墓者时不时地离开地下室，懒洋洋地在露天爬行。

另一个相当奇怪的现象吸引了我的注意力。所有从地下爬上来的埋葬虫都受伤了，它们都失去了胳膊，被切掉了关节。有的切的部位高些，有的切的部位低些。我看到一个残缺不全的埋葬虫只剩下一只完整的爪子。它用这些剩下的爪子和其他被扯掉的残肢在满是灰尘的地面上费力地活动，满身虱子，像长着鳞片一样。一个同伴出现了，它的四肢稍微好些，给这个残废者致命一击，并把它的腹部吃掉了。我剩下的这十三只埋葬虫就这样结束了生命。一半被同伴吞食，或者至少被切掉几只趾肢节。同类相食代替了原先的和睦的关系。

历史告诉我们，某些民族，比如马萨热特人或者其他，他们过去经常杀死老人以使他们免受衰老的痛苦。在老人头上致命一击，这在马萨热特人眼里是子女对老人敬爱的表现。埋葬虫也有这些古代人的暴行。他们活够了日子，过够了从今往后令人生厌的生活，便互相消灭。为什么要延长虚弱的人们的痛苦呢？

马萨热特人可以将粮食匮乏作为他们残暴习俗的借口，这是罪恶的；而埋葬虫却不是这样，因为我的慷慨大方，食物是很充足的，地下和地上都是食物。饥饿在这场屠杀中绝不是理由。这是它们体力衰竭所产生的差错，这是快要灭绝的生命的病态狂怒。这是昆虫界的普遍规律，工作给掘墓者赠予了一个安静和平的习俗倾向，而迟钝懒散却激发了它们错误的趣味爱好。它们

> 虽然是昆虫界的规律，却具有启发性。这体现了作者“以人性观照虫性，并以虫性反映社会人生”的特点。

无所事事，便弄断同伴的爪子、吃掉同伴，也不关心自己是否会被截去肢体、被同伴吃掉。这是它们垂暮之年的最后的解脱。

思维导图

埋葬虫——埋葬

- 情节概括——本章主要介绍了埋葬虫的埋葬工作的特点，埋葬不单单为了自己的食物，也是为幼虫存储食物：它们有善于合作的一面，也有残忍的一面。体现了昆虫的复杂性。
- 外形——触角上顶着红色绒球，胸部覆盖着米黄色法兰绒衣，鞘翅上横系着圆齿状朱红色腰带。
- 从事埋葬工作——开发死亡，以利于生命，是掘墓者、葬尸者。将战利品埋葬在地窖里，作为它的幼虫的食物。
- 埋葬地点——无法运送战利品，所以尸体在哪就在哪里挖掘洞穴。
- 食物——不拒绝路上的任何腐烂尸体。
- 埋葬过程——一边在尸体下挖洞，一边拖拉、摇动尸体。
- 特点
  - 合作——一群埋葬虫埋葬尸体结束后，只留下一对夫妻，其他都默默离开。
  - 同类相食——在埋葬工作停止后，被迫在一起的埋葬虫会互相伤害。
  - 卓越的父亲——为幼虫储存适合口味的食物，陪伴幼虫生活在腐烂的尸体里。

第六章　埋葬虫——实验

开篇引出本文的研究内容。

让我们继续谈谈埋葬虫那为它带来好名声的理性的英勇行为。让我们用实验来对克莱维尔叙述的现象加以验证，这个现象就是土地过硬和埋葬虫寻求帮助。

为了达到这个目的，我在钟形网罩下的沙土中心铺上砖头，和地面齐平。然后在砖头上铺一层薄薄的沙。这是块无法挖掘的土地。在四周宽阔的范围内，在同一水平上，延伸着一块容易挖掘的疏松的土地。

为了能够接近故事中的环境，我需要有一只老鼠。鼹鼠身体很重，块头大，移动工作可能会带来很多困难。为了得到一只老鼠，我寻求我的朋友和邻居的帮助。他们嘲笑我的怪念头但却给了我捕鼠器。然而，当需要老鼠时，原本很平常的东西却变得很罕见。普罗旺斯语以先祖拉丁文为榜样，不顾其端庄优雅，在格言中讲道："如果你寻找驴粪，驴子就会患上便秘！"

最终，我得到了我梦寐以求的老鼠！它从一个避难所来到了我这儿，那个避难所里供应着一捆稻草，官方慈善在那儿对在肥沃的土地上漂泊的穷人热情款待一天。那个避难所是这个市的一个招待所，人们从那里出来不可避免的身上会有虱子。雷沃米尔，曾经邀请伯爵夫人来看您的毛虫换皮。对于一个了解这些灾难的未来的门生，您将说些什么？可能我们了解这个比较好，那样我们会对它所受到的痛苦抱有怜悯之心。

我朝思暮想的老鼠终于到了。我把它放在砖头中央。钟形罩下的掘墓者总共七只，其中三只是雄性。它们全都躲在洞里。有几只靠近土地表面，懒懒散散；其他的在地下室里忙碌。它们很快就知道来了一具新尸体。早晨七点钟左右，三只埋葬虫匆忙赶来，一雌两雄。它们钻到老鼠身下，老鼠开始震动，这表明埋葬虫们在使劲用力。它们试图在遮盖砖头的砂土层挖掘，挖起来的土在老鼠周围堆积成了一个小沙堆。

震动持续了两个小时，但是没有任何结果。我利用这个机会观察了这项工作是用什么方式进行的。光秃秃的砖头让我看见了挖出的泥土遮住的东西。如果需要移动尸体，埋葬虫就整个儿地翻转过来，用六只爪子专注死老鼠的毛，用背部使劲，把头部和腹部末端当做杠杆来向前推。如果需要挖掘，它就恢复正常姿势。它就这样轮番一会儿这样使劲，一会儿那样使劲。当需要移动尸体或将尸体拖低些的时候，它的爪子就悬空；当需要深挖洞坑时，它就让爪子着地。

用两个小时来观察埋葬虫的埋葬方式，虽然埋葬虫们没什么进展，作者却了解了埋葬虫的工作方式。有耐心、细致，是科学研究不可或缺的素养。

埋葬老鼠的地点终于被辨认出难以攻破。一只雄虫出现在了露天。它探查着埋葬对象，在它周围转来转去，随意挠几下，然后又回去了。然后死老鼠又很快震动起来。它是把它所了解的情况告诉了它的合作者吗？它是为了在别的地方、在合适的土地上进行安置而调整方法吗？

事实远远没有证明这一点。当它晃动死老鼠时，其他昆虫模仿它，也向前推，但它们并没有使劲朝一个方向推。死老鼠朝着砖头的边缘稍微前进了一点就又倒退了，然后又回到起点。由于没有协调好，它们的努力就白费了。将近三个小时就在这相互抵消的震动中过去了，老鼠没有越过劳动者的耙子堆积的小沙丘。

第二次雄虫出来探测周围情况。探测就在砖头旁边泥土疏松的地点进行。它挖掘了一个试验孔来查看土地的性质。一个狭窄的井，并不深，昆虫能够放下去半个身子。探测者回到其他劳动者身边，用脊椎骨操作。尸体朝着被探明有利的方向前进了一根指头的长度。它们这次是要使用什么诀窍吗？不，因为不久以后老鼠尸体又后退了。在解决这个问题方面，埋葬虫没有任何进展。

现在两只雄虫出来了解情况了，每只都是出于其自己的意愿。它们不在已经探测过的地点停留，它们要选择一个正确的地点，由于看起来很靠近，这将省去辛勤的运输，它们急急忙忙跑遍整个钟形罩，一会儿在这边探测，一会儿在那边挖翻出一道道浅沟。它们在网罩允许的范围内尽量远离砖头。

它们偏爱靠着钟形罩的基础挖，在这儿它们做了各种各样的探测。不知什么原因，我所看到的在砖头以外的土层都同样疏松。第一个探测的地点被抛弃以后就选择第二个，接下来第二个也被抛弃，第三个、第四个也被抛弃，然后是另外一个，然后又是另外一个。到了第六个时，地点终于选定了。这绝不是一个用来接收死老鼠的洞穴，只不过是个试验井，很浅，直径只有挖掘者的身体那么粗。

让我们回到死老鼠那边去。它忽然摇晃、抖动、前进、后退，最后终于越过了小沙丘。现在死老鼠已经到了砖头外面，在一块很好的土地上。死老鼠一点点地在前进。它不是由露天的车拖着前进，而是颠颠簸簸地移动，这是个看不见撬棒的工作，好像死尸自己在移动一样。

经过多次的犹豫后，它们使出的力气终于一致起来。无论如何，这具尸体到达探测地的速度之快大大超出了我的预计。然后它们用以往的方式进行埋葬。现在是一点钟。埋葬虫不得不花掉时针走半圈的时间来观察埋葬地的条件和移动死老鼠。

在这个实验中可以明显看出雄虫在家务中扮演了主要的角色。它们可能比其伴侣更有天赋。当出现困难时，它们会去做调查，它们会检查土地，查出工作陷入停顿的根源，选择正确的挖坑地点。在对砖头漫长的实验中，只有两只雄虫去探查周围环境，致力于解决困难。雌虫信任它的助手，在老鼠身下一动不动，等待探查的结果。这些英勇的助手的功绩将在下面的实验中得到证实。

其次，躺着死老鼠的地点被查清有着无法克服的阻力，在稍远的疏松的土地上没有事先挖好的洞。我来重复一遍，所有的尝试都只不过是使埋葬虫了解埋葬的可能性的肤浅的探测。

事先准备好把尸体运到那儿的洞穴，这是绝对荒谬的。我们的挖掘者为了挖土必须用自己的背感受一下搬运的死者有多重。它们只在受到皮毛的接触的刺激下干活。除非被掩埋者占领了挖洞的地点，否则它们永远也不会冒险去进行旨在埋葬的挖掘。这就是我两个多月来每天观察所证实的事实。

根据长久的观察得出结论。

克莱维尔的其他趣闻也经受不起检验。我们被告知，埋葬虫遇到困难时去寻求帮助并和帮助它的同伴一起返回。这是关于金龟子的具有启发性的故事的另一种说法。金龟子的小球滚进了车辙里，它没法从车辙里取出它的猎获物，这只狡猾的食粪虫便叫来三四个邻居，这些邻居不计报酬地帮它取回小球，并在救援活动结束后各自回去干活。

这种被人非常蹩脚地加以解释的食粪虫的事迹使我对装殓葬尸者的事迹怀疑起来。如果我问那位观察者，采取什么预防措施使他能够在据说死鼠的所有者和四个助手返回鼠尸时，辨认出这个所有者是不是太过苛求？五只埋葬虫中有一只非常理性，能够发出信号寻求帮助，那有什么标记表示吗？失踪的埋葬虫再次返回团队，这确实可靠吗？没有任何迹象表明。这些都是高素质的观察者不应该忽略的事项。会不会是这五只埋葬虫受到气味引诱，相互之间之前并没有任何约定而匆忙赶到被抛弃的死老鼠那里去，为了它们自身的利益而利用它？我赞成这个观点，在没有确切资料的情况下这是最有可能的。

如果我们用实验来证实，那这可能性就会变成确定性。砖头的实验已经告诉了我们。我的三个实验对象在移动它们的猎获物并且将它放在疏松的土地上，在六小时之内已经筋疲力尽。对于这项漫长而且繁重的苦差事来说，助人为乐的行为不会是不受欢迎的。在钟形罩的少许沙土下的这儿或是那儿还埋葬着另外四只埋葬虫。它们是昨晚实验对象的同伴、熟人、助手，它们也同样在钟形罩下。那几只辛勤劳动的埋葬虫中，却没有一只埋葬虫想到召唤这四只埋葬虫来帮忙。死鼠的占有者虽然极其为难，但还是在没有任何很容易得到的帮助的情况下完成了工作。

科学是客观的、理性的，不同于故事所带有的主观感性色彩。

可以这么说，这三只虫子认为它们自己足够强壮，它们不需要别人来帮忙。反对这个观点是没有用的。在许多情况下，而且是在比坚硬的土地更加艰苦的情况下，我三番两次看到一些孤立的埋葬虫在和我的妙计良策做斗争时筋疲力尽。它们一次也没有抛下工作去寻求助手的帮助。不过，合作者们经常来到，但是它们是被它们的嗅觉吸引过去，而不是第一个死老鼠的所有者告诉它们的。它们的到来是受欢迎的，没有分歧，但也没有感激。它们不是被征召来的，它们是被允许的。在我放置笼子的玻璃避难室里，我碰巧当场抓到一个偶然的助手。它夜间从笼子经过时闻到了尸体的肉味，于是进入了这个它的同类都还没有自愿钻进过的地方。我在钟形罩的顶上突袭了它。如果金属网没有阻拦它，它会马上和其他昆虫一起工作。我笼子里的俘虏们请求过它吗？肯定没有。它是受到死鼹鼠的气味的引诱匆忙赶到这里的，它对别人的努力并不关心。有人赞美说它是这样热心地帮助同伴。关于人们想象中的那些英勇行为，我又要重复我在别处讲过的关于金龟子的话：这些故事是天真的，只能被列为那些写来用作娱乐消遣的故事。

土地坚硬，需要移动尸体，这不是埋葬虫所遇到的唯一困难。很多次，或者说是最屡见不鲜的是，土地上铺盖着草皮，尤其是狗牙根草，这种草用它具有韧性的小根在地下形成了一张解不开的网。在网的缝隙里挖掘是可能的，但是拖着动物的死尸穿过这个网却是另外一回事。网眼太窄，无法通过。这个掘墓者对这样的障碍会觉得无能为力吗？情况并不是这样。

在埋葬虫的职业操作中，经常会遇到这样或那样习以为常的障碍，因此埋葬虫总是有所防备；否则它的工作将无法实行。没有必要的计划和才能就达不到目标。埋葬虫除了挖掘的技能，它还具有其他技能：弄断缆绳似的东西，比如根、长节蔓；能使物体下降到坑穴的细根状茎。因此除了铲子和十字镐之外还必须加上整枝剪。所有这些都完全合乎逻辑而且可以完全清楚地预见到。尽管如此，还是让我们借助实验吧，这是最好的见证。

我从厨房的炉灶旁借来三脚铁架，它的支架可以为我构思的机器提供一个坚实的基础。这是一张用酒椰带子编成的粗糙的网，是狗牙根草网的相当精准的仿制品。它的不规则的网眼没有一处足够宽大到可以使被埋葬的生物通过。这次被埋葬的是一只鼹鼠。三脚铁架的三只脚被放置在鸟棚中央，同地面平齐。一点沙土将网眼遮住了。鼹鼠放在网中央，我的这只掘墓队伍被松散地放在尸体上。

整个下午，埋葬工作都毫无阻碍地顺利进行。酒椰网床就和狗牙根草形成的自然网一样，不怎么阻碍埋葬进程。只不过事情进行的慢些，仅此而已。鼹鼠就躺在那儿，没有被移动就降到了地下。实验完成了。我拿起三脚铁架，这张网就在尸体所在的地方破裂了。几根狭长的条子被咬断，数目不多，仅能使尸体通过。

太好了，我的装殓葬尸工！我对你们的本领寄予了厚望。你们已经用你们对抗自然障碍的本领挫败了实验者的妙计良策。你们把大颚当做大剪刀耐心地剪断了我的绳子，就像你们咬断狗牙根草的绳索一样。这是值得称赞的，虽然还不值得特别颂扬。地上工作的智力最有限的昆虫，如果放到类似的条件下也会这么做。

> 第二人称的写法，直抒胸臆，表现了得到实验结果的喜悦。

让我们继续增加一点难度。死鼹鼠现在被一根酒椰带子固定在一根很轻的水平横档上，这根横档安放在两把稳固的叉子上。它看上去好像是被奇怪地放在铁钎上的一块野味烤肉。这个死鼹鼠的整个身体都横着接触到地面。

埋葬虫在尸体下面消失了，它们感觉到了尸体的皮毛就开始挖掘起来。挖到深处，出现了一个空处，但是它们对之垂涎欲滴的东西并没有下降，因为它被横档拦住了，两根叉子隔着一段距离维持住这根横档。挖掘速度变慢了，埋葬虫的犹豫也延长了。

其中一个掘墓者重新爬到地面上，在死鼹鼠周围逛来逛去，观察鼹鼠并最终发现鼹鼠身体后部的那根绳索。它顽强地撕咬这根绳子。我听见大剪刀响了，它将绳子弄断了。咔嚓一声！事情成了。鼹鼠被自己的重量拖得掉入坑里，但是它的头还露在外面，倾斜着，被另一根绳子拉着。

埋葬者开始去埋葬鼹鼠的身体后部，它们一会儿朝这个方向死命拖拽，一会儿朝那个方向死命拖拽，都没有用，东西总弄不下来。又一只埋葬虫走到上面看看怎么回事。第二根绳子被发现了，也被剪断了。从这以后，工作如愿顺利进行。

我那有洞察力的缆绳剪切者，我要再次向你们祝贺。对于你们来说，系住死鼹鼠的绳索就是你们草地上随处可见的细绳。你们已经将这些绳索就像之前实验中的网床一样弄断，就好像用你们的大剪刀剪切所有横着张挂铺设在你们地下墓地里的天然细线一样。这在你们的职业中是不可或缺的诀窍。如果你们不得不通过实验来学习它，要在练习之前思考它，入门阶段的犹豫不决会使你们的种族灭亡。因为在鼹鼠、蛤蟆、蜥蜴以及其他你们爱好的食物丰富的地方，往往也绿草丛生。

你们还能做得更好些。但是在陈述这点之前，让我们仔细观察这个情况：细小的荆棘布满地面，把尸体保持在离地面有一小段距离的地方。由于偶然掉落而这样悬吊着的这个发现物会没有用吗？埋葬虫路过时会对它看到的、嗅到的、在它们头上几寸高处的这块鲜美的肉无动于衷吗？还是会让它从绞刑架上掉下来？

实验要证明，如果需要努力夺取的尸体就会被埋葬虫抛弃这一点还不够充分。在我看到事情发生之前我被劝服说，埋葬虫经常会遇到尸体没有躺在地上的困难，它们必须有把尸体摇晃到地上的本领。几根残茎、一些交错的荆棘是这里很常见的支撑，但这并不能阻挡埋葬虫。将悬挂着的尸体掉落下来，如果尸体放得过高，肯定会形成它们本能的一些方法。再说，我们来观察它们工作中的情况。

我在笼子里的沙土里插上一小束百里香。这株灌木最多有十厘米高。我在树冠上放置了一只死老鼠，让它的尾巴、爪子和脖子在树枝里纠缠起来以增加难度。钟形罩里的居民现在是十四只埋葬虫，直到我的研究工作结束也是这么多。当然，它们并不是一起参加白天的劳作的，大部分的埋葬虫藏在地下，昏昏欲睡，或者忙于整理地下室。有时只有一只，经常是两只、三只或四只，很少有更多虫子留意到我给它们提供的尸体。今天有两只埋葬虫赶到死鼠这儿来，它们很快就认出了百里香上的鼠尸。

这两只埋葬虫经过笼子的金属栅栏爬到灌木顶。由于那儿没有方便的支撑物，它们犹豫再三，使用了当地形不利时搬运尸体常用的策略。昆虫将身体支撑在树枝上，轮番用背和爪子猛推、猛拉、猛烈摇动鼠尸，一直到它推摇的部位摆脱绊绳的束缚为止。这两个合作者很快就用脊梁把死老鼠从一堆细枝的纠缠中抽出。再摇动一下，老鼠就掉到了地上。接下来就是埋葬。

作者赋予埋葬虫“犹豫再三”“支撑”“猛推、猛拉、猛烈摇动”“合作者”等人的心理和动作，细致入微地描述了埋葬虫克服困难的过程，画面感极强。

这次实验并没有任何新鲜之处。被处理的新发现物就像是躺在不适合埋葬的土地上一样。掉落下来是运输尝试的后果。

竖立格勒迪希称赞的癞蛤蟆的绞刑架的时刻来到了。两栖动物并不是必不可少的，鼹鼠的话也可以，甚至更好。我用一根酒椰带子将它的后爪固定在我垂直插在泥土的一根嫩枝上，插得并不深。这个小生物沿着嫩枝绞刑架垂下，它的头和肩都和地面充分接触。

掘墓者在死鼹鼠身下，甚至在树枝尖头桩脚下开始干活了。它们挖了一个漏斗形状的坑穴，鼹鼠的嘴巴、头和脖子都慢慢下降到坑里。木桩也露出根部最后被它承担的重负拖得倒下了。我目睹了木桩被翻倒的全过程，这就是人们曾讲过的最令人吃惊的理性的英勇行为之一。

对于讨论本能的人来说，这是个令人感动的时刻。但是我们先不要急于下结论，否则就会过于仓促。让我们首先问问我们自己，木桩倒下是故意如此还是偶然发生的。埋葬虫让木桩露出根部是表达让它倒下的意图吗？或者相反，它们在木桩根基处挖掘仅仅是为了埋葬鼹鼠放在地上的那部分吗？这是个问题，而且，这个问题是容易解决的。

我们再次进行实验。但这次绞刑架是歪着的，鼹鼠垂直吊在离绞刑架根基几厘米处接触地面。在这样的条件下，埋葬虫完全没有尝试推倒绞刑架，也丝毫没有用爪子推倒绞刑架的支柱。所有的挖掘工作都在比较远的地方进行，在用肩接触地面的尸体的下面完成。在那儿、而且只在那儿，埋葬虫挖了个洞穴来接收死鼹鼠的身体前部，这是掘墓者能够靠近的部分。

与悬挂着的尸体在位置上有两厘米的间距，就把那个著名的传说化为乌有。就这样，多次用逻辑推理进行最基本的筛选就足以辨别大量混乱不堪的断言，抽离出真理的优良谷物。

再来筛选一次吧。木桩倾斜或是垂直都是一样的，但是鼹鼠始终将后爪固定在嫩枝顶端，不接触地面，离里面有几根指头那么远，掘墓者够不到。

掘墓者会怎么办？它们会为了推翻绞刑架而在绞刑架脚下搔刮土地吗？一点儿也不会。天真幼稚的观察者期待它们采取这样的策略，他们一定会大失所望的。掘墓者根本就没注意到支撑物，甚至没有在这个地方抓扒一下。它们没有做任何要推翻这个绞刑架的举动，没有，完全没有！它们用别的方法来夺取这只鼹鼠。

这些决定性的实验以多种方式重复进行，结果都证明：掘墓者从来没有在绞刑架脚下挖掘过，甚至没有在土地表面浅浅地搔抓过，除非悬挂着的尸体在绞刑架下接触了地面。并且，在后一种情况下，如果死尸体从嫩枝上掉下来，这绝对不是埋葬虫故意为之，只是埋葬工作的偶然后果。

那么格勒迪希谈到的那只癞蛤蟆的拥有者究竟经历了什么？如果它那根棍子被推倒了，那个放在埋葬虫所能达到范围之外的东西，那个要弄干的东西肯定接触到了地面。这个防劫持、防潮湿的预防措施是多么奇怪啊！我们可以做这样的假设：这个干癞蛤蟆的猎捕者更有远见，他把这个死尸悬吊在离地面几英寸远的地方。我所有的实验都明显证明了这一点，被掘墓者破坏的柱子的倒落纯粹是想象出来的。

还有另外一个证明虫子有理性的漂亮证据，这个论据避开了试验的光辉、陷入了错误的泥潭。对于那些偶尔认真观察的、想象力比真实观察的观察者们更加丰富的大师们，我真欣赏你们天真的信仰。当你们把你们的理论建立在这样的谬论上时，我真佩服你们那股轻信的热情。

让我们继续实验吧。桩柱垂直竖立，但悬挂着的死尸并没有触及桩柱的根基。这个条件足以使这个地方没有挖掘之事发生。我利用一只老鼠，因为它重量很轻，比较便于昆虫的操作。死尸的后爪被酒椰带子固定在桩柱的顶端。死尸接触桩柱，垂直垂下。

两只埋葬虫很快就发现了这东西。它们爬上这根小杆子察看尸体，用头罩一下一下地抓挖它的毛皮。这东西被认为是极好的新发现。那就赶紧动手干起来吧。它们使用了必须搬动处于不利位置的死尸的策略，但现在是在更加困难的条件下使用。这两个合作者钻到老鼠和桩柱之间，紧紧抓住桩柱，把它们的背当做撬棍，猛拉和摇晃尸体。尸体摇动起来、快速转动起来，摆动远离了桩柱。整个上午都是在徒劳无益的尝试中度过，中间，它们去观察一下死尸尸体。

下午终于找到了工作停滞不前的原因，但还不是特别清楚，因为这两个固执的绞刑架抢劫者首先进攻的是稍微吊在绳子下的老鼠后爪。它们拔光后爪的毛、剥它的皮、割后脚跟的肉。当其中一只埋葬虫发现大颚下方的酒椰带子时，它们已经在处理死老鼠的骨头了。酒椰带子对埋葬虫来说是很熟悉的东西，是禾本科植物的绳子，在绿草丛生的地上埋葬时很常见。它们坚持不懈地用大剪刀剪切、咀嚼，植物性的障碍解决了，死老鼠掉在地上，然后很快被埋葬了。

> “固执的绞刑架抢劫者”，概括了埋葬虫的行为，形象又有幽默感。

孤立地看，切断悬吊着的带子是个伟大的行动，但是联系埋葬虫通常的操作来看，它就失去了深远的意义。在进攻毫无遮掩的带子之前，昆虫整个上午都在摇晃尸体，这是它常用的方法。最后，它找到了绳子，就像处理地下遇到的狗牙根一样把它弄断。

在为埋葬虫创造的环境里，大剪刀是对铲子不可或缺的补充。它拥有的那一点点洞察力足以使它了解使用大剪刀将会有用。它割断妨碍它的东西，比起它把死者下降到地上这个操作，这样做并没有进行更多的推理。它对因果关系的联系了解很少，以至于它在啃咬身旁打成结的酒椰带子之前企图弄断死鼠的骨头。在非常容易的事之前先遇上了难题。

不错，虽然要弄断死老鼠的骨头很困难，但只要老鼠幼小也不是没有可能的。我用一根铁丝和一只大小是成年老鼠一半的幼嫩的死鼠重新开始实验。埋葬虫的大剪刀对铁丝没有作用。这次死鼠的胫骨直到脚后跟都被埋葬虫的大颚啃咬成两半。啃掉的一只爪子使另一只能够安全松动，很容易从金属套索中分离，于是老鼠的小尸体掉到了地上。

但是如果骨头太硬，如果悬吊的是鼹鼠尸体、成年老鼠、麻雀，铁丝绳就会成为埋葬虫完成攻击无法克服的障碍，埋葬虫就会用差不多一个星期左右来处理悬吊着的尸体，拔去它的部分皮毛或羽毛，把它弄得乱蓬蓬的，直到它变得可怜兮兮的，最后变干时就抛弃它。尽管对于它们来说还有个既合理又万无一失的办法，那就是推倒桩柱。当然它们谁都没有想到这么做。

让我们最后一次改变我们的妙计吧。绞刑架的顶端是一根大大张开的小丫杈，两根分杈差不多有十毫米长。我用一根比酒椰带子更难磨损的麻线把一只成年死鼠的两只后爪捆绑在一起，捆绑处稍微高于脚后跟。在两只后爪中间，我插入这根丫杈的一个分杈。只要轻轻向上滑动一下就足以使尸体掉落，就像在家禽贩的橱窗里悬挂着的小兔子一样。

五只埋葬虫来观察我的准备物。在进行了一系列徒劳的摇动后，老鼠的胫骨受伤了。看来这是当尸体被它的一只趾肢节阻留在矮生植物狭窄的枝杈时常用的方法。当准备锯断骨头时，这次可是个艰难的工作，其中一只埋葬虫爬进了捆绑的爪子之间。它处在这样的位置感觉到后背有毛茸茸的东西在触碰它。不再需要别的什么了，这足以唤起它用背部猛推的癖好了。它用撬棍顶了几下，老鼠上升了一点儿，在悬挂木钉上滑动，掉到了地上。

这真的是深思熟虑后的操作吗？这只昆虫确实意识到，在这一小片理性的光辉照耀下，要使这个小东西落下就必须让它沿着悬挂木钉滑动吗？它真的意识到了这个悬挂的机械了吗？我知道许多人在这出色的结果面前认为自己已经得到满足就不再进一步研究了。

连用三个问句，引出作者后续的观察，体现了作者孜孜不倦的探究精神。

让我确信一件事比较困难，我在下结论之前决定改变实验方法。我怀疑埋葬虫对这次行动的后果根本没有任何预知，用背去顶仅仅是因为它感觉死老鼠的腿在它身体的上方。由于采取这种悬吊方式，用背去顶正好推顶在了制动点上，这是它们在困境中常用的方法。老鼠落下完全是因为巧合。让物体沿着悬挂木钉滑动的这个制动点，应该离老鼠稍微有点距离，这样埋葬虫在推顶时就不会感觉到正好在它的背上。

用一根铁丝一会儿把一只麻雀的两个跗节系在一起，一会儿把一只老鼠的两个脚后跟系在一起。在距捆绑处十八毫米的地方铁丝弯曲成一个小圈。丫杈的悬挂木钉自由地穿进环圈。这根钉子很短，几乎是水平的。为了使悬挂的东西掉落，只要轻轻推一下环圈就足够了。由于环圈具有凸起部分，很适合昆虫工具的操作。总之，安排就和刚才一样，区别是这个制动点和悬挂的尸体有一小段距离。

我的计策尽管很天真幼稚，但却很成功。埋葬虫让悬挂的动物长时间地震动，但是没有用。这个动物的胫骨、跗骨太硬，埋葬虫耐心锯也锯不断。麻雀和老鼠在绞刑架上变得干燥皱缩起来，派不上什么用场。在那些埋葬虫中，有的早些，有的晚些，全部放弃了这个无法解决的机械问题。哪怕稍微推一下这个可移动的制动器环圈，就可以解下这个垂涎欲滴的尸体。

这是多么喜欢推理的昆虫啊！如果它们对捆绑着的爪子和悬挂钉子之间的相互关系有清晰的认识；如果它们是经过推理操作使老鼠落下，那么目前这个并不比之前复杂的妙计，对它们来说怎么会是个无法克服的障碍呢？它们日复一日地摆弄这个尸体，从头到脚研究这个尸体，却没有注意到活动的制动器——这个使它们遭受不幸的根源。我延长监护是白白浪费了时间。我没有看到一只埋葬虫用爪子向前推或者用额头向后顶这个障碍物。

它们的失败不是由于它们软弱无力。它们是像粪金龟一样强壮的挖土工。它们被人紧紧抓在手里时，会钻进指头的缝隙里，抓伤你的皮肤，让你赶紧松手。它们用额头这个强有力的犁铧，很容易使环圈从简短的支撑物上翻落。它们没有这么做因为它们并没有想到这一点，它们并没有想到这一点因为它们缺乏一些生物学变化论中所渲染的能力，那些说法是为了支持自己的论点。

神明的理智，智慧的太阳，当野兽的颂扬者用这种笨拙的语言贬低您时，这是在您庄严的脸上多么笨拙地扇了一巴掌啊！

现在让我们从另一个角度来研究埋葬虫的无知。我的那些囚徒对它们的豪华住所并不满意，以至于它们想寻求逃走，特别是当无事可做时。对于人或兽来说，劳动都是给悲痛者最大的慰藉。钟形罩下的囚禁使它们难以忍受。因此，当埋葬了鼹鼠，地下室一切都井井有条之后，它们开始心神不安，跑遍了装着金属网的钟形罩顶。它们爬上，爬下，再爬上，飞起来。它们飞翔时碰撞到铁丝网就又落下来。它们爬起来又重新开始。天空晴朗，气候温暖平稳，适合去寻找路边被踩死的蜥蜴。可能一块略微发臭的东西的气味从远处传来。对于埋葬虫以外的其他昆虫来说，这种气味是难以察觉的。于是我的埋葬虫就欣然地过去了。

它们能这样做吗？如果有一丝理性之光可以帮助它们，就没什么比这更容易了。它们透过它们经常跑遍的金属网看到了外面自由的土地。这是它们希望到达的土地。它们在这座堡垒的脚下挖掘了上百次。在垂直的坑井里，空闲时它们整天停留、打着瞌睡。如果我给它们另外一只死鼹鼠，它们会经过入口通道从住所出现，来到死尸的肚子下面缩成一团。埋葬工作完成后，它们一些从这儿，一些从那儿回到钟形罩边缘，消失在地下。

在被囚禁的两个半月里，埋葬虫尽管在铁丝网的基础那儿长时间逗留，钻到地下十八毫米的地方，但很少有一只埋葬虫成功绕过障碍。在障碍下面延长坑穴，把坑穴挖弯成肘形，使它通到另外一边。对于这些强壮的小生物来说，这是个微不足道的劳动。但在这十四只埋葬虫中，只有一只成功逃走。

成功逃走是偶然现象，不是预先谋划的解脱。因为如果这件幸运的事是智力手段的产物，那么其他囚徒几乎也有差不多同样敏锐的洞察力，就会从第一个到最后一个，通过理性手段找到适合通到外面的弯曲道路，笼子就会很快被抛弃。而大部分埋葬虫都失败了，这证明唯一的逃亡者只不过是盲目挖掘而已。是环境帮助了它，仅此而已。我们不要认为它具有某种本领，能够在其他埋葬虫失败的情况下成功。

我们也不要认为埋葬虫的智力比其他的昆虫更加有限。在有沙土层（金属钟形罩的边缘略微沉陷在里面）的金属钟形罩里饲养的所有昆虫中，我又发现了装殓葬尸者的无知。除了非常罕见的例外——偶然事故，没有一个埋葬虫想到绕过障碍，没有一只埋葬虫成功地通过倾斜的通道到达外面。它们是像食粪虫那样地卓越吗？这些囚徒在钟形罩下渴望逃脱。金龟子、蜣螂、西绪福斯都看到它们周围自由的空地、阳光照耀的乐趣，但没有一个想到从下面绕过障碍。它们有鹤嘴锄，这样做对于它们来说毫无困难。

直到动物界高层都不乏类似愚昧无知的例子。奥都蓬向我们讲述了他那个时代野火鸡在北美洲怎样被人抓住。

在一块被认为是这些鸟儿常去的林中空地，用固定在地上的木桩建造了一个大笼子。在笼子的中央开了一条短短的通道，这条通道通到栅栏下面，然后又缓缓地上升到笼子外面的露天地面。笼子中央的孔洞足够大，可以使鸟儿自由通行。这个孔洞只占笼子的一部分，在孔洞和栅栏之间有一块宽阔的区域。几把玉米粒撒在这个陷阱的里面和四周，特别是斜坡状的小路上。这条小路在地下通道形成的桥下面穿行，并且通向笼子中央。总之，这个捕火鸡的陷阱像一扇一直打开的门。火鸡进入时找到这扇门，却没有再想到找这扇门出去。

根据这位美国著名鸟类学家的说法，火鸡是被玉米粒所吸引。它们走下这个险恶的斜坡，进入短短的地下通道，看到了尽头的农作物和光线。这些贪食者再多走几步就一个个地从那座桥下面出现。它们分散在笼子里。有大量的玉米粒，火鸡们吃得嗉囊鼓胀起来。

当这些鸟儿聚集起来想要撤出笼子时，却没有一只火鸡注意到中央的孔洞。它们之前就是通过这个孔洞来到这里的。它们心神不安地咯咯叫，在桥上走来走去，桥的拱洞在旁边微微开着。它们紧挨着栅栏在一条走了上百次的小路上绕圈子。它们把深红色的脖子钻进栅栏，嘴伸向空中，就这样直到精力耗尽。

傻瓜，你回想一下刚才的事儿吧，想想把你带到这儿的通道吧！如果你那可怜的脑子有一点点天分，你就该联想到的！告诉你自己，那条你进来的通道就在旁边开着让你逃出去，你却不去利用！光，这个令人无法抗拒的诱惑，就让你在栅栏边被征服了。你对刚才让你进来、也同样能使你轻易出去的洞口漠不关心。你需要回想一下这个洞口的用处，回想一下刚才的情况。但是你小小的思考却力不能及。这样，布置陷阱的人几天后回来就会发现如此丰盛的猎获物。

火鸡在智力方面声名狼藉，难道它就该当有傻瓜这个名声吗？它看起来并不比其他动物智力更有限。奥都蓬描述它也有一些很妙的计谋，特别是当它不得不挫败它的夜间敌人——费吉尼亚猫头鹰时，它也有不俗的表现。它在地下通道的陷阱里的表现，对于别的鸟儿来讲，受到光线的影响，也会这么做。

与火鸡类比，说明埋葬虫并没有思考能力。

埋葬虫在更困难的条件下，重复了火鸡的愚蠢行为。当它在短洞穴里靠着钟形罩边缘休息之后想重返光明时，透过堆积成堆的崩塌物看到了一丝光线。它们经过进入的竖井重新升到了地面。但是它们却不能告诉自己，只要朝着相反方向来延长通道就可以到墙外去，获得自由。这是又一只我们白费力气在它身上寻求思考迹象的动物。它像其他昆虫一样，尽管有传说中的名声，却只有本能的无意识的推动作为行动指南。

思维导图

埋葬虫——实验

- 情节概括 —— 本章通过多次实验，研究了埋葬虫在埋葬过程中，如何突破障碍，如何互相合作。
- 实验内容 —— 设置各种难度的障碍，考验埋葬虫如何解决问题。
- 实验过程
  - “我”将老鼠放在砖头中央，埋葬虫们相互合作，持续摇动。——雄虫在家务中扮演了主要角色，它们会调查，选择正确的挖坑地点。
  - “我”将鼹鼠放在三角铁架上，用酒椰带子固定在一根很轻的水平横档上。—— 埋葬虫撕咬绳子，并不停拖拽。
  - 将三角铁架歪着，将鼹鼠垂直吊在离绞刑架根基几厘米处接触地面。—— 埋葬虫从来没有在绞刑架脚下挖掘过，如果尸体从嫩枝上掉下来，只是埋葬工作的偶然后果。
  - 桩柱垂直竖立，悬挂着的死尸没有触及桩柱的根基。—— 埋葬虫不停摇晃尸体。
  - “我”用铁丝把成年死鼠的两只后爪绑在一起。—— 埋葬虫用背去顶。

第七章　肉蓝蝇

开篇提出研究对象。“肉品承包者”“干坏事”“偷吃”等词生动地刻画出不受欢迎的肉蓝蝇的形象。

为了清除地上死尸的污染物，并且使死动物的动物质再次回归生命的宝库，有许多肉品承包者投入了工作，其中包括在我们家乡常见的肉蓝蝇和灰蝇。谁都知道肉蓝蝇，它是一种深蓝色的大苍蝇，它飞到没有封闭严密的碗橱里干坏事，停在我们的玻璃窗上一直嗡嗡叫，渴望到太阳下取暖让一批新的卵成熟。偷吃我们猎获或者从肉店里买来的肉食的蛆虫，它是怎样产下卵的？它有哪些诡计，我们应该如何防治？这是我想研究的问题。

秋天和冬天直至严冬的大部分时间里，肉蓝蝇经常飞到我们家里。但是它更早出现在田地里，在早春二月里，我们就能看到它贴着朝阳的墙壁取暖。四月，我看见许多肉蓝蝇停在月桂树的花果上。它们看上去是在那儿交配，还吮吸着白色小花的甜汁。整个夏天它们都在外面度过，从这个小吃部飞向另一个。当秋天来临时，它便闯入我们家里直到天寒地冻才离开。

这倒适合我不爱出门的习惯，特别是我上了年纪，腿脚不灵了。我不需要跟着我的研究对象到处跑了，是它们自己找上门的。另外，我还有一些警觉的助手。家人都知道我的计划，每个人都用小纸筒装着刚从玻璃窗上抓到的不安分的来访者——苍蝇送给我。

就这样我的笼子里有了许多肉蓝蝇，这个笼子是个金属钟形罩，罩在一个铺满沙子的罐子上。一个装满蜂蜜的小碗就是它们的食堂。这些囚徒们休息时就来这儿用餐。我用儿子从荒石园打来的小鸟，比如燕雀、朱顶雀、麻雀来为它们创造产卵的条件。

我刚把一只前几天射杀的朱顶雀端上桌，为了避免混乱，我在笼子里放了一只肉蓝蝇，仅此一只。它肥胖的腹部表明它即将产卵了。一小时后，囚徒被囚禁的冲动情绪平复了，它正在产卵中。它急切地迈着蹒跚的步子探察猎物，从猎物的头部走到尾部，又从尾部走到头部。这样重复了几次之后最后在小鸟的一只眼睛旁边停了下来，那只眼眶里的眼球已经昏暗无神，凹陷了下去。

肉蓝蝇的产卵管弯成直角插进鸟喙的连合处，直插到底部。产卵持续了半小时左右。产卵者完全专注于它的产卵大业，它在我的放大镜的监视下一动不动。我稍微动一下无疑也会惊动它，我安静地呆在那儿不会引起它的不安。对于它来说我不算什么。

肉蓝蝇不是连续不断一下子把卵产完的，而是断断续续地产下了几袋卵。它好几次离开鸟喙到网纱上休息，两只后足搓来搓去。特别是在再次产卵之前，它把产卵工具——产卵管擦干净、磨光。然后当它感觉腹部胀满时，它就再回到鸟喙结合处的同一地点接着产卵。就这样一会儿停止一会儿又重新开始。它断断续续地一会儿到鸟的眼睛附近产卵，一会儿到网纱上休息，就这样过了几个小时。

最后产卵终于结束了。肉蓝蝇没有回到小鸟身上，这说明卵已经产完了。第二天它就死了。它的卵在鸟的喉咙口、舌头底下和软腭上密密麻麻贴了一层。数量相当可观，整个喉咙里面都是白的。我把一根小木棍放在鸟的两片大颚之间，使鸟嘴一直张开，以便使我能够看到发生的一切。

这样我知道了产卵需要两天时间。幼虫一出生，就成群地离开了出生的地方，消失在喉咙的深处。

> 作者经过持续观察得知：肉蓝蝇产卵需要两天时间，产完卵便会死去，幼虫一出生便会离开出生的地方。

被侵占的鸟喙一开始是闭着的，大颚能够自然合拢。底部有个窄槽，最多能够伸进一根马鬃。产卵就是通过这个槽完成的。肉蓝蝇伸长它那根像望远镜似的输卵管，将较硬的角质尖端插进槽里，细细的探针和窄小的入口正好相称。但是如果鸟喙完全紧闭，它将卵产在哪里呢？

我用一根线将鸟的两片大颚完全合上，然后把另一只肉蓝蝇放在口腔里已经放了卵的朱顶雀面前。这一次卵产在了一只眼睛里，在眼皮与眼球之间。又过了几天，孵化的幼虫钻进了眼窝深处的肉里。眼睛和鸟喙显然是进入这只禽鸟身体的主要通道。

还有别的通道，那就是伤口。我用一张纸套盖在朱顶雀的头上来阻止鸟喙和眼睛被入侵，然后把这只鸟放到网罩里来，供给第三只肉蓝蝇产卵。鸟的胸部被子弹击中过，但是伤口没有流血，伤口处没有血迹。而且，我还重新认真整理了鸟的羽毛，用毛鬃把羽毛梳顺，以至于那只鸟看上去很整齐，完好无损。

肉蓝蝇很快就凑过来了。它从头到尾仔细观察朱顶雀，用前足的跗节拍拍鸟儿的胸脯和腹部。这是一种触摸诊断法。根据羽毛的反应，苍蝇就能够知道下面有什么。如果嗅觉能帮上忙，那恐怕也是很有限的，因为那猎物没有腐臭味。伤口很快被发现了。伤口处没有流血，用一团羽毛堵住了被子弹射入的伤口。肉蓝蝇并没有把羽毛扒开或者解开伤口，它就一动不动地呆在那儿，肚皮隐藏在羽毛下面，两小时没有动弹。霎时之间，我虽然好奇，但也没有使它分心，妨碍它的工作。

当它产完卵后，我挪走了它。在鸟的皮肤或者伤口上什么也没有发现。我不得不拔掉那团毛茸茸的羽毛，挖到一定的深度时才发现里面的卵。肉蓝蝇伸长它那可伸缩的输卵管，穿过被射入伤口的那团羽毛。那些卵在一个卵袋里，大约有三百粒左右。

如果肉蓝蝇不能从鸟喙和眼睛里进入，而且鸟也没有伤口，产卵还是会进行的。但是这次苍蝇显得很犹豫，并且精打细算。我将鸟的羽毛拔光，这样更便于观察发生的一切。另外，我用一张纸套盖在鸟的头上来阻断惯常的通道。那只即将产卵的苍蝇迈着蹒跚的步子从各方面久久打量这只鸟的身体。它更喜欢在鸟的头上产卵，因而用前跗节在那里叩诊，它知道它需要的洞穴在那里。但是它也知道幼虫很脆弱，无法将那道阻止输卵管进入的奇怪的屏障捅破并且穿过去。那个纸套让它觉得很可疑。尽管隐藏的头部很吸引人，但是没有一粒卵产在纸套上，不管纸套有多薄。

苍蝇绕着这道屏障转也是徒劳，最终它决定从别处下手，但不是在胸部、腹部和背部，这些地方看起来皮肤太硬而且光线太强。它需要阴暗的隐蔽的地方，而且那儿的皮肤要特别嫩。合适的地方是腋窝和大腿根与腹部交接处，它在这两个地方产下了一些卵，不过数量很少，这表示腹股沟和腋窝只是在缺乏更好的场所时勉强凑合使用的。

我用一只未拔毛而且头部套有纸套的鸟儿做同样的实验，却失败了。羽毛阻止苍蝇进入那些隐秘的地带。总的来说，在被剥了皮的鸟儿身上或者只是在一块肉上，肉蓝蝇可以在任何一处产卵，只要是在阴暗处就行。最阴暗的地方是它们最喜欢的。

从以上不同的实验结果可以得出这样的结论：肉蓝蝇喜欢在露出肉的伤口，或者是口腔黏膜和眼内膜这些没有太硬皮肤保护的地方产卵。它需要昏暗的环境。

作者不厌其烦地为肉蓝蝇产卵制造“麻烦”，最终得出肉蓝蝇产卵环境的结论。观察一只不怎么受人类欢迎的苍蝇产卵，并且反复实验，坚持观察，可见作者对科学研究的热爱和严谨。

纸套能够有效地阻止幼虫侵入眼睛和鸟喙的通道，这就促使我进行了一个类似的实验。我用一种人造皮把鸟儿的全身包裹起来，让它像自然的皮肤那样，打消苍蝇在此产卵的念头。而朱顶雀有的有伤，有的完好无损，一个个地被放到花匠用的那种用纸折成的、不用胶水粘的小袋子里。这个纸袋非常普通，中等厚度。用普通的报纸就可以了。

我把这些用纸袋套起来的尸体放在实验室的桌子上，暴露在空气中。随着一天中日照角度的变化，它们时而背阴，时而朝阳。肉蓝蝇被那些肉散发的气味吸引到了我那间窗户一直打开的实验室里。我每天都可以看到一些肉蓝蝇被袋子里的味道引来，降落在那些袋子上，它们非常忙碌地探察着。它们不停地飞来飞去，由此可见它们占有这堆尸体的欲望有多强烈，然而没有一只肉蓝蝇决定在袋子上产卵。它们甚至没有尝试把输卵管插进纸袋的折缝里。产卵期过了，但没有一粒卵产在这诱人的纸袋上。考虑到那层薄薄的纸是幼虫无法穿越的屏障，所有的雌肉蓝蝇都避免在此产卵。

我对双翅目昆虫这种谨慎的做法一点儿也不感到吃惊：母亲任何时候都有极强的敏锐力。让我感到吃惊的是下面的结果。装着朱顶雀的纸袋没有遮盖地在桌子上放了一年，又放了两年、三年。我时不时地会观察袋子里的情况，那只小鸟完好无损，整齐的羽毛，没有臭味，像木乃伊一样蒸干了水分，变得很轻。它们没有腐烂，但成了木乃伊。

放三年的鸟的尸体一直没有腐烂，这颠覆了我们以往的认知，连作者也感到“吃惊”，这使我们迫切想要跟着作者一探究竟。

我原以为它们会腐烂，就像露天看到的尸体一样流出脓血。但结果相反，它们除了变干变硬以外没有任何变化。它们需要什么样的条件才会腐烂呢？很简单，是双翅目昆虫的干预。蛆虫是尸体腐烂的最主要原因，它们是最好的腐化剂。

一个不容忽视的结果将从我的纸袋里获得。在集市上，特别是在南方的集市上，野味被毫无遮掩地挂在摊位上，被一打一打地用绳子吊住鼻孔的云雀、斑鸫、凤头麦鸡、水鸭、山鹑、鹬。总之，这些秋天迁徙的候鸟被人猎获后拿到集市兜售，好几天甚至好几周任由双翅目昆虫摆布。顾客被野味完美的外表所吸引，于是买下了它。回到家准备烹调时，才发现原本准备做美味的野味已经生了蛆虫。太可怕了！只有把这个恶心的蛆虫窝扔掉。

肉蓝蝇就是罪魁祸首。谁都知道这一点，但是无论是零售商，还是批发商，还是猎人，没有人认真考虑过如何防范它们。为了防止长蛆应该做些什么呢？几乎不用花费什么，把野味分别装到纸袋里就好了。如果在双翅目昆虫到来之前就采取这项防范措施，野味就不会受侵蚀，而且美食家们想把野味存放多久都可以。

肚子里塞上橄榄核香桃木的科西嘉乌鸦是一种美

味佳肴。在奥朗日的时候，我们有时会收到一些用纸袋包着、层叠摆放在通风的篮子里的乌鸦。这些乌鸦存放得很好，很符合烹调的严格要求。我祝贺那位不知名的批发商，他想到了用纸袋包乌鸦这个聪明的方法。那么会有人效仿他吗？我对此表示怀疑。

当然，这样的防范措施会遭到严厉的指责。用纸袋包住，里面的货物就看不见了，就没法招徕顾客了。这样顾客也无法知晓里面是什么商品以及商品的质量。有一个方法可以让顾客看得见商品，那就是给鸟头带上一顶纸帽。头部受威胁最严重，因为那里有口腔黏膜和眼内膜。只要把头部保护起来就可以阻止双翅目昆虫在上面产卵了。

让我们继续通过不同的途径来研究肉蓝蝇。一个约十厘米深的白铁盒里装着一块鲜肉。盖子并没有完全盖好而是留了一条窄缝，最多只能插进一根细针。当诱饵开始散发气味时，产卵者来了，有时单独来，有时成群来。它们被细缝里传来的气味所吸引，而我几乎闻不到什么气味。

它们对金属容器观察了一阵，想找个入口。没有发现一个能够使它们够到那块令人垂涎的肉的入口，它们决定在白铁皮上产卵，就在那条缝隙的旁边。有时，当窄缝允许它们把输卵管插入时，它们就将输卵管插入白铁罐里，将卵产在罐子的那条窄缝里。不管是产在外面还是产在里面的卵都相当整齐地排列着，白色的卵很显眼。

我们刚才看到肉蓝蝇拒绝在纸袋上产卵，尽管朱顶雀散发着腐臭味；而现在它毫不犹豫地把卵产在了铁皮上。这是不是和支撑物的性质有关呢？我把白铁皮的盖子换成一张纸，把纸绷紧粘在罐口。然后用小刀在新盖子上滑下一道裂缝。这样就行了，产卵者接受了纸盖。

做出推理假设，并通过实验找出结论，这是法布尔常用的实验方法。

使它做决定的不只是气味，甚至从没有裂缝的纸袋里也会散发出那股气味，而是那条裂缝，可以使罐子外面靠近窄缝的幼虫进入铁罐的缝。蛆虫的母亲有它自己的逻辑和谨慎小心的远见。它知道它的幼虫有多弱小，没有能力穿过那层有一定阻力的屏障为自己打开一条道路。因此，除了气味的诱惑，只要它没有发现能让幼虫自己钻入的裂缝，它就会拒绝在那里产卵。

我想知道颜色、亮泽、硬度或其他特点是否也会对必须在一定条件下产卵的肉蓝蝇产生影响。为了搞清这个问题，我找来一些小的宽口瓶，每个瓶子里放了一块鲜肉做诱饵。瓶盖要么是各种颜色的纸、要么是漆布或者用来密封烈性酒瓶的锡纸，这些锡纸镶着耀眼的金色或铜色花纹。产卵者没有在任何一个瓶盖上停下来产卵的意思，但当我用小刀划开一道细缝时，所有的瓶盖都陆续被肉蓝蝇光顾了，裂缝旁边还产下了白色的卵。障碍物的外观对产卵没有影响。色泽暗淡或是光亮，单调或是多彩，这些细节都不重要。重要的是它们必须有一条裂缝使幼虫能够进入。

尽管孵化在外面，离那块垂涎的肉还有一段距离，但它们知道怎样能够找到食物。一旦它们破壳而出，就会毫不犹豫地凭借其精准的嗅觉从没有盖严的边缘滑下或是钻进用小刀划开的窄缝里。看到它们进入它们渴望的地方——那臭恶的天堂。

通过设问句式和动作描写，形象地写出了肉蓝蝇对肉的喜爱。

它们迫不及待地赶来，会不会从墙上摔下来？不，它们不会的！它们沿着大口瓶的瓶壁慢慢爬行，用头部做支撑，扒住瓶壁，为了找到那块肉一直往前走。一旦够到那块肉，它们立刻在那儿安顿下来。

让我们更换容器继续进行研究。我在一个大约二十二厘米高的大试管底部放了一块鲜肉。上面盖着金属网，网眼大约有两毫米宽，使双翅目昆虫无法通过。

肉蓝蝇在它那比视觉灵敏得多的嗅觉的指引下来到了容器旁边。它们以同样的热情飞向罩着不透明套子的试管和裸露着的试管。看不见的物质和看得见的物质一样能够吸引它们。

它们在瓶口停留了一会儿,聚精会神地观察,但是不知道是我运气不好,还是金属网引起了怀疑,我都没有见到它们在那里产卵。它们的表现使我感到怀疑,我得求助于麻蝇。

麻蝇在做准备工作时没有那么讲究,它们更信任幼虫的体力,它们生下来的就是已经成型的强壮的幼虫,会很容易让我看到我想看的情景。麻蝇观察完网纱后,选了一个网眼,将腹部末端插入,并没有因为我在场而不安,最后它一个接一个地一共产下了十几只幼虫。它们肯定还会光顾这里,以一种我不知道的增长来扩充它们的家庭。

新生的幼虫由于身上有一些黏液,它们一度黏在金属网上。接着它们成群涌动,想摆脱束缚,跳入二十二厘米左右的深渊。当这一切完成以后,母亲便离开了,它相信它的孩子们有能力克服困难。如果它们掉到肉上,那是最好了;如果它们掉到别的地方,它们也能爬到那块肉上去。

它们仅凭气味就这么自信地跳入了有许多未知因素的深渊。这种自信值得进一步研究。雌麻蝇敢让它的孩子从多高的地方掉下去?我在试管上再加了一根和瓶颈差不多粗的管子,管口没有罩金属网,而是罩着一张纸,纸上有一道小刀划出的窄缝。容器总的高度是六十三厘米左右。不过这没关系,这对于背脊柔软的小幼虫来说并不要紧。几天后那个试管里住满了幼虫,从尾部那带流苏的、像小花瓣一样张开合拢的冠冕状门一眼就能认出是麻蝇的孩子。我没有看到雌麻蝇产卵,那时候我不在那儿。但是毫无疑问它肯定来过,而且它的孩子从高处跳了下去。试管里的幼虫就是充分确凿的证据。

我欣赏它们的跳跃勇气,为了得到更有说服力的证据,我用另一根管子来代替。现在容器高度为一百一十六厘米左右。管子被竖在一个双翅目昆虫经常光顾而且比较昏暗的地方。管口罩着金属网罩,和试管、大口瓶等其他许多容器一样,等待着幼虫的光顾。因为这个地方已经为苍蝇所熟知,我便移走了其他管子,让那根新管子独竖在那儿,唯恐来访者被那些更容易开发的地点所吸引。

连用六个问句，表现了作者对肉蓝蝇和麻蝇没有在他设置的管子里产卵的疑惑。也正是这些问题，引导着作者一步步推理，从而离真相越来越近。

肉蓝蝇和麻蝇时不时地在网纱上停留，短暂观察后就又飞走了。整个夏天管子一直竖在那儿，三个月了都没有任何结果，里面根本没有幼虫。这是什么原因呢？是不是肉在深处气味没有散发出来？不，臭味散发出来了，我这么不灵敏的鼻子都闻到了。我把孩子叫来闻，他们对臭味更敏感。那为什么刚才还让幼虫从很高的地方掉下去的麻蝇现在拒绝把孩子从比先前高出一倍的管子上掉下去呢？它是害怕幼虫从太高的地方跳下去会摔死吗？没有什么能够证明是管子的高度引起了它们的担心。我从来没有见到它们观察那根管子、测量它的高度。它们只是在罩着网纱的管口停留过，仅此而已。难道它们通过冒上来的臭味判断出管子的深度吗？难道它们凭嗅觉就可以判断出那个高度是否能够接受吗？也许吧。

尽管有气味的诱惑，麻蝇并没有把幼虫投入过深的管子中。也许它早就知道，从蛹壳里出来的成虫长着翅膀，忽然飞起来会撞到长管道壁上，它是不是担心它们不能飞出去？凡事都要考虑将来的需要，这样的远见很符合母性的本能。

但是，如果这个高度不超过某个限度，麻蝇的新生幼虫照样会被扔下去，就像我实验所证明的那样。这个经验让我想到了一个有实用价值又能节省家庭开支的方法。昆虫的奇迹有时也能引发一些简单实用的方法，这是个好事。

普通的食品柜都像一个大笼子，上下两面是木头的，四个侧面装有铁纱网。顶板上钉着钩子用来悬挂食物，以防苍蝇叮。通常，为了充分利用空间，食品都是随意放在隔板上。采取了这些措施，是不是就能保证食物不被双翅目昆虫及它的幼虫叮咬了呢？

根本不能。我们也许能防范肉蓝蝇，因为它们很少会在远离肉块的地方产卵。但是防范不了麻蝇，它们更加胆大妄为，繁殖更迅速，它们能够将幼虫通过网眼送入，让它们落到食品柜里。由于它们的幼虫很灵活，善于爬行，能够

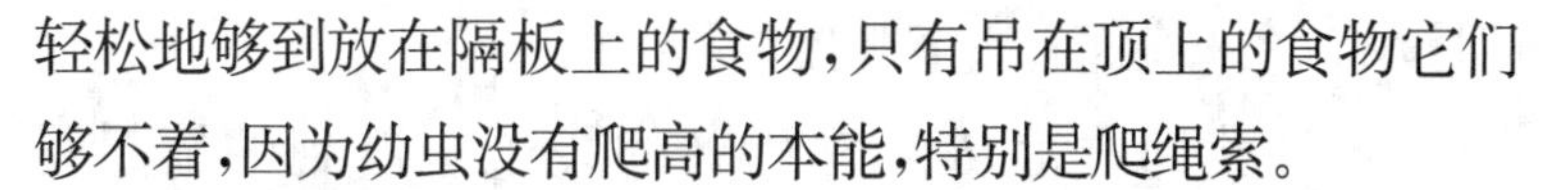

轻松地够到放在隔板上的食物，只有吊在顶上的食物它们够不着，因为幼虫没有爬高的本能，特别是爬绳索。

人们还经常使用金属网罩。罩在食物上的圆拱形纱罩的防蝇作用还不如食品柜。麻蝇一点也不在乎这些。它可以通过网眼把幼虫放到它垂涎的肉上。

那我们该怎么办？再简单不过了。我们只需要将要保存的东西——如斑鸫、山鹑、山鹬等野味用纸袋包起来即可。牛肉和羊肉也是如此。只要有纸袋这个使空气充分流通的保护层，即使没有网罩，没有食品柜，任何幼虫也不可能侵入。这不是纸张具有特殊的防腐作用，而仅仅是因为它形成了一道不可逾越的障碍。蓝蝇很谨慎，不会在纸袋上产卵，麻蝇也不会。因为它们知道新出生的幼虫无法钻过这层屏障。

用纸来对付羊毛制品和皮货的害虫——衣蛾，也同样有效。为了驱赶这些破坏者，人们通常使用樟脑丸、卫生球、烟叶、薰衣草等气味很浓的香精。我不是有意贬低这些预防措施，我们不得不承认这些方法几乎没有效果，挥发的气味并不能阻止衣蛾的破坏。

因此我建议家庭主妇们用规格适当的报纸来代替所有的化学制品。将要保存的羊毛制品、法兰绒和衣物等仔细地叠好，用报纸包起来，将边上折两折，然后用别针别好。如果包得严实，衣蛾绝对进不去。自从我家采纳了我的建议采用这个方法以后，再也没有受到像以前一样的破坏。

> 蝇类产卵的研究，对食物、衣物的储存有着积极的意义。

让我们还是回到双翅目昆虫这个话题吧。我把一块肉埋在大口瓶的底部，一指厚的干沙里。这个容器是个宽颈瓶，而且是敞开的，不受任何阻碍的苍蝇将会被气味吸引过来。不久肉蓝蝇就来了。它们进入大口瓶里，然后又飞走了，不久又飞回来了。它是通过气味来探测那个被埋起来看不见的东西。我密切地监视着它们，它们很忙碌，探测着沙层，用跗节轻轻踏一踏，用触角探探虚实。这两三周，我都让这些来访者自由出入，但没有一只苍蝇在此产卵。

这和我们之前从装着死鸟的袋子里看到的情景是一样的。它们拒绝在沙子上产卵，显而易见是由于同样的原因。那层纸对弱小的幼虫来说是一道无法穿越的屏障，要穿过沙子就更困难了。其中的沙砾会伤害新生幼虫，干燥的沙子也会吸干水分使它们无法爬行。以后到了蜕变期，已经有了力气的幼虫将完全有能力挖土并且钻进土里，但是一开始这么做对它们来说是危险的。考虑到这些困难，母亲们不管气味多有诱惑力都会拒绝产卵。长时间的等待之后，我生怕它们在我不注意时产了卵，于是将大口瓶翻了个底朝天。肉和沙子里都没有幼虫也没有蛹，绝对是什么都没有。

由于沙子只有一指宽的厚度，这次的实验需要一些防范措施。变质的肉可能会有所膨胀，在一两个地方会有突起。只要小鸟露出一点点腐肉来，苍蝇就会过来繁殖了。有时腐肉的渗出液渗透一小片沙地，这将满足幼虫最初安置的需要。如果沙土有 2 毫米左右厚就可以避免这些不利因素。那时候肉蓝蝇、麻蝇和其他专营死尸的双翅目昆虫都会退避三舍。

为了渲染死亡的恐怖，讲坛上的演说家们会夸大坟墓和啃尸虫的作用，千万不要相信他们凄惨的言辞。化学分解有说服力地向我们解释了我们的无知：没有必要想象得那么可怕。坟墓里的啃尸虫是那些思想忧郁苦闷、不敢直面事实的人的臆想。仅仅在地下几厘米的地方，死人便可以安静地长眠，绝对不会有双翅目昆虫去那里开发他们。

在地面上，暴露在空气中的死尸被侵害倒是有可能的。这是必然规律。人类的尸体也不比劣等野兽的尸体更有价值。双翅目昆虫便利用它们的权利，像对待普通动物尸体一样对待我们。在它们庞大的加工车间里，大自然对我们冷酷无情。在熔炉里，野兽和人类、乞丐和国王是一样的。在蛆虫面前人人平等，这是真正的平

> 在广阔的自然中，众生平等。在作者眼里，一切生命形态都值得关注和尊重，他以人性关照虫性，又以虫性反观人类社会，给我们以启迪。

等，也是世界上唯一的平等。

思维导图

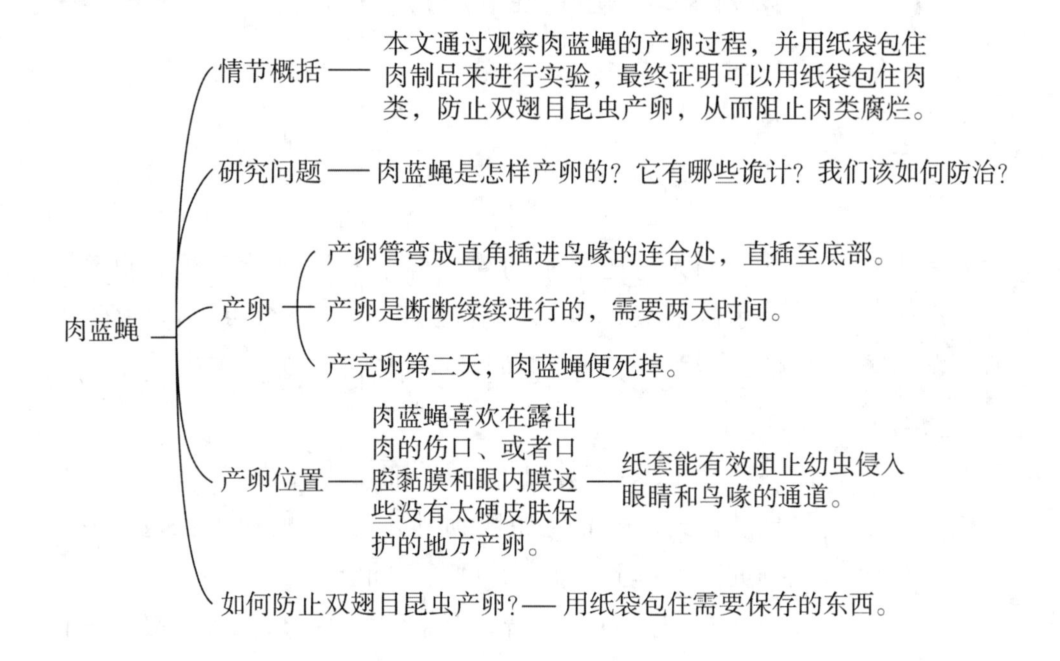

第八章　松毛虫的行进列队

用绵羊跟着头羊走的故事开头，增添了文章的生动性，为下文探究松毛虫的行进队列做铺垫。

商人丹德诺尔的绵羊群跟着被巴汝奇故意扔到大海里的那只羊走，一只接一只冲进了海里。拉伯雷说，这是绵羊的天性，它们总是跟着头羊走，不管头羊走到哪儿。

松毛虫，不是由于愚蠢，而是因为需要，比绵羊更加盲从。第一条松毛虫爬到哪儿，其余的松毛虫也整齐地排成一列爬到哪儿，中间毫不间断。

它们排列成一行，连绵不断，每条松毛虫都与同伴头尾相接。领头的松毛虫随兴所至地爬行，画出一条复杂交错、蜿蜒曲折的路线，其他的松毛虫也一丝不苟地依样画葫芦。就连希腊宗教仪式时的列队也没有如此整齐。因此啃噬松叶的毛虫得到了“在松树上列队爬行的毛虫”这样的名字。

如果说这种松毛虫一生都是走钢丝的演员，那么它的特点就补充完整了。它只在绷得紧紧的绳索上行走，一边前进一边在铺设的丝轨上行走。列队领头的松毛虫一直不停地吐丝，将丝固定在它随意行走的道路上。这条线路特别细，用放大镜也无法看清，只能依稀辨别出来。

第二条松毛虫跟着来到这座纤细的步行桥时，就用它的丝把桥加厚一倍，第三条松毛虫加厚两倍，其他松毛虫也用它们的吐丝器在桥上涂上胶质物。当松毛虫队伍爬过之后，就留下了一道爬行的痕迹——一条狭窄的白色带子。这条带子晶莹的白色在阳光下闪闪发光。

松毛虫修筑道路的方法比我们的更加奢侈。它们铺路不用石子，而用丝绸。我们用碎石铺路，用沉重的压路机把路面碾平。而它们则在路上铺设柔软的绸缎轨道。这是一项与大家利害攸关的工程，每条松毛虫都贡献自己的丝。

这样豪华奢侈有什么好处呢？难道松毛虫不能像其他毛虫那样爬行而不使用昂贵的材料吗？我从它们的前进方式发现了两个理由。松毛虫是在夜间去吃松针的，夜色中，它们离开位于枝梢的窝，沿着光秃秃的树枝一直下到下一根没有被啃噬的分枝。随着啃噬者啃光了上层的针叶，下一根分枝的位置就越来越低，松毛虫便爬上了还没有被触碰的小树枝上，分散在绿色的松针丛中。

从观察到的松毛虫的行进方式出发，提出疑问，表现出研究内容的层层递进。

当它们吃完以后，夜更寒冷了。现在是该回家躲藏起来了。直线测量这段距离，距离并不长，几乎没有一根手臂长，但是它们却也无法跨越。松毛虫不得不从一个十字路口下降到另一个十字路口，从松针下降到小枝杈，从小枝杈下降到大树枝，再从大树枝经过一条不断左弯右拐的小路爬回上面的住所。在这条漫长曲折的路途中，光靠视力来带路是没用的。松毛虫在头的两侧有五个视觉点。但是这些视觉点很小，用放大镜都很难辨认出来，并不能对其视觉有帮助。另外，在没有光的夜晚，一团漆黑时，这种近视的透镜又有什么用呢？

考虑松毛虫的嗅觉也没什么用。松毛虫有嗅觉能力吗？我不知道。我不能对这个问题做出定论，但我至少可以肯定它的嗅觉很迟钝，根本没有办法帮它带路。这在我的实验中，许多饥饿的松毛虫经过一根松树小枝时没有露出任何贪婪和停留的迹象。是触觉告诉它们食物在哪儿。尽管它们饥肠辘辘，只要嘴唇没有触碰过这个牧场，它们就不会停留在那儿。它们不用希腊神话故事来说明松毛虫在行进路上吐出来的丝的作用,增加了文学色彩和神秘感。

向从远处嗅到的食物爬去,它们只在挡道的小枝上停留下来。

撇开视觉和嗅觉,那剩下什么来引导它们回到窝里?是它们在路上吐丝结成的带子。在克里特岛的迷宫里,特修斯如果丢失了阿里阿德涅给他的那团绳子他就会迷路。松树上那一堆乱七八糟的松针和迷诺斯迷宫一样错综复杂,在夜晚更是如此。松毛虫就借助那一小根丝线在松针丛中爬行而不至于迷路。在回家的时候,每条松毛虫都能轻而易举地找到自己的丝线或邻近的丝线,这些邻近的丝线不同的虫群陈列成扇形。这个分散的部落在那条共同的袋子上集合起来,排成直线。这条带子的源头就是虫窝。这个吃饱了的大队伍循着这条带子肯定会回到自己的窝。

白天,甚至在冬天,当天气晴朗时,松毛虫有时进行远程探险。它们从树上下来,在地上冒险,排队行进二十八米。它们外出的目的不是为了觅食,因为出生地的松树还远远没有被吃光,已经被啃噬的小枝在巨大的叶群中几乎算不了什么。而且,松毛虫到了晚上要彻底绝食。这些远足者除了进行卫生保健散步之外,除了朝圣探察周围地区之外,除了也许察看以后隐藏在那里变态的沙地之外,没有别的目的。

当然,在这些大规模的移动中,起引导作用的小带子也没有被忽略。它比任何时候都更被需要。所有的松毛虫都用它们吐丝器的产品为此尽力。每次前进谁也不会前进一步而不将嘴唇上的丝线固定在路上,这成了一条恒定不变的规律。

如果行进的队伍相当长,带子就会变得足够宽大,容易寻找。然而,在回家途中,它并不是不费周折就能找到的。我们发现,行进过程中的松毛虫从来不完全转过身子,它们从来没有在这条绷紧的细带上大转弯。为了回到原来那条老路,它们不得不像画一条鞋带那样前进。弯曲程度和长短都是由领头的首领随意决定。首领在摸索中前进，行动是飘忽不定的，导致有时虫群不得不风餐露宿。不过没关系。松毛虫蜷成团聚在一起，一动不动。第二天再重新探路，早晚都是会成功的。经常是这条弯弯曲曲的带子一下子碰到了引路的带子。一旦轨道在第一条松毛虫的脚下，它们就不再犹豫了，迈着急促的步伐向虫窝前进。

“在摸索中前进”“不得不风餐露宿”“早晚都是会成功的”等短语，带有浓厚的情感色彩，写出了松毛虫的探索和坚持。

用于铺设道路的丝的第二个用途是明显的。为了免受严冬劳动时会遇到的寒冷的袭击，松毛虫为自己建造一个隐蔽所，它将在那儿度过天气恶劣的时刻和不得不停工休息的日子。这时的松毛虫很孤单，丝管里只有微薄的资源，它艰难地在遭受暴风吹打的松树枝梢上保护自己。建造一个结实的、能够抵御大风大雪和冰雾袭击的牢固住所需要成千上万条松毛虫的合作。于是大家将个人微不足道的力量结合起来修建了宽敞结实的建筑。

这个工程需要很长时间才能完成。每天晚上，天气允许时，工程必须加固、扩大。因此当暴风雨天气持续、松毛虫的身体处于毛虫状态期时，劳动者的行会必须存在，不得解散。但是，如果没有特殊安排，每次夜间考察都会导致这个行会解体。在这个填饱肚子的欲念产生的时候，个人主义就会抬头。松毛虫在或大或小的程度上分散开，在周围的枝杈上离群索居。每条松毛虫都分开单独吃它的松针。那以后它们怎样重新聚集、重新变为群体呢？

每条松毛虫留在路上的丝线就使这个变得容易了。有了丝线的引导，任何松毛虫不管住得多远，都能够回到同伴那里去而不会迷路。它们从一簇细枝，从这儿，从那儿，从上面，从下面匆忙赶来。于是分散的队伍很快又重新集合起来。丝线比道路更好。它们是群体的纽带，是维持共同体成员紧密结合不可分割的网。

在每个松毛虫的前面，都有一条领头的松毛虫，不管队伍或长或短。我称它们为列队的首领，尽管首领这个词用在这里不是很得体，但是我想不出更好的词。的确，没有任何事物能够把这条松毛虫和其他松毛虫区别开来。它碰巧排在队伍的最前面，仅此而已。在这些松毛虫中间，每一个首领都是临时指挥官，现任总指挥。因为如果发生什么意外，队伍拆散，然后按不同的次序重新组合，它就又变成了其他虫子。

关于松毛虫首领的描写诙谐幽默，“特殊姿态”“突然摇摇摆摆、动来动去”，首领探头探脑寻找道路的“呆萌”让人忍俊不禁。

松毛虫的临时职务使它摆出一副特殊姿态。当其他的松毛虫排得整整齐齐顺从地跟着它时，这个首领会突然摇摇摆摆、动来动去，把身体前部一会儿伸向这儿，一会儿伸向那儿。在行进时，它似乎在探路。它真的在探测地形吗？它是在选择最利于通行的地点吗？或者它犹豫不决仅仅因为它们还没有走过的地方缺少一根引导的丝线吗？它的下级非常平静地跟着它，脚爪间的细带子使它们非常安心。但是这位首领却没有这种支持，很不安。

从那黑色发亮、像一滴柏油那样的脑袋下发生的事，我为什么不能看出些什么呢？从行动来看，它的确有那么一点洞察力，能够在经过实验后，辨认出过分粗糙不平的地方、过分滑溜的地面、没有耐受力的粉状地点，特别是别的远足者留下的丝线。我和松毛虫的接触交往中它们告诉我这就是它们心智的全部，或者说几乎是全部。真是可怜的脑袋，真是可怜的虫子！保护它们团体安全的就是一根丝线！

行进的列队长短不一。我看见在地上操演最美的行列长十一二米，有将近三百只松毛虫。这些松毛虫排列得整整齐齐，像条波浪形的带子。哪怕只有两个列队，也是秩序井然。第二个列队紧跟着第一个列队。

二月，我的暖房里有各种长度的列队。我可以给它们设下什么陷阱呢？我只想到两个：取消首领和砍断丝线。

取消列队的首领并没有任何惹人注意的变化。如果这没有引起任何骚乱，行进列队就丝毫没有改变。第二条松毛虫一旦成为首领，立即知道了它的职责。它选择，它领导。更确切地说，它是犹豫不决，它是摸索试探。

丝带断了也无关紧要。我把列队中央的一条松毛虫取走。为了不引起列队的骚动，我用剪刀截去这条松毛虫占据的那一截丝带，并且抹除它剩下的最后一点儿丝线。截断以后，行进列队有了两个独立的首领。后面那个行列可能会和前面那个行列会合，它同前面列队的间距很短。如果这样，事情就恢复了原状。更加经常出现的情况是，这两个部分不再合二为一。这种情况下，就出现了两个不同的行进列队，每个列队都随心所欲的游逛，越走越远。但是不管怎样，两个列队的松毛虫迟早都会在截断处找到引路带子，回到虫窝。

这两个实验很普通，没有多大意思。我想到了另外一个很有概括意义的实验。我打算在破坏这条可能改变道路方向的丝带之后，让松毛虫画个封闭的圆圈。只要没有将火车头引向另一个分岔的扳道岔，火车头会按照既定的线路前进。松毛虫总觉得前面的丝质轨道上没有阻碍，没有一处有扳道岔。它们会继续沿着同样的轨道前进吗？它们将坚持走一条永远不会到达目的地的路吗？我们需要做的是用人工的方法制造这个圆圈，这个在普通条件下没有的圆圈。

从“取消首领、砍断丝线”到“封闭的圆圈”，作者不断变换实验方法，既增加了文章的趣味性，又体现了作者在科学上不断的钻研探索。

第一个想法是用镊子把火车尾部的丝带夹住，不要抖动，让它弯曲，然后将尾部放在行进列队的头部。如果充当开路先锋的松毛虫加入了这个列队，事情就办成了。其他松毛虫就会忠实地跟随着它。这个实验在理论上很简单，但实际操作却很难，不会有什么有价值的成果。这根丝带非常纤细，会在它稍微带起的一些粘住的沙粒的重压下断裂。即使不断裂，无论我们多么小心，后面的松毛虫也会感到骚乱，它们会蜷成一团，甚至舍弃丝带。

还有一个更大的困难时，松毛虫行进列队的首领拒绝接受放在它前面的带子。带子被截断的一端使它很怀疑。它无法辨认出原来那条没有断裂的路，于是它一会儿朝着偏右的方向，一会儿朝着偏左的方向前进。它巧妙地溜开了。如果我试图干预，把它带回我选择的道路上，它就会拼命拒绝，蜷成一团，一动不动。很快列队就会陷入混乱。我们不要坚持下去了。这个方法不好，非常费劲，而且能否成功还值得怀疑。

我们应当尽量少干预，并且设法得到一个自然的封闭圆圈。这能做到吗？是的，能。我们没有进行任何干预，就看到了一个列队沿着一条完美的环形跑道行进。这个结果值得我们高度注意，我认为这是偶然条件所致。

在我的砂土层坡道上，有几只盆口圆周为一米三五的大花盆，种着棕榈树。松毛虫经常攀爬花盆的盆壁，并且一直攀爬到盆口突出的盆沿上。这个场所非常适合它们行进。可能因为盆沿十分稳固，不必担心在松软多沙的地上有成堆的泥沙崩塌物；也可能因为有个在攀爬疲劳后有利于休息的水平位置。环形跑道是现成的，需要我做的只有等待实现计划的合适时机的到来。这个时机即将到来。

一八九六年，一月三十日，快要到中午十二点时，我突然看到一大队松毛虫在列队行进，按部就班地向花盆盆沿爬去。它们排成一列慢慢地爬向巨大的花盆。它们到达花盆盆沿后，排列整齐地列队前进。这时另外一些松毛虫也陆续地到来，把列队拉长。我等待松毛虫编织的这条带子再度闭合，也就是说等待那个始终沿着环形软垫行走的首领回到它开始的起点。环形跑道在一刻钟内铺成了。这条闭合的环形跑道画得多出色啊，很接近圆圈。

下一步就是除去攀升纵队的其余成员。过多的新成员会扰乱列队良好的秩序。清除所有丝质的羊肠小道，不管是新的还是旧的，也一样重要。因为它们可能把花盆盆沿和地面连接起来。我用一支大画笔把多余的松毛虫扫掉，再用一把大刷子细心擦抹花盆盆壁，使松毛虫在行进道路上铺设的丝线全部去除，不要留下任何气味，这可能会造成混乱。当一切准备就绪时，一个奇怪的景象在等着我们。

在这个连续不断的环形列队中就不再有首领了。每条松毛虫的前面都有另外一条，在丝线的痕迹的引导下，紧紧地跟着前面的同伴。这个痕迹是大家集体劳动的成果。每条松毛虫后面也都有另一条松毛虫紧紧跟随着。这个现象在整条链条上一成不变地重复着。没有一条松毛虫指挥，没有一条松毛虫凭自己的喜好改变跑道路线。大家都绝对服从、绝对相信原本应该为它们引路，而实际上被我的妙计取消了的向导。

松毛虫在花盆盆沿上铺设丝质轨道，这条轨道很快就在不断吐丝的行进行列中转变成一条狭窄的带子。这条轨道最后回到起点，没有任何分支，因为分支都被我用刷子破坏掉了。在这条骗人的封闭的羊肠小道上，这些松毛虫会做什么呢？它们会一直转圈闲逛、直到筋疲力尽吗？

古老的烦琐哲学家喜爱引用布里丹的驴子。这头有名的毛驴置身于两份干草之间饿死了。因为这两份干草重量相同，方向相反，它不知道选择该吃哪个。这头驴受到了诽谤中伤。它并不比其他驴子愚蠢，本应该大吃特吃这两份干草来回答理论的陷阱。那我的松毛虫会聪明一点吗？经过许多尝试后，它们能够冲破让它们始终陷在其中而找不到出路的封闭环形跑道吗？它们会决定从这边改变方向或从那边改变方向吗？什么才是得到那份干草的唯一方法？干草就在那儿，在只有一步之遥的绿枝上。

引用幽默小故事，接着连用四个问句，让人越发期待松毛虫的表现。

我认为会这样，但是我错了。我对自己说：“过些时候，一小时，可能两小时，行进列队将会转弯，然后松毛虫将会意识到它们走错了路。它们将会抛弃这条错误的道路，在某个地方下降。”

当什么也无法阻碍它们离开的时候，它们会留在那里，饱受饥饿，任凭风吹雨打，在我看来这是不可思议的愚蠢行为。但是，事实却使我不得不接受这个不可思议的事实。让我们详细谈谈吧。

一月三十日，大约中午时分，风和日丽，松毛虫列队开始环形行进。它们步伐整齐，步步紧跟着前面的那条松毛虫。这条连续不断的链条排除了变换方向的首领，所有松毛虫都机械地前进，就像指针忠于钟面的圆周一样。没有首领的列队不再有自由，不再有意志。它仅仅变成了机器的齿轮。这种情况持续了几个小时，又持续了几个小时。大大超出了我大胆的设想。我大为吃惊，更准确地说，我惊呆了。

同时，重复的环形行进使最初的轨道变成了一条两毫米宽的漂亮带子。我很容易看到这条带子在花盆的红色底色上闪耀。这一天快结束了，跑道的位置没有任何变化。一个令人惊讶的证据证实了这一点。

轨道并不是一条平坦的曲线，而是一条歪斜起伏的曲线。这条曲线在某个点上弯曲，并且在略微下降到花盆盆沿背面后，又在不远处折回。从一开始，我就用铅笔把这两个弯曲点标注在花盆上。而且，整个下午以及接下来的几天，直到这场疯狂的舞蹈结束，我看到松毛虫的细带子在第一个弯曲点下降到盆沿北面，在第二个弯曲点又上升到盆沿上。一旦第一条丝线铺好，要行进的路就不可变更地决定了。

虽然道路不变，但速度却不是如此。我测量了它们走过的路程，计算出它们平均每分钟走九厘米。不过它们或多或少会有休息，有时速度会放慢，特别是温度降低时会更慢。到了晚上十点，它们开始懒散地摇摆身体往前进。由于寒冷、疲劳，毫无疑问也由于饥饿，可以预见它们会再次停下来休息。

就餐时间到了。松毛虫成群结队地从暖房的窝里出来吃我种在丝囊旁边的松树枝杈。因为天气暖和，荒石园里的松毛虫也出来了。排列在花盆盆沿上的那些松毛虫也会乐意聚餐的。它们走了十个小时肯定会食欲旺盛。松枝苍翠欲滴，要到这一大片绿油油的牧场只要下降就行了。但是这些可怜的松毛虫却不这么做。它们对那根带子唯命是从。十点半，我离开了那些饥肠辘辘的虫子，并相信它们会彻夜思考后，明天就会回到原来的轨道上了。

我错了。我以为它们苦受煎熬的胃能够使它们茅塞顿开，我太过相信它们了。一大早我就去看望它们。它们还像昨晚那样排列着，但是一动不动。当天气稍微暖和些，它们摆脱了麻木的状态，复苏了，又重新走动起来。像我昨天看到的那样，环形列队又重新开始行进了。它们像机器一样顽固死板，不多做一分，不少做一分。

风趣的语言，形象的描述，花盆上的这一圈松毛虫始终在转圈，呆头呆脑的形象跃然纸上。

那天夜里十分严寒，寒气忽然降临。荒石园里的松毛虫晚上预先作了预报。尽管根据表面现象，我迟钝的感觉好天气会延续，但是这些松毛虫拒绝出来。拂晓时分，种着迷迭香的小路上白霜闪亮。这是今年第二次霜冻，荒石园的大池塘全部结冰了。暖房里的松毛虫会做些什么呢？让我们去看看吧。

它们全都呆在窝里，除了花盆盆沿上顽固的松毛虫。这些松毛虫没有隐藏处，似乎度过了一个非常糟糕的夜晚。我发现它们乱七八糟地聚集成两堆。这样聚在一起互相挨紧可以少受些寒冷。

世上没有绝对的坏事。夜晚的严寒把松毛虫组成的环状群体冻成两端，这可能会出现获救的机会。对每个复活了并且重新开始行进的松毛虫群来说它们不久就会找到首领。这个首领不需要跟着前面的松毛虫，它将会有些自由，并且可能使列队改变方向。让我们回想一下，在惯常的行进列队中，领头的松毛虫履行着侦察兵的职责。如果没有骚动，其他松毛虫就始终保持在列队里。领头的松毛虫致力于首领的职责，不断地朝着一个方向或另一个方向掉头，探测情况，寻找，探测，做出选择。这一切都由它决定，松毛虫群也都忠实地跟着它。即使是在已经走过并且装饰着带子的路上，领头的松毛虫也继续探索。

可以相信，在花盆盆沿上迷路的松毛虫会有机会获救。让我们来观察它们吧。这两群松毛虫从麻木状态恢复后渐渐排成两个不同的行列。这样就有了两个首领，可以自由行动，互相独立。它们会成功离开这着魔的圆圈吗？从它们摇摇晃晃、惴惴不安的黑色大脑袋来看，一段时间内我认为会这样。但是很快我就醒悟了。这根链条的两段会重新会合起来扩大原来的列队，圆圈会重新恢复。短暂的首领立刻变成普通的下级，松毛虫列队又整天转着圈行进。

接连的第二个夜晚，万籁俱寂，满天星斗，但仍十分寒冷。早晨，花盆上的松毛虫——这群唯一没有遮蔽的松毛虫聚集成堆，向至关重要的带子的两边大量漫涌。我看见这些冻僵的松毛虫苏醒过来了。幸运的是，领头的松毛虫已经开辟了新的道路。它在这未知的地方冒险，犹豫不决。它到了花盆盆沿的边缘下降到花盆的泥土里。另外有六只松毛虫紧跟着它。不再有别的追随者，也许这支队伍的其他成员还没有从夜间的麻木状态中恢复，懒得行动。

由于这个小小的延迟，行进列队恢复到了正常状态。松毛虫在丝线上行走，圆形行进列队变成了有缺口的圆环。虽然有这个缺口，可领头的向导并没有作任何新的尝试。这是一个最后走出这个魔圈的机会，但它却不知道如何利用。

那些已经爬进花盆的松毛虫，它们的命运也并没有怎么改善。它们爬上棕榈树顶，饥肠辘辘地寻找食物。它们找不到适合它们的食物，于是循着在路上留下的丝线返回，爬到花盆的边缘，又找到行进列队，插到里面，不再惴惴不安。圆环又完整了，圆圈又开始转动了。

那它们什么时候会得到解脱呢？有这么个传说，一些可怜的灵魂被卷入了一场无穷无尽的巡逻，直到一滴圣水解除了地狱的魔法。好运会将一滴什么样的水洒到松毛虫身上来解除它们的魔圈，把它们带回虫窝呢？我只看到两个驱散魔法和从圈子里解脱出来的方法。这两个方法都是痛苦的，甚至会带来灾难的考验。痛苦和灾难会带来好运，这是多么奇怪的因果关系。

首先是寒冷引起蜷缩。这时的松毛虫乱七八糟地聚在一起。一些堆在路中，更多的堆在路旁。后者当中或许迟早会出现某个革命者。它不屑走老路，将开辟一条新路然后把整个队伍带回虫窝。我刚才看到了一个例子。七条松毛虫进入到花盆内部，攀爬棕榈树。的确，这是一个没有结果的尝试，但毕竟也是个尝试。要完全成功，只需要走对面的斜坡即可。两

次中能有一次好运就够了，下一次成功的可能性会更大。

其次是走路走得疲惫不堪、饥肠辘辘。一只受伤的松毛虫停了下来，没法走远了。在这条支持不住的松毛虫面前，行进列队仍短时间内继续行进。队伍出现了空隙。造成队伍断裂的那条松毛虫苏醒过来回到了队伍，并成为了首领，它的前面什么也没有。它只需要一点儿要求解放的希望，就可以带领队伍走上一条或许能解救它们的新的道路。

总之，当松毛虫处于危难的队伍摆脱困境，它需要做的是与现在的做法背道而驰、越出轨道。这个行动取决于行进列队首领的任性。只要它能够向右或向左。只要这个圆环不断裂，就绝对不会有首领。最后，圆环断裂了，这独一无二的好机会是由于混乱导致停顿的结果，而这停顿的主要原因是过度疲劳或者过度寒冷。

使松毛虫获得解放的意外事故，特别是由于疲劳产生的事故，经常发生。在同一天，移动的圆环多次分成两到三节，但是圆环很快又恢复，事态没有任何变化。将松毛虫从困境中解救出来的勇敢的革新者还没有受到启发。

像前几个夜晚一样，第三个夜晚也非常寒冷，第四天也没发生什么新鲜事，除了下面的这个细节。昨天我没有擦掉那几条松毛虫进入花盆时留下的痕迹。这些痕迹在环形路上有个结合点。上午松毛虫找到了这些足迹。有一半松毛虫循着这些足迹爬到花盆的泥土里、攀爬到棕榈树上；另一半则留在花盆盆沿上继续沿着老轨道爬行。下午迁移的队伍重新与松毛虫会合，圆环完整了，一切又恢复原样。

第五天，夜晚更加寒冷，但这些松毛虫仍然没有进入暖房。严寒之后，宁静而清澈的天空中出现了美丽的太阳。一旦太阳光把暖房照得温暖一些，聚集成堆的松毛虫就苏醒过来，继续沿着花盆盆沿活动。这一次，开始时整齐的列队被打扰，变得混乱起来。这显然是即将到来的解放的先兆。昨天和前天探路的松毛虫在花盆里铺满了虫丝，今天一部分虫群循着它，从它的源头走起。这些虫子走了一小段之后，这条路被抛弃了。其余的松毛虫则循着往常的带子走。从这个分叉起产生了两个差不多相同的列队，在花盆盆沿上朝一个方向行进，彼此之间距离很近，时合时分，始终有些混乱。

疲乏加剧了混乱。拒绝前进的受伤的松毛虫数目增多，断裂现象也增多。列队被分为好几段，每一段都有自己的首领。这些首领探出身体前部以便探测地形。一切都似乎预示着要使虫群解体来解救松毛虫，但我立刻又失望了。黑暗来临之前，所有的松毛虫又变成一个列队，无法遏止的旋转又恢复了。

炎热和寒冷一样到得十分突然。今天是二月四日，是个美丽温和的日子。暖房里都是小生命。大批松毛虫形成许多花环似的图形，走出虫窝，在坡道的沙土上闲逛。在那上面，在花盆盆沿上，松毛虫的圆环不时地断裂成几段，然后又结合起来。我第一次看见一些胆大的首领，仅靠后腹足站在砖砌的盆沿的边上，炎热使它们极度兴奋，它们身体腾空，扭来扭去来探测深度。这个尝试随着队伍的停留多次重复。它们的头突然晃动，身体也随之扭动。

一个革新者决定冒险尝试。它钻到花盆盆沿背下面，有四条松毛虫跟随着它。其他的松毛虫则始终相信那个骗人的丝轨，不敢模仿大胆的革新者，继续循着老路前进。

细腻的动作和心理描写，刻画了几只松毛虫中的“革新者”跃跃欲试的探索之路，尽管它们最终失败了，却也是一种创新和进步。

从总链条分离出来的这个短链子努力摸索，在花盆盆壁上犹疑不决。它们下降到盆壁的一半处，又倾斜地往上爬，重新加入列队。虽然在花盆下面，不足约二十二厘米的地方，我为了诱惑这些饥肠辘辘的松毛虫放置了一束松枝，但还是失败了。嗅觉和视觉没有告知它们任何信息。它们虽然已经接近目标，但还是爬上去了。

不要紧，实验不会没有用。一些丝线铺在路上，这将成为以后计划的诱饵。解救松毛虫之路有了第一块里程碑。两天后，即试验的第八天，花盆上的松毛虫时而分离，时而结成小群，时而形成长串，循着标着里程的小路，从花盆盆沿上下来。夕阳西下时，最后的松毛虫也回到了虫窝。

现在让我们稍微计算一下。松毛虫呆在花盆盆沿

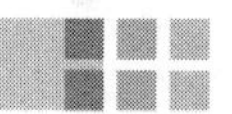

上的时间为七乘二十四小时。由于某条松毛虫疲劳的停顿、特别是由于在夜间最冷的时刻的休息，让我们从宽计算，扣除一半的时间，剩下八十四小时的行进时间。松毛虫平均每分钟走九厘米，则合计总行程为四百五十三米，差不多半公里。对于这些爬行者来说，这是个十分惬意的散步。花盆的圆周，即跑道的周长，正好是一米三五。那么松毛虫在这个始终朝向一个方向，没有结果的圆圈里走了三百三十五次。

这些数字让我很吃惊，尽管我已经知道哪怕稍微发生一点意外昆虫也会表现得极其愚蠢。我想，这些松毛虫因为下降时遇到的困难和危险而被阻留的时间是否比因为思想愚昧、不开窍而被阻留的时间长。然而，事实表明，下降和上升一样容易。

进行实验总结，并生发感慨。

松毛虫有非常灵活的脊梁骨，善于绕过物体的突出部分，善于从下面钻过去。它可以循着垂直线或水平线、背朝下或朝上轻松行走。另外，它把丝线固定在地上后才前进。脚下有这样一个支撑物，无论身体处于什么位置，它都不必担心跌落。

这一周中我就得到了这个证明。我再说一遍：跑道并不在同一个平面上，而是两次起伏弯曲，在花盆盆沿的某个地方突然下降，然后又在稍远的地方折回。因此，在圆环的一段，松毛虫的行进列队沿着盆沿的背面行走。这种倒转的姿势不舒服，而且有危险，所有松毛虫在每一圈都要从头到尾重复一遍。

在花盆盆沿会害怕失脚踏空，这不能成为理由，在每个拐弯的地方，松毛虫都灵巧地绕过了。苦难不堪、饥肠辘辘、没有隐蔽处、夜里冻僵的松毛虫顽强地坚持在走过上百次的丝带上，因为它们缺乏劝它们离开这条丝带的基本的理性之光。

经验和思考与它们无缘。长达四百五十三米和三四百圈行程的严峻考验并没有教给它们什么。它们需要偶然的环境带领它们回到虫窝。如果没有夜间露营时的混乱，如果没有因极度疲劳而停顿引起的混乱，如果不把几根丝线扔到环形轨道外，它们就会死在那狡猾的丝带上。在这漫无目的放置的轨道上，爬来了三四只松毛虫。它们迷路了，它们慢慢闲逛准备下降，最后由于一连串偶然的短暂帮助，它们完成了下降。

今天，被高度赞扬的学派渴望找到动物王国的理性的起源，我向你们推荐列队行进的松毛虫。

思维导图

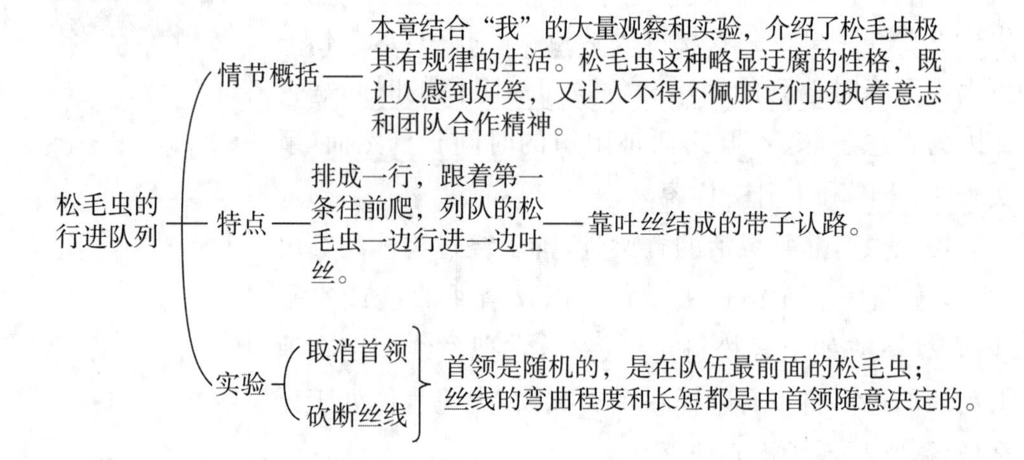

第九章　蜘蛛

纳尔包那狼蛛的洞穴

米什莱告诉我们，在地窖作为印刷新手时，他与蜘蛛建立了友谊。每天阳光透过黑暗的车间的窗户照在排字用的方框上。于是他的长着八条腿的邻居从它的网上下来，来到方框上分享阳光。小男孩也不妨碍它，像朋友一样友好地接待了这位信赖他的访问者。这是漫长的无聊生活中的愉快消遣。当我们缺乏人际交往时，便躲进动物的世界，这也不是吃亏的事儿。

谢天谢地，我可不能忍受地窖的愁闷。我也会孤独，但是我是在阳光和田野里，只要我愿意，我可以参加田间的盛会，听听画眉鸟的演唱会，欣赏蟋蟀的交响曲。我在与蜘蛛交朋友时比年轻的排字工更加虔诚。我允许它进入我的工作室，在我的书中间我还给它留出位置，我把它安顿在阳光下的窗台上，还勤勉地到它乡下的老家去拜访它。我与它交往不是为了逃避生活中的烦恼，逃避和别人一样所受的苦难，甚至是更大的苦难；我是想把一大堆问题交给狼蛛来回答，可有时它不屑回答。

狼蛛既是作者的朋友，又是他的研究对象，体现了作者研究昆虫时的视角和对昆虫的热爱。

经常与之交往所产生的问题是多么有趣啊！为了把这些问题恰当地解释清楚，用小印刷工应该获得的那种神奇的排笔也不算过分，当然最好还是用米什莱的笔，而我只有一支削得歪歪扭扭的硬铅笔。让我们试试看吧，不管怎样，真实的东西，即使外表再寒酸也是美的。

我居住的一带最厉害的蜘蛛就是纳尔包那狼蛛，或称黑腹狼蛛。它的腹部下面长着黑色的绒毛，绒毛里还有褐色的条纹，腿上还有灰白相间的条纹。它喜欢住在干旱多石、被太阳炙烤、生长着百里香的地方。我的荒石园里有一块荒地很符合这个条件，大约有二十个蜘蛛洞穴在其中。我每次经过都会往洞穴里看一眼，只看到四只像钻石一样的大眼睛（隐居者的四个望远镜）闪着光。另外四只眼睛就小多了，在那样的深处是看不见的。

如果我想获得更大的收获，我就要到离家九十多米处的高原上去，那里曾经是一片隐蔽的森林，如今变成了一片荒野。只有蝗虫在觅食，白鹇在石头间飞过。人们利欲熏心，把这块地方摧毁了。因为葡萄酒收益很大，人们就毁林种葡萄树，于是发生了葡萄根瘤蚜虫害，葡萄树根烂了，曾经绿色的高原变成了不毛之地，在乱石间长着几簇强壮的禾本科植物。这块废地变成了狼蛛的乐园。在一小时之内，我就在一小块地方发现了一百个窝。

细致描摹狼蛛的洞穴，狼蛛建筑洞穴不挑材料，是天然的建筑高手。

这些洞穴是深约三十三厘米的井，先是垂直的，然后弯曲成肘状，平均直径为二点五四厘米。在洞口的边上竖立着井栏，用麦秸、各种小颗粒和乃至榛子那么大的石子造成。所有东西用丝固定着。蜘蛛经常把附近草地上的干叶抓过来，用吐丝器吐出丝将叶子捆住，而没有使叶子和植物分离；它也经常喜欢用小石子建造的砖石建筑而不要木建筑。井栏的性质取决于建筑工地附近狼蛛手边的材料。没有什么好挑选的：只要靠得近，任何材料都可以。

在那种土质中挖掘，只要没有障碍物，洞穴便是垂直的。当遇到小砂砾时可以将它取出来扔到洞外；但是遇到无法移动的大卵石，蜘蛛就会使走廊拐弯。如果多处受阻，它的住所就会变成带石拱门的洞穴，弯曲盘旋，大街连着小巷。

只要洞的主人凭借长期养成的习惯，知道它的住所中哪儿有拐弯、有多少层，这种不规则就没有那么多缺点了。如果上面有什么动静，狼蛛就会爬出它蜿蜒曲折的洞穴，速度和爬直井一样。它甚至可能发现，当它需要把具有自卫能力的猎物引进它的洞穴时，这样蜿蜒曲折的洞更有优越性。

一般来说，洞的底部扩大成一个厢房，那是蜘蛛长期沉思的地方，也是它吃饱后的静养之处。

当狼蛛成熟后，一旦定居下来，就完全变成了深居简出者。我和它在一起亲密生活了三年。我把它安顿在我工作室窗台的大的土质罐子里，那样我就可以每天见到它。但我很少见它出来，它在离洞口几厘米的地方，只要听到一点动静就钻回洞里了。

我们可以肯定，如果狼蛛不被囚禁，它也不会为搜集修建护栏的材料而走远，它们会利用家门口能找到的材料。在这种情况下，砾石很快会被用尽，砖石工程也会因为缺少材料而停工。

我想看看如果蜘蛛有不断的材料供应，它能把这个护栏建得有多高。利用这些囚禁者们，我亲自当供应商，事情就很容易了。为了帮助那些今后想与大蜘蛛继续保持联系的人，让我来了解它们究竟用了什么材料。

我把一个大约二十二厘米深大的陶制罐子里面装满了含有大量碎石子的黏性红土，这和狼蛛时常出没的地方的土质很相似。在人造土中加入适量的水和成泥团，一层一层地堆积在和狼蛛的洞穴一样粗的芦苇秆周围。当容器填满后，我拿走芦苇秆，留下一口垂直的井。一个用来代替野外洞穴的住所就这样建成了。

要找到隐居者入住只需要到附近走一趟。那只刚被我用铲子从它自己住所挖出来的蜘蛛，刚移到我建造的住所就不再出来了。不再出门，也不再找别的更好的地方。罐子里的泥土上罩了金属网纱，以防它逃跑。

还有，我不需要严密监视它。对新住所很满意的囚犯并没有表现出对原来的天然住所的眷恋,它根本没有想逃跑。不能忽略的是,每个罐子里只能接纳一名住户。狼蛛特别排斥异己,对它来说邻居就是猎物,当它自认为比对方强时,就会毫无顾忌地吃掉对方。起先,我还不了解这种野蛮的排斥性,在交配期这种情况更为严重。我曾经目睹了在居民过多的笼子下进行的残酷盛宴。之后我将有机会来描述这些悲剧。

同时,让我们来观察独居的狼蛛。它们没有对我用芦苇建造的住所进行修改,顶多是时不时地扔出一些土,也许是为了在洞底给自己建造一间休息室。但这些土渐渐形成了把洞口围起来的井栏。

我已经为它们提供了大量首选材料,比它们凭借自己力量得到的要好得多。我提供的材料首先包括打地基用的光滑的小石子,其中有些有杏仁那么大。在筑路的砾石堆里掺进了酒椰短纤维这种容易弯曲的软带子。这些材料来代替狼蛛经常使用的细胚茎和禾本科的枯叶。最后,我还给它们准备了它们从来没有用过的、闻所未闻的宝物——剪成两厘米多长的粗毛线。

我想了解狼蛛是否能用它的大透镜辨别色彩,是否偏爱某些颜色,于是我把不同颜色的毛线混在一起:有红色、绿色、白色和黄色。如果狼蛛有某种偏好,它能够选择它所喜爱的颜色。

狼蛛总是在夜晚工作,这样不利的条件使我无法观察它的工作。我看了结果,就这些。即使我打着灯笼去建筑工地参观,我也得不到更多的收获。害羞的狼蛛会一下子钻进洞穴,而我却以失眠为代价。此外,它也不是一个勤奋的劳动者,它喜欢磨蹭时间,一个晚上也就用掉两三束毛线或酒椰纤维,因此这个时候我们也可以休息好长时间。

两个月过去了,材料的消耗超出我的预料。那些一向被认为只会就近找材料的蜘蛛用它们家族从未用过的方法为自己建造了堡垒。在洞口周围略微倾斜的斜坡上,平滑的石子被断断续续地铺成了石板,那些大石头,对搬动它们的狼蛛来说也显得很巨大的石头,也和其他石头一样被用掉了很多。

在砾石堆上耸立着一座堡垒。这是一个酒椰纤维和随便捡到的毛线交织在一起堆成的堡垒。红色、白色、绿色和黄色杂乱地混在一起。狼蛛对色彩没有偏好。

只要有足够的材料，狼蛛便能建造出极具艺术感的建筑。

建筑物最后的形状像一个套筒，五厘米高。吐丝器吐出来的丝把一块一块的材料粘在一起，整个儿像一块粗织布。这并不是一个无可挑剔的作品，因为总是有一些难对付的、没有被狼蛛处理的材料露在外面。但这个建筑物也不乏优点。往鸟巢里衬毡子的鸟也不见得会干得更漂亮。无论是谁看到我罐子里那些特别的彩色建筑，都以为是我的手艺，是我用于实验的手段。当我告诉他们真正的作者是谁时，他们都大吃一惊，谁也不会想到狼蛛会造出这样的建筑。

很显然，自由的狼蛛在贫瘠的荒地上不会造出这样豪华的建筑。我已经说出了原因：狼蛛喜欢呆在洞穴里不愿意去寻找材料，它只能利用身边有限的资源。小土块、碎石子、细枝条和一些干枯的禾本科植物，这就是全部了。因此它造出来的建筑非常简陋，只能是一个几乎不引人注意的石井栏。

我的囚犯告诉我们，当材料充足时，特别是有了防止坍塌的纺织材料，它们还是热衷于建高塔的。它们知道了堡垒的建造方法，而且一有条件它们就会这么做。

这些堡垒有什么用呢？我的那些大罐子将会告诉我们。狼蛛没有定居以前热衷围猎，一旦定居下来，它就宁可埋伏着等待猎物送上门来。酷暑时分，每天我都看见我的囚犯们慢慢地从地下爬上来，趴在羊毛筑成的堡垒上。这时它们的姿势很美，而且表情严肃。它们膨胀的肚子在洞口，头在外面，目光呆滞，爪子收拢准备突然起跳。数小时过去了，它们还是一动不动，痛痛快快地晒饱了太阳。

只要有一只合它口味的猎物经过，窥伺者立即从高塔里飞奔而出，犹如离弦之箭。它先在我提供的蝗虫、蜻蜓或其他猎物的脖子上刺上一刀，然后把它们掐死；它带着猎物爬上堡垒的速度也一样快，非常敏捷。

它很少失手，只要猎物离它的距离合适，在它的伏击范围内。但是，如果猎物离得较远，比如在金属罩的网纱上，狼蛛就不予理睬。它不屑去追赶，而是让猎物四处游荡，只有有成功的把握才下手。它靠计谋获取猎物。它躲在围墙后面，等着猎物走过来；监视着猎物，当猎物进入它的伏击圈便立刻猛扑过去。这出其不意的方法可以做到万无一失。不管猎物是长着翅膀还是跑得飞快，这冒失的猎物只要接近埋伏圈就会丧命。

狼蛛善于等待，也善于抓捕靠近它的猎物。

这确实需要狼蛛有很好的耐心。洞穴里没有什么东西可以做诱饵诱惑猎物，最多就是那个城堡，也许时不时地能吸引来几个疲劳的旅行者过来休息。但是，如果猎物今天不来，明天、后天或更迟一些总会来的，在荒地上到处是数不清的蹦蹦跳跳的蝗虫，它们不大会控制自己的蹦跳方向，总有一天会有几只蝗虫被带到狼蛛的洞穴边，那将会是狼蛛从围墙上跳下扑向朝圣者的时候。它得保持警惕，一直坚持到那一刻的到来。它在有东西吃的时候才吃，但总会有的。

由于狼蛛很清楚机会总会来的，于是它便等待，而且不怎么为长时间的节食担心。它有一个善于调节的胃，可以让它今天填饱食物，然后让它长时间空着。有时我一连数周忘了自己作为供应商的职责，我的客人并未因此体力不支。狼蛛节食一段时间之后不是变得衰弱了，而是狼吞虎咽地猛吃。所有饥饿的狼蛛都一样：它们大吃大喝，今天吃得过饱是为了明天没有食物吃做准备。

纳尔包那狼蛛的产卵

在作者的影响下，孩子们也喜欢荒石园，热爱昆虫。他们发现一只大肚子狼蛛，又会有哪些新的观察和实验？

一个小小的意外收获有时倒是帮了大忙。八月初的一天，孩子们在荒石园的深处叫我，他们为自己刚刚在迷迭香下的发现兴高采烈。这是一只很棒的狼蛛，有着大大的肚子，表明它即将产卵了。

十天后的一大早，我发现它正在做分娩的准备工作。在一个大约手掌大的沙土上，已经预先织好了一张丝网。网织得很粗糙、不成形，但却牢牢地固定住了。蜘蛛即将在这张产床上分娩。

狼蛛在这张铺在沙上的网上制作了一张圆台布，相当于一个两法郎的硬币那么大，是用高级的白丝织成的。肚子顶端一起一伏，像一个小小的钟表齿轮一样，缓慢而始终如一地移动，每次都尽力够到较远的一个支点，直到达到机械所能达到的最大限度。

然后蜘蛛不移动它的位置，只是朝相反的方向摆动。通过这样的来回摆动便得到了一块良好的织布。台布织好后，蜘蛛绕着圆圈一点点地移动并以同样的方法织另一截网。

这个凹陷的像圣盘似的丝垫的中间部分不需要再喷丝了，只需要把边缘部分加厚。这块垫子于是变成了一个带平宽边的半球形盆。

狼蛛为产卵做足了准备。

产卵的时间到了。黏黏的、淡黄色的卵一次性快速地被排在盆子里，粘在一起的卵像个小球突在盆口。纺丝器又开始工作了，就像织台布时一样狼蛛的腹部末端上下微微摆动，吐出的丝遮住了露出的半球。结果一个小丸子被镶嵌在圆形毯中间。

一直闲着的爪子现在也开始工作了。它们一根根地钩住并扯断那些将圆垫平展地固定在粗糙的支撑网上的丝线，同时用爪钩夹住圆垫，慢慢将它拖起，使它和地基分离，再将它压在装着卵的球体上。这是一项辛苦的工作。整个建筑都在摇晃，粘着沙土的地板也坍塌了。狼蛛迅速用爪子将这些不干净的碎片踢开。总之，通过爪钩的强力拉动，靠爪子像扫帚一样的清扫，狼蛛把卵袋拔起，得到了一个干净的、摆脱了任何束缚的卵袋。

这是一个白色的小丝球，摸上去又软又黏。有一粒普通樱桃那么大。沿着小球的中部水平仔细观察就会发现有一道折边，用针尖可以将它挑开却没有断痕。这道折边一般不易和球体表面的其他地方区别开，是盖在下半球的那块垫子的边缘。小狼蛛从另一个没怎么加固的半球出来，上面只有一层织物，是卵刚排出来时织的。

整个早上，从五点到九点，它一直在进行编织工作，接着是拔袋工作。疲惫不堪的母蜘蛛拥抱它心爱的小球一动不动。今天我不会看到更多东西了。第二天早晨我看到那只蜘蛛把装着卵的袋子系在身后。

孕育生命的时候，大多数母亲的角色都是辛苦的，雌狼蛛也不例外，它时刻保护着它的“宝贵的包袱”。

从今以后，直到卵孵化，它都不会离开它的宝贵的包袱，那包袱靠一根短丝韧带固定在纺丝器上，拖在地上晃来晃去。它带着这个会碰到脚后跟的包袱忙自己的事情：走路、休息、寻找猎物、向猎物发出攻击、吞食猎物。如果包袱意外脱落，立即会被恢复原位。纺丝器在包袱的某个地方涂一下就好了，粘结处立马粘牢了。

当工作完成后，有些雌狼蛛获得了自由，它们想在最后隐居之前再看一看这个地方。这就是我们经常能看到的、那些拖着包袱漫无目的地闲逛的蜘蛛。然后，它们迟早会回到它们的住所。八月还没有结束之前用麦秸轻轻在每个洞穴晃动，都会引出拖着包袱的雌狼蛛，想要多少就能引出多少。用这些雌狼蛛，我可以做一些非常有趣的实验。

这很值得一看，雌狼蛛拖着它的宝贝包袱，从早到晚从不离开，不论是睡觉还是醒着，它总是以令旁观者惊叹的英勇气概保护着它的宝贝。如果我想从它身边拿走那个袋子，它就会绝望地把袋子贴在胸前，紧紧抓住我的镊子不放，用毒牙去咬。我能听到尖牙在铁器上的摩擦声。不，要不是我手上有工具，它是绝对不会让我不受任何损失将袋子抢走的。

我用镊子夹住袋子并且晃动，从愤怒的狼蛛手中抢走了袋子并换了另一只狼蛛的卵袋给它。它赶紧用爪钩抓住那个小球并抱住，把它悬挂在纺丝器上。对于狼蛛来说，不管是自己的还是别人的，只要有这个袋子就行了，它得意地带着那别人的袋子走开了。这个袋子是根据被调换的包袱的样子事先准备的。

我用另一只狼蛛做的另一个实验引起的误会更让人吃惊。我用圆网丝蛛的卵袋来替代我刚夺来的那个正宗的狼蛛卵袋。这两个卵袋的材料的颜色和柔软度相同，但形状大不相同。被夺走的袋子是个球体，而给它的却是圆锥体，底边还有突出的棱角。狼蛛没有注意到这个差异，它迅速地把这个奇怪的袋子粘在了纺丝器上，就像拥有了自己的小球一样得意。我的这些恶行对狼蛛产生的影响是暂时的。当孵化期来到时，狼蛛的卵成熟得早，而圆网蛛的卵成熟得晚，被欺骗的狼蛛抛弃了那个奇怪的卵袋并且不再去注意它。

> 作者将狼蛛的卵袋分别用相同形状和不同形状的来替代，狼蛛分别有不同的反应，作者调侃自己的这种实验为“恶行”，诙谐幽默。

让我们进一步测试这个背着包袱的家伙的愚蠢程度。我夺去狼蛛的卵袋之后，扔给它们一块粗略锉过、和被夺走的小球一样大的软木。它欣然接受了这个和丝袋完全不同的木质物。它有八只宝石般闪亮的眼睛，总该意识到自己搞错了吧。可它并没有意识到。它爱怜地抱住那截软木，用触须抚弄它，将它固定在纺丝器上，从此便像拖着自己的袋子一样拖着它。

我们让另一只狼蛛在真假之间做出选择。正宗的小球和那截软木被一起放在大口瓶的沙土上。蜘蛛能认出那只属于它的小球吗？那个蠢货办不到。它猛地冲过去，一会儿抓起自己的小球，一会儿又抓起我的那个欺骗物。第一个被摸到的被选中了，立刻被挂在了身后。

如果我增加几块软木，或者在四五个软木之间放上那个真的小球，狼蛛很少会找回它自己的那个小球。它根本不作什么调查，也不作什么选择，随便抓住一个就把它留下，不管是好是坏。假冒的软木小球最多，被蜘蛛抓到的机会也最多。

狼蛛的愚蠢行为使我感到困惑。它是因为软木摸起来是软的才上当的吗？我把软木换成用线绳缠绕的棉球或纸团。这两个也被它们轻易接受了，替代了那个被夺走的真正的小球。

是不是由于颜色会造成假象，金黄色的软木像被泥土弄脏了的丝球，而纸和棉花的白色又和原始的卵球颜色相同呢？我选用了一种最醒目的颜色——红色的线团去替换狼蛛的卵球。这个与众不同的小球也被轻而易举地接受了，而且所得到的爱护不亚于别的小球。

纳尔包那狼蛛的家

狼蛛拖着它那吊在纺丝器上的卵袋长达三周多。读者应该还记得上一章的实验，特别是软木球和线团被狼蛛当做自己的小球愚蠢地接受了的事实。然而，这位如此愚蠢的母亲对任何敲打它脚后跟的东西都很满意，将会使我们对它的忠于职守惊叹不已。

与上一节的实验相呼应，作者列出各种情形下狼蛛对袋子的坚守，来表现它的"忠于职守"。拟人化的叙述，生动形象，易于读者理解。

不管是从洞里上来倚靠井栏晒太阳，还是面对危险时突然回到地下，或是安家之前四处游荡，狼蛛都从没离开过它的宝贝袋子，那个给它行走、攀登或跳跃都带来负担的袋子。如果意外事故使卵袋脱落，它会非常疯狂地扑向它的宝物，怜爱地把它抱住，准备去咬任何一个想夺走它的强盗。我自己有时就是个强盗，那时我可以听到它的毒牙与我的金属镊子摩擦发出的刺耳的声音，我的镊子往一边拉，而狼蛛则往另一边拉。我们还是不要打扰它吧。用纺丝器轻轻触碰一下，小球就复位了。蜘蛛大步走开，不过仍摆出一副威胁的姿态。

将狼蛛产卵前后晒太阳的样子进行对比描写，细致描摹了狼蛛翻晒卵袋的情景，像一帧帧电影画面，将雌狼蛛的孕育过程定格。

夏末，所有的已经定居的蜘蛛，不管年老的或是年轻的，不管是被囚禁在窗台的还是自由地住在荒石园的小径上的，每天都能让我看见这种使人受益匪浅的场景。早晨，当太阳开始发热并照到洞穴时，这些隐士就带着它们的袋子从洞底爬出，待在洞口。这样的好天气里，在城堡门口的阳光下睡个长长的午觉已成了它们的习惯。但是这会儿的姿势却和以前不同了。以前,狼蛛是为了自己出来晒太阳,那时它趴在堡垒上,上半身在井外,下半身在井内。眼睛饱受阳光照射,肚子却留在暗处。当它带着它的袋子出来时,却换了个相反的姿势:上半身在井里,下半身在井外。它用后足支撑着,使那个装满生命的白色小球保持在洞口外,并轻轻地把小球转来转去,使每一面都能照到带来生气的阳光。只要温度高,这个姿势能保持半天。三四周内,它会每天极其耐心地重复。为了使卵孵化,鸟用羽毛丰富的胸口孵蛋,把蛋放在温暖的心口。狼蛛则是在洞穴门前翻晒它的卵,把阳光当做孵化器。

九月初,已经孵化了一段时间的小狼蛛即将出壳。

一窝小狼蛛一下子从袋子里冒出来,并立刻爬到了母亲的背上。而那个空空的袋子已经没有了价值,被扔出了洞穴,狼蛛也不再去想它。小狼蛛聚集在一起,根据数量的不同,有时叠成两三层,把雌狼蛛的背部全部覆盖起来了。雌狼蛛在七八个月的时间里,将日日夜夜地背着它的孩子们。再也没有什么地方能够看到比狼蛛背着孩子更受启发的家庭图景了。

我时不时地看到一群吉普赛人到附近的集市去赶集。新生儿在母亲胸前用手帕做成的吊床里啼哭;刚断奶的孩子骑在母亲的背上;还有个小孩抓着母亲的裙子东倒西歪地走着;其余的则紧跟在后面;最大的孩子走在后面,在长满黑莓的篱墙间间东张西望。这是个无忧无虑的大家庭的壮观景象。他们身无分文却快乐地走着。阳光温暖,土壤肥沃。

但是和那有数以百计的小狼蛛的大家庭相比,吉普赛人的家庭显得多么苍白!全部的孩子,从九月到次年的四月,一刻不离地呆在那位耐心的母亲身上,在那儿安静地走着。

这些小狼蛛很乖,谁也不乱动,也不和邻居吵架。它们紧紧地贴在一起,构成了一块完整的帷幔、一件粗布褂,而在下面的母亲已经面目全非了。这是一只动物、一个毛团还是附在上面的一些种子?乍一看很难分辨。

这条由活物铺成的毯子不是那么平稳,也会经常掉下来,特别是当母亲从洞穴里爬到洞口让它们晒太阳的时候。只要稍微碰到一点墙壁,一部分孩子就会摔下来。这个事故并不严重。为小鸡担心的母鸡会去寻找迷路的小鸡,呼唤它们,把它们召集在一起。雌狼蛛母亲没有这些担忧。它无动于衷,让那些摔下来的小狼蛛自己爬起来,小狼蛛会立刻迅速地爬回到它的背上。这些孩子的确会一声不吭地自己爬起来，掸掸灰尘再骑上去！我看见这些跌落的孩子立刻抓住母亲那通常被当做爬杆的腿，尽快地往上爬，回到母亲的背上。那条由小狼蛛铺成的毯子又恢复了原状。

夹叙夹议，表明作者的看法。

在这儿谈母爱，我觉得似乎有些过分。狼蛛对其孩子的慈爱几乎不会超过植物，植物没有什么感情，但是却对自己的种子关怀备至。很多情况下，动物并不懂得母爱。对狼蛛来说，它的孩子有什么重要！它能轻而易举地接受别人的孩子作为自己的孩子，只要它的背上有一大群孩子它就满足了，管它是自己的还是别人的呢。这里谈不上真正的母爱。

我在别处已经谈到过蜣螂的英勇行为，它守护着并非自己建造的、里面也没有自己孩子的巢。它以一种强加给它过量劳动都难以削减的热情擦去别人蛋壳上的霉点，这些蛋的数量远远超过了正常一窝蛋的数量。它轻轻地擦拭、把它们擦亮来挽救它们。它用耳朵认真听诊，了解胚胎的生长情况。它自己的蛋也未必会得到更好的照顾。对它来说，自己的孩子或别人的孩子都是一样的。

狼蛛也同样无所谓。我用排笔扫去一只狼蛛背上的孩子，让它们跌落在另一只爬满小狼蛛的雌狼蛛身边。那些摔下去的小狼蛛蹦蹦跳跳地抓住了另一位母亲的腿，敏捷地爬到了这位友善的母亲的背上。那位母亲平静地让它们爬上来，插到其他小狼蛛中间。当脊背上堆得太厚时，它们就往前爬，从腹部爬到前胸，甚至爬到头上，只露出两只眼睛。为了保证大家的安全，不能让这位母亲看不见，它们还是知道这点的，不敢损害那眼睛。雌狼蛛身上铺满了一层密密麻麻的小狼蛛组成的毯子，除了要保证自由行走的腿部和可能会蹭到地面的身体下部。

在已经超载的情况下，我又用排笔把第三只狼蛛的孩子强加给它，这群孩子也被平安接受了。小狼蛛挤得更紧了，层层叠叠地堆起来，大家都找到了位置。狼蛛已经面目全非，变成了一个没人知道的、在行走的东西。有时有孩子从上面掉下来，接着又赶紧爬了上去。

我发现这已经达到了保持平衡的极限，却不是这位母亲诚意的极限。如果它的后背还有地方可以让孩子坐稳，它还会不断地接纳。让我们就此罢手吧。让我们把随意取来的孩子还给各自的母亲，这免不了会弄错，但并不要紧。在狼蛛眼里亲生子和养子是一样的。

通过实验证明，对狼蛛来说，亲生子和养子是一样的，照顾孩子是本能。

我想知道，如果不靠我的诡计，在我不插手的情况下，那位友善的母亲是否有时能够照顾别的孩子。我有足够多的资源来获取这两个问题的答案。亲生子和养子的联盟也会非常有趣。我在同一个罩子里放了两只背上背着孩子的老狼蛛。只要它们共同占有的罐子足够宽敞，它们都会使自己的家离对方远一点。它们的距离只有二十二厘米，或者更远点儿。这是不够的。相互的靠近马上燃起了不能容忍对方的可怕的嫉妒心。它们必须分开住，以保证足够的捕猎区。

一天早晨，我正好碰到两个邻居在地面上争吵。战败者仰面朝天地躺着，战胜者用肚子顶对方的肚子，用爪子抓住对方使它不能动。双方都张开了毒牙，准备咬对方但是还没敢咬，它们相互威胁，僵持了好一会儿，那只较强的、占据上风的狼蛛关闭了它的死亡机器，咬碎了倒下的狼蛛的头。然后慢慢地、小口小口地吃着那具尸体。

现在母亲已经被吃掉了，小狼蛛怎么办？它们很容易安抚，并不在意那凶残的一幕，爬到了胜利者的背上，安静地在这合法的孩子中占据了一席之地。恶魔也并不反对，把它们当做自己的孩子留了下来。它吃掉了孩子的母亲却收容了孤儿。

让我们补充一点，在长达数月的时间里，直到最后孩子们独立，雌狼蛛一直背着它们，从来没有区别对待收养的孩子和自己的孩子。从此这两家如此戏剧性地结合成了一家。我觉得在这儿用母爱和喜欢这些字眼似乎有点牵强。

狼蛛至少应该喂养这些在它身上呆了七个月的孩子吧？当它捕捉到猎物时它会请孩子们用餐吗？一开始我是这么认为的，并且迫不及待地想看看它们的家庭聚餐。我特别注意观察正在就餐的那些母亲，通常它们是在洞穴里用餐，避开了监视，但有时也会在露天的家门口。而且，在金属罩下喂养狼蛛和它的家庭是很容易的，那些囚徒根本不打算利用罐子里的土挖一口井，现在已经不是挖井的季节了。所有事情都是在露天发生的。

当母亲用力咀嚼食物、榨干汁水、吞咽下去的时候，那些小狼蛛没有离开背上的营地。没有一个离开自己的位置，也没有一个流露出想要下去分享美味的表情。这位母亲也根本没有邀请它们下来吃东西，也没有特意为它们留一些。它自己吃饱了，孩子们却只有看的份儿，或者对这一切漠不关心。雌狼蛛大吃大喝的时候，孩子们却如此平静，这表明它们的胃不需要食物。

根据观察提出新问题，引起下文。

在母亲背上的这七个月里，小狼蛛是靠什么生存的呢？人们会以为它们靠吸食母亲身体内分泌的物质，就像寄生虫一样，渐渐地将它榨干。

我们必须放弃这种想法，我从没看到过它们把嘴靠在视作乳房的母亲的皮肤上。而且雌狼蛛也没有因此精疲力竭被榨干，它仍然保持着丰满的体态。养育期后，它和以往一样大腹便便，不但没有变瘦反而胖了，并为下一次生育吸足营养。来年夏天，它又像现在一样生出一大群新的孩子。

我们还是要问这些小狼蛛是靠什么维持生命的？那些来自卵的营养储备，尤其是这种储备物质不同于别的东西，应当节省下来生产丝这种非常重要、能够被派上用场的物质。在这种微小动物的活动中，应该是其他物质在起作用。

如果小狼蛛一直不活动，那么它完全节制饮食的现象就能够被理解了，因为静止就不是生物。但是尽管这些小狼蛛经常安静地呆在母亲背上，它们却不停地活动而且十分敏捷。它们从母亲背上摔下去后就很快地爬起来，并且顺着母亲的一条腿重新爬上去，非常敏捷和活跃。而且，它们一爬上去就得保持整体的稳定平衡，它们必须将肢体伸直挂在邻居的肢体上。实际上，对它们来说没有完全的静止。生理学告诉我们：任何纤维活动都需要消耗能量。在很大程度上，动物也像机器一样，一方面要恢复消耗掉的体力，另一方面要维持可以转化为动力的热量。我们可以把动物比作火车头。就像火车头工作一样，这头钢铁动物的活塞、传动杆、轮子和热传管都不同程度地受到磨损，应该让它一直保持良好的状态。铸铁工和冷硬铸工帮它修复，经某种方式给它提供能够融入整体并成为整体的一部分的“可塑性食品”。但是即使它刚从制造车间出来，还比较迟钝，为了使它运转起来必须依靠司炉提供“产生能量的食品”，换句话说，就是要往它的炉膛里添一些煤使其燃烧。煤燃烧产生的热量带动机器运转。

动物亦是如此。巧妇难为无米之炊，卵首先提供产生新生儿的物质，然后是可塑性食品——生物铸造工等生物长到一定的程度被磨损时帮它修复。同时，司炉也在不停地工作。燃料这种能源在机体中暂时停留，被烧光释放出来热量，再由热量转化为动力。生命是个火炉。动物机器靠食物来发热，活动、前进、奔跑、跳跃、游泳、飞翔，以各种方式使机器运行。

让我们回到小狼蛛身上吧。从出生到脱离监护这段时间，它们并没有长大。我发现它们七个月的时候还和出生时一样大。卵提供了构成骨骼的必要物质，此时物质的损耗极少，甚至是零，额外的可塑性物质也没有用处。这种情况下，长时间的节制饮食并不困难。但是转化成能量的食物还是必不可少的，因为必要时小狼蛛还得运动，并且很活跃。那么当动物一点儿食物也不吃时，转化为动力的热量从何而来呢？

由此产生了一个疑问。我们认为没有生命的机器不仅仅是物质，因为人们已经把自己的一部分精力注入了机器。因此消耗煤的钢铁动物事实上就相当于在啃食能够储蓄太阳能的古老的乔木状蕨蔟叶。

由血肉和骨骼构成的动物也不例外。它们相互吞噬或者从植物身上提取养料。它们总是靠贮存在草、水果、种子和其他食物中的太阳能来激发活力。太阳——宇宙万物的灵魂，是至高无上的能量的给予者。

太阳能是否能够像干电池强行给蓄电池充电那样直接进入动物体内使其充满活力，而不必让动物通过肮脏的拐弯抹角的肠道，不必通过食物这种中介物质来获得能量呢？我们吃水果归根结底是为了获得太阳能，那我们为什么不靠太阳能维持生命呢？

通过引用生物学、化学等知识，对阳光的作用进行解释，从而为自己观察到的狼蛛靠阳光来储存能量的观点提供支持。

化学科学这个大胆的革命为我们提供了合成食物，农场将被实验室和工厂取代。为什么物理科学不加入其中呢？它将可塑性物质扔进司炉加工得到能量食物，这种食物不再是有形物质，而是一种纯粹的还原物。物理学利用精巧的仪器可以为我们输入一定量的太阳能，补充运动中的消耗。那时的机器不需要像以前一样艰难地依靠肠胃和附件的帮助来进行运转。一个人们可以直接把阳光当饭吃的世界是多么奇妙啊！

这是个梦想，还是对遥远未来的期待？这个问题是科学研究的最高深的课题之一。还是让我们先听听小狼蛛的证词吧。

七个月中，它们没有任何食物，而且还在运动中消耗能量。为了恢复肌肉的机理，它们直接依靠光和热来恢复体力。当卵袋还挂在母亲腹部末端时，母亲就在每天太阳光最好的时候，把卵袋撑起来晒太阳。它用两只后足把卵袋拖出洞口，使它得到充足的阳光。它慢慢地翻转以至于每一面都能享受到生机勃勃的阳光。这样的日光浴唤醒了小生命，现在仍继续维持着小生命的活力。

每天只要天气晴朗，雌狼蛛都背着它的孩子爬出洞穴，依靠着井栏，晒上好几个小时。小狼蛛在母亲的背上高兴地伸展肢体，晒足阳光，储存能量，充满活力。

它们一动不动，但是如果我对着它们吹气，它们会敏捷地逃窜，就像飓风来临一般。它们迅速散开，又迅速聚拢。这证明这个小生物尽管没有消耗食物，但是在被迫的情况下能够工作。当天暗下来时，晒足了阳光的母亲和孩子们又回到洞穴里。今天的阳光餐厅的阳光盛宴就结束了。

思维导图

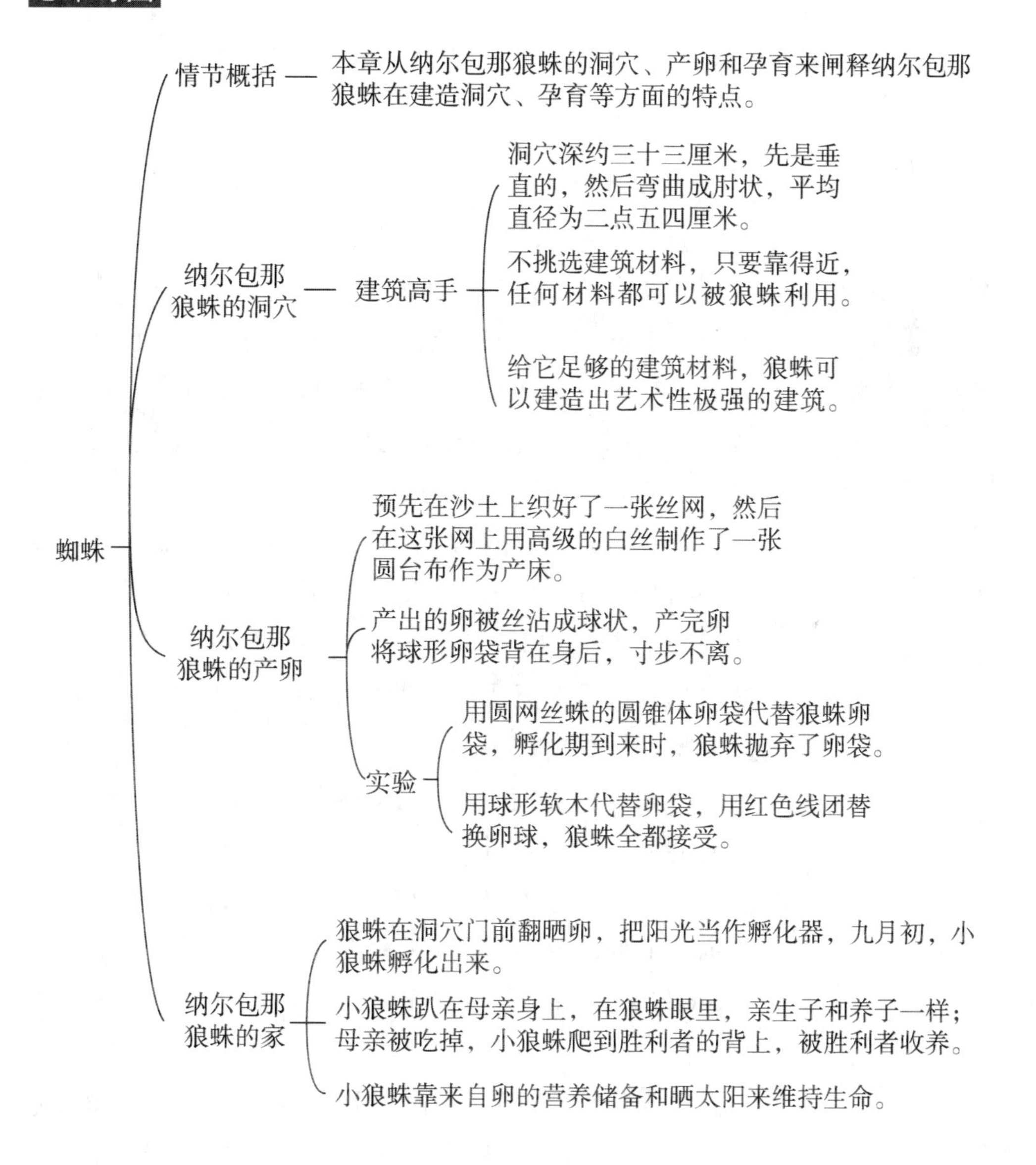

第十章　圆网蛛

圆网蛛的结网

> 开篇讲述人类的捕鸟网，似乎与本篇题目并不相关，目的是什么？请你想一想，并继续往下读，寻找答案。

捕鸟网是人类的一项天才而卑劣的发明。用网绳、木桩和棍子，挂上两张土色的大网，一左一右地放在光秃秃的空地上，便做成了一个捕鸟网。捕鸟者躲在灌木丛中，操纵着一根长绳子，在适当的时候拉动，使两张网像百叶窗似的突然合起来。

两张网中间放着媒鸟：朱顶雀、苍头燕雀、翠雀、黄鹀、鸦和雪鹀的笼子。这些鸟儿听觉灵敏，听到同类从老远的地方经过，立刻发出短暂的召唤声。其中一只鸟，叫桑贝，是个无法抗拒的勾引者。它跳跃着，轻轻拍打翅膀，看上去很自由，实际上它被一根绳子固定在木桩上。如果它筋疲力尽，因徒劳地企图飞走而绝望时，它便会趴下，拒绝执行勾引的任务。捕鸟者不用挪动位置就可以使它重新活跃起来。一根长长的绳子拉动装在枢轴上的活动吊杆，小鸟被这残忍的发明从地上升起来，飞起来，又掉下去。绳子每拉动一下，它就飞起来一下。

秋天的早晨，阳光和煦，捕鸟者在等待着。突然，笼子里出现了骚动。苍头燕雀发出集合的声音："潘克！潘克！"空中飞来了新伙伴。桑贝，快！这群愚蠢的家伙来了；它们猛冲到危机四伏的空场地上。埋伏着的捕鸟者迅速把绳子用力一拉，网闭合了，所有的鸟儿都被抓到了。

人类的血管里流淌着猛兽的血液。捕鸟者立刻跑去进行屠杀。他用大拇指压迫囚徒的心脏使其窒息，打开它们的头骨，用绳子穿着它们的鼻孔，十二只一串地拿到市场去卖。

就那些卑劣的手段而言，圆网蛛的网可以堪比捕鸟者的网。如果耐心研究，我们可以发现它高超完美的特点甚至超过了人类。为了几只苍蝇，需要多么优良的技术啊！在整个动物王国，还没有哪类昆虫由于吃的需要而具有比它更巧妙的方法。如果读者阅读了下面的叙述，肯定会同意我的评价的。

原来写人类捕鸟的网是为了引出圆网蛛的网。前五段写了捕鸟网的精巧和残忍，此处指出圆网蛛的网更加“高超完美”，承上启下，吸引我们去研究圆网蛛的网。

从仪表和颜色上来说，彩色条纹圆网蛛是南方蜘蛛中最漂亮的。它肥肥的肚子上有一个榛子大小的丝囊，黄色、黑色、银色的线条交错于肚皮上，这就是它名字的由来。它丰满的腹部周围有八条腿成辐射状向四周伸展，腿上带有深棕色和浅棕色的环。

只要它能找到支撑物织网，任何小猎物对它都合适。它会在蝗虫蹦跳、双翅目昆虫翱翔、蜻蜓翩翩起舞以及蝴蝶轻轻飞过的地方安家。通常，因为野味丰富，它横跨丛林间的小溪，从小溪这边到对岸织网；它也在绿色的橡树灌木丛中、在蝗虫喜欢出没、长着稀疏的绿草的小山坡上织网，但并不常见。

可以横跨小溪两岸织网，也可以在小山坡上织网，可见圆网蛛织网技术精湛，并有着持之以恒的精神。

它的捕猎器是一张巨大的经纱网，边长依据场地的大小而定，网纱靠好几条缆丝粘在周围的树枝上，这种结构也为其他的结网蜘蛛所用。

蜘蛛整天蜷缩在柏树叶中间，到了晚上八点钟才正式地从隐蔽处出来爬上枝头。在这高高的岗位上，它首先要花一点时间根据现场的情况安排计划，它考虑到天气情况，确定晚上是否晴朗。然后，突然，它伸直它的八只步足，身体呈垂直线下坠，悬挂在从纺丝器里拉出的丝桥上。就像搓绳工后退把绳子从麻里抽出来一样，圆网蛛通过下坠抽出了它的丝。它就是被它的身体拉着的。

但是下坠并没有因重力而加速，而是受纺丝器的调节。它一边下降，一边收缩，或者张开毛孔，或者完全闭合毛孔。随着速度减慢，这条充满活力的垂直的丝拉长了。我的灯笼可以使我非常清楚地看到秤砣，但并不是经常看到丝。这时这只大蜘蛛便把四肢伸展在空中，好像没有依托似的。

离地面五厘米左右时，它突然停住，纺丝器也停止工作了。蜘蛛转过身去，紧紧抓住它刚刚拉出来的丝，一边纺丝一边从原路往上爬。但是这次体重不再给它帮助了，它又用另一种方式来拉丝。后面的两只步足迅速交替运转，把丝从丝袋里拉出再把丝抛弃掉。

蜘蛛回到了它的出发点，约一米八高。这时它拥有一根双股丝，弯成环状，在风中无力地飘着。它把丝的一端固定在合适的地方，等待另一端被风吹起，把环柄固定在附近的细枝上。

圆网蛛感觉丝粘住了，便不断地从一端跑到另一端，每跑一趟都在丝桥上加上一股线。不管我有没有帮忙，框架的主要部件——悬挂缆就这样铺好了。尽管这丝桥非常细，但由于它的结构，我称之为丝缆。它看起来很简单，两端却分解成枝状，来回多少次，便有多少个分叉。这些分叉的丝，黏着点各不相同，使丝缆两端更加牢固。

悬挂缆比整个网的其他部分要牢靠得多，所以它可以维持很久。经过夜晚的捕猎，网一般都会坏，第二天傍晚几乎都要重织。在清理废墟之后就在同一个地方重新开始。只有丝缆除外，因为重新编织的网要悬挂在丝缆上。

丝缆不管以什么方式铺设好以后，蜘蛛便有了一个基地，可以使它随时接近或离开作为依托的枝丫。从这个丝缆的高处，圆网蛛慢慢往下滑，变化着降落点。这样便从左边和右边产生了几个倾斜的横杆，连结着丝缆和枝丫。

这些横杆又支撑着其他方向都有变化的横杆。当横杆数目足够多时，圆网蛛就不需要靠下坠来抽丝了。它从一根绳索到相邻的绳索，一直用它的后步足拉丝，这样就构成了一系列直线的组合。这组合没有秩序，但都保持在接近垂直的同一平面上。一个非常不规则的多边形空地就这样被划定出范围来了，网就编织在这空地中，而网本身却是个很有规则的。

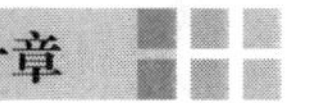

在经纱网的下面，一条不透明的宽丝带从中心穿过辐射丝曲折下行，这是圆网蛛织网的标志，就像艺术家在自己作品上的签名一样。这样的一个标志表示蜘蛛在自己的网上织的最后一梭。

当蜘蛛一次次通过辐射丝，便织成了网，它对此很满足，这是不容置疑的。这项工作使它接下来几天的食物有了保证。但是纺织女丝毫不是为了表现虚荣。那根弯曲的粗丝带在网上起着加固的作用。

看起来只是细细的网，在圆网蛛那里却是一件浩大而精美的工程，作者详细介绍了网的结构和织网过程，观察细致、严谨，描写有序，表现了他作为昆虫学家的严谨和作为文学家的笔力。

圆网蛛带黏胶的捕虫网

圆网蛛的螺旋丝网的发明非常巧妙。肉眼就能看出组成捕虫网的丝和构成框架的丝不一样。它们在阳光下闪闪发光，会显出其中的结节，像是一串小颗粒编成的念珠。用放大镜直接观察这网几乎是不可能的，因为哪怕是有微风，网也会颤动不已。于是我把一块玻璃片放在网下，把网抬起来，取下几段进行研究的丝，平行固定在玻璃上。现在可以用放大镜和显微镜观察了。

看到的情景使我大吃一惊。这些丝在肉眼可以看得到和看不到的末端是一圈圈非常密的螺旋丝。另外，丝是空心的，是一根非常细的管子，里面装满了像溶解了的阿拉伯树胶那样的黏液。可以看到黏液从丝的端头流出半透明的液体。放在显微镜载物台上用玻璃片压住，螺旋丝便延伸成从一段到另一端都卷曲着的细带，中间有一条暗线，是空腔。

黏液穿过卷曲的管状丝的管壁慢慢流出，使整个网都有黏性，而且黏度令人惊叹不已。我用一根细麦秸轻轻碰了碰一段丝的三四节。虽然很轻，但麦秸立刻被黏住了。我抬高麦秸，丝也被拉了过来，长度变成了原来的两三倍，像橡胶丝一样。最后，由于绷得过紧，丝脱落下来，但并没有断，只是恢复了原来的样子。丝拉长时，

“大吃一惊”“惊叹不已”“不可思议”，在描写螺旋丝网的内部结构时，作者用了这些词来表达自己的惊叹，可见圆网蛛的网的内部结构之奇特。

螺旋卷展开;丝缩短时,螺旋卷又重新卷起来。最后黏液渗到丝的表面使丝成为黏合物。

总之,螺旋丝是物理学中从来没有见到过的一种细管。它卷成螺旋状以便具有弹性,使它可以经得住猎物的挣扎而不会被拉断。丝管里储存着大量的黏性物质,通过不断地渗出,当丝的表面因暴露在空气中而黏附力削弱时,可以恢复黏附力。这简直是不可思议。

圆网蛛捕猎不是在一般的网上,而是在带黏胶的网上。任何东西碰到黏胶都会被黏住,甚至连蒲公英的毛轻轻擦过都会如此。可是,圆网蛛天天碰到黏胶却不会被黏住,这是为什么呢?这是圆网蛛为自己而设计的。在捕虫网的中央有一个区,黏性螺旋丝不进入这个区里。这个中心区在整个大网中的面积和手掌一样大,不具有黏性,进行探测的麦秸在中心区不会被黏住。

圆网蛛只呆在中心的休息区内,几天几夜地等待猎物的到来。尽管它和网的这部分接触紧密,呆的时间又长,却没有被黏住的危险,因为构成中心区的辐射丝和辅助螺旋丝没有黏性涂料和扭曲的管状螺旋卷,只是一种实心的普通直线丝。

但是猎物经常是在网的边缘被黏住,蜘蛛便迅速赶来,把它捆绑起来,使它不再挣扎。蜘蛛在网上行走,我没有发现它有丝毫的不便。黏性丝也没有因为蜘蛛步足的移动而被抬起。

在我的少年时期,每个星期四我们一群人都要到大麻田里抓金翅雀。在给细竹竿涂上胶水之前,我们都要在手指上抹几滴油,生怕自己的手被黏住了。圆网蛛知道油脂物的秘密吗?让我们试一下。

我用纸沾了一点儿油擦了擦麦秸,再把麦秸碰到螺旋丝,麦秸不会被黏住。原理找到了。我从一只活的圆网蛛身上取下一只步足,把它放在麦秸上让它和黏性丝相接触,它就像在非黏性丝上一样没有被黏住。根据蜘蛛的普遍免疫力判断,我们早应该料到这点。

但是再做的一个实验,结果却彻底改变了。我先把这只步足放到二硫化碳——油脂物的最佳溶解剂中浸泡十五分钟,然后用一只浸有同样液体的刷子认真清洗这只步足。洗好后,步足就像别的东西,例如没有涂油的麦秸一样,轻而易举地和捕虫网的螺旋丝黏在一起了。

我认为圆网蛛身上一定有脂肪物质使其不会被黏性螺旋丝黏住,这个看法对不对呢?这种物质在动物体内十分常见,所以没有理由否定,仅仅由于出汗也会在蜘蛛身上涂上这种物质。在摆弄用来黏金翅雀的竿子前,我们在手指上擦一点儿油,同样,蜘蛛身上涂有一种特殊的汗也是为了在网上的任何地方活动时不怕那些黏性丝。

先提出假设,进而通过实验和观察来得出结论。

然而,在黏性丝上呆太久也是有缺点的。跟这些丝接触久了,就会引起黏附而影响蜘蛛的行动,而蜘蛛必须一直保持敏捷以便在猎物还没有挣脱掉之前冲过去。因此,在它长时间等待的地方是没有黏性丝的。

圆网蛛只是在这个休息区里才一动不动地呆着,八只步足伸展开,时刻准备发现蛛网的晃动。它就餐也是在这儿,如果抓到的是一只大猎物,往往要吃很长时间。它将猎物捆绑好、咬了咬后,再把俘虏拖到一根丝的末端,以便在没有黏性丝的地方慢慢享用。圆网蛛准备了一个没有黏胶的中心区作为自己的捕猎哨所和餐厅。

关于这种黏胶,由于数量太少,不太可能研究其化学特性。从显微镜下我们可以看到,从断丝中流出一股略带颗粒状的透明液。下面的实验将告诉我们更多关于这种液体的情况。

用一块玻璃片穿过蛛网,我采集到了一些固定成平行线的黏性丝。我把玻璃片放在水中,用玻璃钟罩罩起来。在充满湿气的环境中,蛛丝边伸展开来,在一种可溶于水的套管中逐渐膨胀,变成了流体。这时丝管的螺旋形消失了,在蛛丝的管道里出现了一种半透明的球形念珠,也就是说出现了一些极细的小颗粒。

二十四小时后,这些丝里的汁没有了,丝变成了几乎看不见的细线。这时如果我在玻璃片上滴一滴水,便可以得到一种就像溶解的阿拉伯树胶似的黏性溶解物。结论是显而易见的:圆网蛛的黏胶是一种对湿度非常敏感的物质，在湿度饱和的环境下，它大量吸水，然后通过丝管渗出来。

这些资料向我们说明了蛛网工作的某些事实。圆网蛛在大清早天还没亮之前便开始织网。如果天气变得多雾，它们便会放下手中没有完成的任务。它们构建总的框架，架设辐射丝，甚至绕辅助螺旋丝，这些部件不会因为湿度过大而受影响。但是它们不会在雾天编织黏胶捕虫网，因为捕虫网被雾浸湿会溶解成黏性的碎片，由于受潮而失去效用。如果天气条件合适，已经开始编织的网会在第二天完成。

虽然捕虫丝对湿度高度敏感有些不方便，但它也有它的优点。圆网蛛在白天捕食，要经受阳光的暴晒和酷热，而这时正是蝗虫乐于出没的时候。在炎热的伏天，除非有专门的准备，否则黏性丝会变干，萎缩成僵硬的没有活力的细丝。然而事实却正相反。在一天中最炎热的时候，黏性丝也柔软、有弹性，而且粘附力更强。

怎么会这样呢？这是由于对大气湿度的高度敏感性。空气中的湿气不会消失，会慢慢渗入到黏性丝中。随着原先的黏度逐渐消失，它会稀释丝管里浓稠的胶汁到要求的浓度，并让胶汁渗到管外。在铺放带黏胶的捕虫网方面，哪个捕鸟者能够跟圆网蛛比试高低呢？为了捕捉一只尺蛾需要多么高超的技术啊！

照应文章开头，经过观察和研究，再次说明圆网蛛织网的精湛技术。

我想要有个拥有更好工具、视力比我强的解剖学家向我们解释这出色的拉丝厂的工作情况。丝质的东西怎么会铸造出极细的管子？管子怎么会充满着黏胶并且呈螺旋形？同一所拉丝厂怎么会提供出普通的丝，用来加工成框架、辐射丝和螺旋丝？这个奇怪的工厂——蜘蛛的肚子到底生产了多少产品啊！我看到了产品，却无法理解机器的运作。还是让我们把这个问题留给解剖学家和生物学家吧。

科学没有界限，不同领域的科学家相互合作，会有更大更深的发现。

圆网蛛的捕猎

圆网蛛在带黏胶的捕虫网上耐心地等待猎物。蜘蛛低着头，八条腿大大地张开，占据着网的中心位置，这是辐射丝传来信息的接收点。如果在任何地方，前面或者后面发生震动，这就是猎物被抓住的信号。圆网蛛不用去看就知道了，它立刻跑了过去。

在这之前，蜘蛛一动不动，仿佛全身心地投入在捕猎之中。当出现了什么可疑的东西时，它开始颤动它的网，这是它震慑闯入者的方法。如果我自己想惊动它，只需要用一根细麦秸挑逗它就行了。我们想要荡秋千时需要有个人帮忙摇晃一下。受到惊吓的蜘蛛要想吓别人，它的方法更妙。它不用别人推，而是自己通过编网机摆动起来。没有跳跃，没有明显的用力，蜘蛛自己也没怎么动，可整个网却颤动起来。大的震动是由于表面的不动。静止产生了摇动。

当平静下来时，它又恢复了原来的姿势，它坚持不懈地思考着生活这个严肃的问题："我吃吗？我不吃吗？"

> 仿用莎士比亚的经典台词，赋予圆网蛛以思考能力，语言诙谐，富有幽默感。

某些得天独厚的动物没有生活之忧，它有丰富的食物而不用为了食物而奔波。比如说蛆，它快快乐乐地在煮烂的蛇肉汤中游泳。别的一些动物，这简直很讽刺，往往是天赋最好的动物，却只能凭借技巧和耐心才能够吃上一顿晚餐。

哦，我的圆网蛛，你也是其中一员！为了晚餐，你每天晚上得耐心等待，可经常一无所获。我同情你的不幸，因为我跟你一样，为我每天的口粮操心。我也固执地编织我的网，编织捕捉思想的网，思想这东西比尺蛾更难以捕捉，而且没有尺蛾那么慷慨。我们不要失去信心。生命中最美好的东西不是存在于现在，更不是存在于过去，而是存在于未来，未来是未来的领域。让我们

> 采用第二人称叙述视角，以朋友的身份直接与圆网蛛对话，阐明自己"编织捕捉思想的网"与蜘蛛织网的相似，亲切有趣，体现了作者对昆虫的人性关照。

拭目以待。

整个白天一片灰暗，好像暴风雨就要来临。我的邻居对气象非常敏感，可它不怕暴风雨的威胁，仍然从柏树丛中出来，在惯常的时间里重新织网。它的天气预报很准确：夜晚将是个好天。那高压锅般的密云裂开了，月亮从云层的破洞里好奇地窥视。我也拿着灯笼凝神静观。一阵北风吹散了漫天乌云，天空变得晴朗起来，寂静笼罩着地面。尺蛾开始了夜间旅行。好极了！捉住一只尺蛾，而且是最漂亮的一只。圆网蛛有晚餐吃了。

接下来发生的一幕是在朦胧的灯光下，所以无法准确地观察。最好的观察对象应该是从不离开蛛网、主要在白天捕猎的圆网蛛。彩带蛛和丝蛛是荒石园里迷迭香的房客，在明亮的光线下向我们展示了这场悲剧不为人知的细节。

我亲自把我挑选的一只猎物放在黏性网上。它的六只步足都被黏住了。如果它抬起或缩回一个跗节，那恶毒的丝也会跟着过来，稍微拉长螺旋圈，既不会放松也不会扯断，受到猎物绝望的抖动的支配。就算猎物挣脱了一只脚，那只不过是使其他的脚黏得更紧，而且这只脚很快会被黏住的。它没有办法逃脱，除非用力蹬破这捕虫网，可再强壮的昆虫也不总能够做到。

圆网蛛得到了网震动的消息便匆忙赶来。它围着猎物转圈，远远地观察着猎物，以便在发起进攻之前了解要冒多大危险。让我们先假设这是一只差不多大的猎物：一只尺蛾、衣蛾或其他双翅目昆虫。面对俘虏，蜘蛛稍微收缩了一下肚子，用吐丝器的尖端碰碰这只小虫；然后用前跗节旋转这只俘虏。松鼠关在笼子用的活动圆缸中，动作也没有那么敏捷优美。一根黏性螺旋丝的横档是这个小机器的轴，这根轴快速转动，就像一根烤肉叉一样。看着它翻转是一场视觉盛宴。

它这样旋转的目的是什么？原来是这样的：吐丝器由于短暂的接触拉出了丝头，蜘蛛必须把丝从丝库里拉出，慢慢地缠绕在俘虏的身上，以便给它裹上一块裹尸布，不让它有任何力量抵抗。我们的拉丝厂里也正是使用这种方法：纺纱筒在发动机的带动下转动，它一边转动着把金属丝从狭小的钢板孔里拉出，一边把一端变得细小的丝卷到纱筒上去。

圆网蛛的工作也是这样。它的前跗节是发动机，被俘虏的昆虫是转筒，丝器的孔就是钢板孔。要精确而迅速地捆绑俘虏，没有比这更好的方法了，花费不多，效率又高。

以拉丝厂的工作为例，拿发动机、转筒、钢板孔来比拟圆网蛛的工作过程，形象可感。

第二个方法使用得比较少。蜘蛛迅速扑向猎物，猎物不动而蜘蛛自己绕着猎物转，从网的上面和下面穿过去，逐步把丝的锁链放好。黏性丝的弹性很强，可以使圆网蛛在网上反复穿来穿去而不会把网弄坏。

让我们假设捕到的是只危险的野味：例如一只修女螳螂，它挥动着致命的弯钩和双面锯的腿；一只愤怒的大黄蜂，伸出它凶残的螯针；一只强壮的鞘翅目昆虫，它披着角质的盔甲所向无敌。这些都是圆网蛛很少见过的、不同寻常的野味。如果我使用诡计把它们放到网上，圆网蛛会接受吗？

它们接受了，不过很谨慎。当它看出接近这种野味有危险时，便掉过头去、不面对它，用自己的纺丝器向它瞄准。它的后步足从纺丝器里发射出的不是孤零零的一根丝，而是整个炮台同时开炮，一齐发射出真正的带子，是一片轻纱。后腿把轻纱撒成扇形，抛到被黏住的猎物身上。圆网蛛注视着猎物的蹦跳，两腿把捆绳撒在猎物的前身、后身、腿上和翅膀上，让它全身都戴着镣铐。丝带像雪崩似的撒下来，再敏捷的昆虫也会被制服的。螳螂试图张开它那锯齿般的臂膀，大黄蜂挥舞着匕首，鞘翅目昆虫绷紧腿、拱起背，可一点儿用都没有。一阵丝雨撒下，猎物什么劲儿都使不出来了。

与巨兽搏斗的古代角斗士，左肩上搭着折叠的绳网出现在了竞技场上，野兽在跳跃。那人像渔民一样右手猛地撒开网，罩住野兽，用网眼缠住它，再用三叉戟戳死了被征服者。

圆网蛛也是采用同样的方法，凭借不断用丝缠绕的优势重新征服猎物。如果一根丝还不够，还会迅速抽出第二根丝，然后第三根，以至更多，直到把“仓库”里的丝用完为止。

通过实验来呈现圆网蛛捕捉猎物的过程。

当白色的裹尸布里不再有动静时，蜘蛛便走进那个被束缚的俘虏。它有比角斗士的戟更好的武器：毒牙。它不用费什么力，咬了蝗虫一下，然后离开，让蝗虫在毒素的作用下变得虚弱。

从远距离撒下的大量的丝带很快就用光了工厂的库存，采用滚筒的办法则会节约些；但是要采用节俭的方法就必须走进猎物，用步足转动滚筒。这样太冒险了，所以只能在没有危险的地方不断地撒着丝。看起来它似乎没丝了，而实际上还有很多。

不过圆网蛛似乎很担心这样过分的浪费。所以只要情况允许，它很乐意走近猎物转动滚筒。我曾见到它在柔软的胖胖的象虫身上突然改变手段。在撒了几把丝使猎物不再动弹以后，它走进猎物，把肥胖的猎物转动起来，就像转动小小的尺蛾似的。

但是修女螳螂腿长翅膀大，旋转就不再可行了。直到猎物被彻底征服，即使丝器里的丝会完全用光，也要一直撒丝。捕猎这样的昆虫的花费是非常大的。的确，除非我从中干涉，我从没见过圆网蛛跟这么强大的猎物搏斗。

不管猎物是弱小还是强大，都已经被捆绑起来。接下来便是致猎物于死地了。轻轻咬咬被捆绑起来的猎物，但并不留下任何明显的伤口。然后离开，让蜇伤发挥作用。这一切都发生在顷刻之间，蜘蛛很快就回来了。

如果猎物是衣蛾之类的小猎物，那么就在抓到它的现场把它吃掉。但是如果是个大块头的猎物，要吃好几个小时，甚至好几天，那蜘蛛就需要一个隐蔽的餐厅，在那里用餐不用担心被网黏住。为了去餐厅，蜘蛛先把猎物向第一次转动的反方向旋转，以摆脱旁边那些原先给旋转提供转轴的辐射丝。辐射丝是基本部件，必须保持完好无损，只有必要时才会牺牲几根横档。

离开辐射丝后，扭起来的绳索又恢复了原状。被捆绑着的猎物摆脱了黏性网，被蜘蛛用一根丝固定在身后。蜘蛛往前走，猎物跟随着，就这样拖着它穿过捕虫区来到休息区，把猎物挂在那儿。这既是监视站也是餐厅。如果圆网蛛怕光而且拥有电报线，它便一直通过这条电报线爬上隐蔽所，而猎物被拖在身后。

当它享受美味时，让我们想想它刚才轻轻螯咬被捆绑的猎物，究竟起什么作用。蜘蛛把俘虏杀死是不是为了避免在吃它的时候，猎物不合时宜地乱蹬发出抗议呢？好几个理由使我对此表示怀疑。首先，进攻很隐蔽，完全像是普通的接吻。另外，蜘蛛并不挑选部位，碰到哪儿就咬哪儿。那些高明的杀手手段非常精明，它们攻击颈部或是喉咙，伤害颈部神经中枢。施行麻醉的昆虫是熟练的解剖家，它们毒害运动神经节，它们知道这种神经节的数目和位置。圆网蛛完全没有惊人的学问，它把钩子随便插入什么地方，就像蜜蜂的螯针一样。它并不挑选这个部位而不要另一部位，只要能够咬到，咬哪儿无所谓。所以它的毒汁毒性非常强，无论攻击哪儿，猎物就很快像死尸般一动不动。我不敢相信昆虫这种抗毒性非常强的生物会由于轻咬而立刻死去。

再说，圆网蛛主要靠吸血而不是靠吃肉维生，它真的需要一具尸体吗？活的生物由于背部血管的脉动，血液的流动，比起血液已经凝固的死生物，它吮吸起来岂不是更方便？蜘蛛要想吸干汁液的猎物很可能没有死。这一点很容易得到证实。

做出推理，并在下文用实验证明。

我在好些蜘蛛网上放了各种蝗虫。蜘蛛跑来了，将猎物捆绑起来，轻轻咬了咬，便走到一旁等待螯破的伤口发生效果。我把蝗虫取出来，小心地去掉它的丝质裹尸布，发现蝗虫并没有死，根本没有死，甚至可以说它并没有受到伤害。我用放大镜观察这被解救的俘虏，可是仍是徒劳，我没有发现任何伤痕。

除了我看到的轻咬，它是不是没有受到伤害？我很想肯定这一点，因为它在我的手指间激烈地踢蹬着。尽管如此，当我把它放到地上时，它却行动困难，跳不起来。也许因为被捆在网上而极度不安导致的暂时性生理障碍吧。这看上去很快就会消失的。

我将蝗虫放在我的玻璃罩下，一叶莴苣可能会减轻它们的痛苦。但那些生理障碍并没有消失。一天过去了，到了第二天还是没有一只蝗虫去碰那些莴苣。它们的食欲消失了，动作也变得不灵活，就像被无法抑制的麻痹束缚着。第二天它们就死了，都彻底地死了。

圆网蛛的轻螫不会轻易杀死猎物的，它使猎物中毒，而逐渐软弱无力，在猎物彻底死亡、血液停止流动之前，自己有足够的时间去吮吸它的血液而没有任何危险。

如果猎物很大，这顿饭要持续二十四小时，直到吃完之前，俘虏都有一线生机，圆网蛛有足够的条件把汁液吸得一干二净。我们又看到了一种高超的屠杀手段，和那些麻醉大师和杀人高手所使用的方法很不相同。这儿没有任何解剖技巧。它并不了解俘虏的身体结构，只是随便刺一下，其他的就等待毒性发挥作用。

不过也有一些非常罕见的例外，咬螫很快就会致命。我的笔记本里记载着角形蛛和我家乡最大的蜻蜓搏斗的情形。我亲自把圆网蛛不常抓到的这种庞然大物黏到网上。网激烈地颤动着，看起来猎物要从绳缆上挣脱掉了。蜘蛛从绿叶丛中冲出来，大胆地奔向这个巨人。它向猎物射出一束丝后没有采取任何预防措施，就用步足勒住它，把它制服，然后把弯钩插入猎物的背上。咬的时间之长，令我惊讶。这不是我常见的那种轻轻地接吻，而是深深地螫进了伤口。一阵搏斗之后，蜘蛛走到一旁等待毒汁的效用。

> 作者通过一系列实验展示了圆网蛛的特点：不仅是天才的建筑师，还是捕猎高手。

我立刻将蜻蜓取下来，它死了，真的死了。我将它放在桌上让它休息二十四小时，它不再动弹了。我用放大镜也找不到伤口，可见蜘蛛的武器特别细。只要刺一会儿，就足以杀死这个庞然大物。相比较而言，响尾蛇、角蝰、洞蛇等恶名昭彰的杀手在它们的猎物身上远远达不到这么惊人的效果。

这些圆网蛛对于昆虫是那么可怕，可我却毫无畏惧地摆弄它们。我的皮肤不适合它们咬。如果我一定要它们咬我，我会怎么样呢？几乎什么事儿也没有。荨麻的一根毛对我来说比要蜻蜓命的匕首更加可怕。同样的毒汁在不同的机体身上会起不同的作用，它对于这种机体是可怕的，而对于另一种机体却很温和。会使昆虫致命的对于我们来说可能是无害的。让我们不要把这一点过分推广。狼蛛这另一种捕捉昆虫的狂热分子，如果我们想和它亲近就可能要付出昂贵的代价。

观看圆网蛛就餐很有趣。我曾偶然碰见过一次。那是在下午三点左右，一只彩带蛛刚刚抓了一只蝗虫。它高踞在网中央的休息区里，一口咬住了野味的腿关节，就我所能看到的情况来说，它一动不动，甚至连嘴都没有动一下，一直紧紧地盯着一开始螫咬的地方。双颚没有向前向后伸缩，没有吃一口就停一下，像是在连续地接吻。

我时不时地去看望圆网蛛。它的嘴一直没有改变位置。我最后一次去看它是在晚上九点钟，嘴还在老地方。整整六个小时，嘴一直在吮吸右腿的下半部。俘虏的汁液不知如何就到了这个大妖魔的肚子里去了。

第二天早上，圆网蛛还在吃，我把蝗虫拿走了。那蝗虫只剩下一张皮，样子几乎没有变，但是全身被吸干了，好几个地方都穿孔了。看来夜里圆网蛛改变了吃法。为了吸取不流动的残渣——内脏和肌肉，必须把僵硬的外皮戳破，这儿一个洞，那儿一个孔，扯掉外皮后，猎物被圆网蛛放到牙床上咀嚼，最后变成了一小团渣滓，被吃饱了的蜘蛛扔掉了。如果我不提前把蝗虫拿走，这是它的最终结局。

不管是把俘虏螫伤还是杀死，圆网蛛总是随便咬一个地方，不管是什么地方。这是个很好的方法，因为猎物的种类不同。我看到它不管碰到什么猎物，它都采取同样的方法。不管是蝴蝶还是蜻蜓，苍蝇还是黄蜂，小金龟子还是蝗虫。如果我让它吃螳螂、熊蜂、像普通鳃鱼金龟那么大小的阿诺西虫，以及它的种族可能从没吃过的猎物，它全部都接受。不管是大的还是小的，柔软的还是带硬壳的，步行虫还是会飞的。它是杂食动物，什么都吃，如果有机会的话甚至连同类都吃。

如果它需要根据猎物的组织结构来动手术，它就需要解剖的百科全书知识，本能从本质上来说是无法适应普遍情况的，它的知识总是限定于狭窄的领域。节腹泥蜂非常了解象鼻虫和吉丁虫，飞蝗泥蜂非常了解距螽、蟋蟀和蝗虫，土蜂非常了解金匠花金龟和蛀犀金龟的毛虫。其他的昆虫麻醉师也是如此。每个昆虫都有它自己的猎物，对于其他猎物一无所知。

各种杀手都有专门的爱好。这个问题我们回忆一下捕食蜜蜂的泥蜂，尤其是蟹蛛，这种吃蜜蜂的漂亮蜘蛛。它们知道致命的一击有的是颈部，有的是在脖子下面，这些是圆网蛛所不了解的；但正由于这种才能，它们才是专家，它们的领域限于家蜂。

动物有点儿和我们一样，它们只在专于一行的条件下才会精通某种技艺。圆网蛛是杂食动物，不得不博闻广识，抛弃学术方法，而为了补偿这一点，它蒸馏出一种不管咬到什么部位都可以麻醉甚至杀死对方的毒汁。

在知道猎物种类的不同后，我们想弄明白面对这么多不同的形状，圆网蛛是如何毫不犹豫地分辨出来的。比如，它如何分辨出形状如此不同的蝗虫和蝴蝶。说它具有非常广泛的动物学知识，这完全超出了它那可怜的智慧所能达到的范围。这家伙会动，所以要把它逮住，这似乎就是蜘蛛的智慧。

圆网蛛的电报线

通过观察，作者发现大部分圆网蛛的生活习性——喜欢在夜间活动。

在我所观察的六种圆网蛛中，只有两种——彩带蛛和丝蛛，即使在炎热的阳光照射下，也一直呆在它们的网上。而其他的一般只在夜间露面。它们在离网不远的灌木丛中有一个简单的隐蔽所，一个由几片挂着蛛网的叶子构成的埋伏地。它们白天通常都一动不动，陷入沉思。

但是使圆网蛛感到苦恼的强烈光线却给田野带来了欢乐。此时蝗虫比任何时候都跳得更欢，蜻蜓比任何时候都飞得更快乐。另外，带黏胶的捕虫网虽然在夜间被撕破了些，但仍可以使用。要是哪个莽撞者被黏住了，隐蔽在远处的蜘蛛能够知道这意外的收获吗？别担心，它会很快赶来的。它是怎么知道消息的呢？让我们来解释一下。

网的震动会比亲眼看到猎物更使它警觉，一个简单的实验就可以证明。我在彩带蛛的黏性网上放了一只刚因硫化碳中毒而窒息的蝗虫。尸体一动不动地放在网中央的蜘蛛的附近。如果实验对象是白天躲在叶子里的蜘蛛，死蝗虫放在网中央或远或近处，怎么放都可以。

不管怎么放，一开始都毫无动静。即使蝗虫就放在它面前不远处，圆网蛛还是一动不动。它对猎物无动于衷，似乎没有察觉。终于我不耐烦了，便用一根长麦秸拨动一下死蝗虫。

这就足够了。彩带蛛和丝蛛立刻从中心区跑来，别的蜘蛛也从树枝上跑下来了，全部奔向蝗虫，用丝把它捆起来，就像对待正常情况下捕捉到的活猎物那样。是网的震动使蜘蛛决定发动进攻。

可能由于蝗虫灰灰的颜色不够显而易见，不能引起蜘蛛的注意吧。那让我们试试对我们的视网膜以及可能对蜘蛛的视网膜来说最鲜艳的红色吧。由于蜘蛛的野味中没有穿着红色外衣的，我便用红毛线做了个小包裹，一个蝗虫大小的诱饵黏在网上。

我的诡计成功了。只要包裹不动，蜘蛛就不会察觉，但是只要我用麦秸拨动包裹，它就匆忙地赶过来了。

有一些愚蠢的蜘蛛用脚尖碰这玩意儿，像对待以往的猎物一样用丝把包裹捆了起来，甚至按照事先让猎物中毒的惯例咬了咬诱饵。到了这个时候它才发现误会了，于是走开了，直到我将这沉重的东西扔掉很久以后它们才回来。

也有一些蜘蛛很狡猾。它们和别的蜘蛛一样跑向红毛线，我用麦秸暗中挑动，它们用触须和步足探了探，立刻发现这玩意儿没有价值，便不浪费它们的丝去做无用的捆绑了。我那颤动的诱饵根本骗不了它们。经过短暂的检查便被扔掉了。

通过实验观察提出问题：圆网蛛靠什么发现猎物？之后通过推理，排除了视觉。

可是不管聪明的还是愚蠢的，所有的蜘蛛毕竟都从远处，从茂密的埋伏地跑来了。它们是怎么知道的？肯定不是靠视觉。在发现错误之前，它们必须用脚抓住这东西，甚至还要咬一咬。它们是极端近视的。这个没有生命的东西不会使网颤动，即使在一巴掌这么近的距离，蜘蛛也察觉不到。另外，在很多情况下，捕猎是在漆黑的夜里进行的，即使视力再好也没有用。

如果眼睛即使在很近的地方也不是好向导，那当需要从远处观察猎物时怎么办？在这种情况下，一个远距离传递信息的工具是必不可少的。我们要找到这种仪器并不难。

我们在随便一只白天躲在隐蔽处的圆网蛛编织的网后注意观察，我们会看到有一根丝从网的中心拉出来，以斜线往上拉到网的平面之外，直到蜘蛛白天呆的埋伏地。除了中心点外，这根丝和网的其他部分没有任何关系，和框架的线也没有任何交叉。这条线毫无阻碍地从网中心直通到埋伏地。线的平均长度约五十五厘米。角形蛛栖息在树上，它的线长有两米多。

无疑这根斜丝是一座丝桥，使蜘蛛遇到紧急情况时能够急忙来到网上，而巡查结束时能够返回隐蔽所。这事实上也就是我看到它来回走着的路。但是仅此而已吗？不，因为如果圆网蛛只是为了在隐蔽所和网之间有一条快速的通道，将丝桥搭在网的上部边缘就行了，这样路程还会更短，斜坡也没有那么陡。

一根通往网中心的丝线引起了作者的兴趣。

另外，为什么这根线总是以黏性网的中心为起点，而不在别处呢？因为这个中心点是辐射丝的汇聚处，是一切震动的中心点。一切在网上动的东西把它的震动传到这里。所以只需要一根从中心点拉出来的线就可以把猎物在网上任何地点挣扎的信息传送到远处。这根延伸到网的平面之外的斜丝不仅仅是一座丝桥，它首先是个信号器，是根电报线。

让我们来做实验吧。我放了一只蝗虫在网上。被黏住的昆虫拼命挣扎。蜘蛛立刻从隐蔽处跑出来，从丝桥下来，奔向蝗虫，按照惯例将它捆绑起来对它进行手术。过了一会儿，它用一根丝将蝗虫固定在丝器上，把它拖到自己的隐蔽处，慢慢地品尝美味。到目前为止，没有任何新鲜事儿发生，事情的经过一如从前。

我让蜘蛛忙自己的事儿去，过几天再来插手。我打算再给它一只蝗虫，但这次我没有碰到任何东西，用剪刀将信号线剪断了。猎物被放到了网上。实验完全成功：蝗虫挣扎着，震动着网，可蜘蛛在一旁一动不动，似乎对这些事情无动于衷。

人们也可能认为圆网蛛一动不动地呆在住所是因为丝桥断了没有办法跑过来。快醒悟过来吧：它有百十条路可以走到它想要到的地方。网由许多丝系在枝丫上，每条路走起来都很方便。而圆网蛛哪条路都不走，一直一动不动、聚精会神地呆着。

为什么？因为它的电报线坏了，没有向它传递网震动的信息。猎物离它太远了，它看不见被黏住的猎物，它毫无知觉。整整一小时过去了，蝗虫一直蹬着腿，蜘蛛一直无动于衷，而我一直在旁边观察着。最后圆网蛛终于警觉地发现：它脚下的信号线被我的剪刀剪断了，它感觉这线不再绷得紧紧的，便过来观察情况。它随便踏着框架上的一根丝毫不困难地进入网中。它发现了蝗虫，立即把它捆绑起来。然后重新去架设信号线，取代我刚才剪断的那根。通过这条路，蜘蛛拖着它的猎物回家了。

法布尔循循善诱、层层推理，并通过进一步实验得出电报线的作用。

我的邻居，巨大的角形蛛，它的电报线有两米多长，更好地为我保留了要观察的情况。早晨，我发现它的网上什么也没有，差不多完好无损，这证明夜晚捕猎的情况不好。它一定很饿了。我用一只猎物作诱饵，希望能让它从高高的遮蔽处下来。

我在网上放了一只极其优质的猎物——蜻蜓。蜻蜓绝望地挣扎着，整个网都在震动。躲在高处的蜘蛛离开藏在柏树叶中的隐蔽所，沿着它的电报线迅速大步地来到蜻蜓那儿，将蜻蜓捆绑起来然后立刻沿着原路爬上去，线端的俘虏在它脚后跟晃动着。最后它在茂密的隐蔽所安安静静地吃着猎物。

为了论证一个想法，作者进行了多次实验，体现了其严谨和坚持。

几天之后，在同样的条件下我重新实验，但这次我先把信号线剪断了。我选了一只巨大的蜻蜓，猎物拼命动弹，可是徒劳。我的耐心等待也是徒劳，蜘蛛一整天都没有下来。它的电报线断了，它不知道树下两米多远处发生了什么。被黏住的猎物一直在原处，它不是无视猎物的存在，而是不知道猎物的存在。夜深人静时，圆网蛛离开它的住所，来到成为废墟的网上，发现了蜻蜓，于是就在那儿吃掉了蜻蜓，然后把网修葺一新。

年龄可以带来经验和智慧，在蜘蛛这里同样适用。

圆网蛛白天住在远离蛛网的隐蔽所，不能没有一个专门的线一直与蛛网保持联系。实际上所有的蜘蛛都有这根电报线，不过只是到了喜欢休息和长时间打瞌睡的年龄才有。年幼的圆网蛛非常警觉，也不会电报线的技术。而且它们的网存在的时间很短，到了第二天几乎什么都没有了，所以没有类似的装置。因为在一个破烂不堪、几乎什么都逮不到的网里是没有必要安装信号线的。只有年老的蜘蛛在绿荫下沉思或打盹儿时，才需要一根电报线了解网上发生的事情。

为了免得要一直打起精神进行警戒而过分辛苦，为了安闲自得地休息，甚至背朝着网也能了解发生的事情，埋伏者的脚一直踩在电报线上。关于类似的问题，下面观察到的情况将会使我们更加明白。

一只肚子非常肥大的角形蛛，在两棵月桂树中间织了一个将近一米宽的网。阳光照在这个陷阱上，在黎明之前蜘蛛就离开了，躲在它白天的庄园里。沿着那根电报线就能很容易找到它的庄园，这是一个用几股丝连起来的枯叶做成的拱形隐蔽场所。这个隐蔽所很深，蜘蛛整个身子都看不见了，除了圆圆的屁股将隐蔽所的大门挡得严严实实的。

蜘蛛前身这样埋在住所的深处是肯定看不到它的网的。即使它不是近视而是视力良好，它的眼睛也绝对无法看到猎物。在这样日照非常强烈的时刻它会放弃捕猎吗？完全不是的。让我们再看看吧。

妙极了！它将一只后步足伸到茂密的住所外，而信号线就连在脚尖上。谁要是没看到过蜘蛛手牵电报线的姿势，就不会知道这种昆虫最奇妙的技巧。一只猎物来了，打盹儿的蜘蛛立刻通过步足收到的震动的信息跑来了。它被我亲自放在网上的一只蝗虫愉快地惊醒了，并且匆匆赶来。它对它的猎获物满意，我也因刚才了解到的情况比它更满意。

再说几句。蜘蛛网经常被风吹得直摇晃。网架的许多部分被空气的涡流震得拉过来拉过去，它们一定会把这些晃动传送给信号线的。可是蜘蛛并没有从住所出来，它对于蛛网的震动漠不关心。看来它的电报线比门铃绳更好：这跟我们的电报机一样，能够传输极小的颤动。蜘蛛用一个脚趾紧紧抓住它的电报线，用脚聆听；它感觉得出最秘密的颤动，它分辨得出来自俘虏的颤动和由于风吹的小小颤动。

思维导图

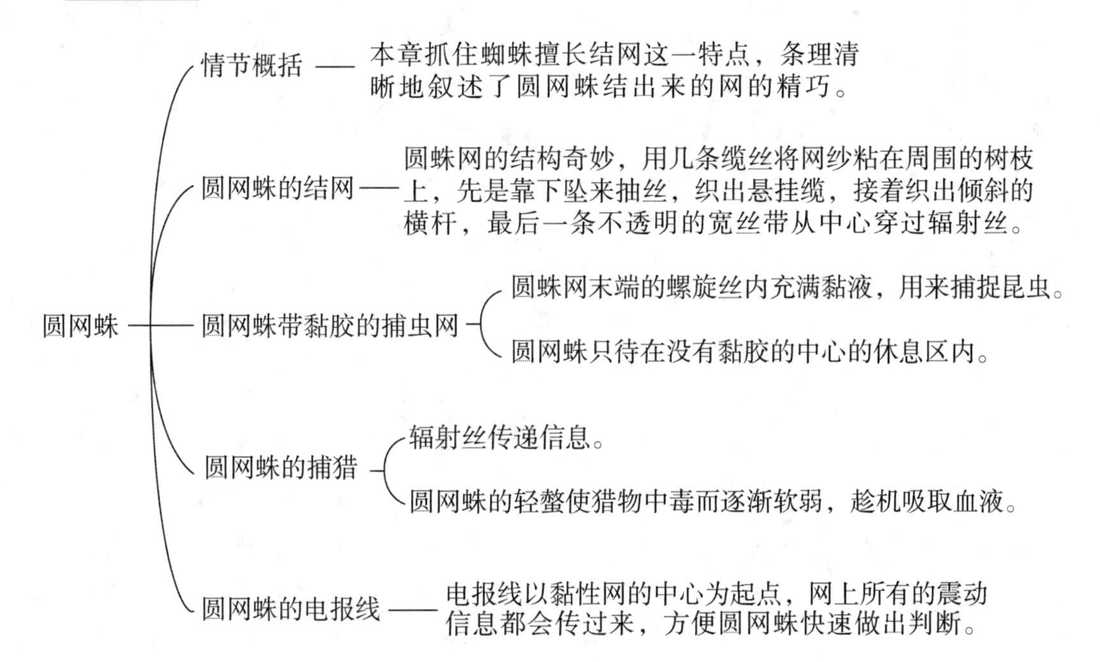

下部

童年的回忆

第一章　卵蜂

开篇叙述自己与卵蜂的渊源，表明了自己对这个“身着葬服”的昆虫兴趣之深。

我认识卵蜂是在1855年，在卡庞查，那时芫菁的故事正使我去探寻被条蜂所喜爱的高坡。卵蜂的蛹很奇妙，它们足够强壮，可以轻而易举地为成虫打开一道出口。这些蛹的前面用复杂的犁铧武装，后面有三齿叉，背上有几排鱼叉可以切开壁蜂的虫茧、穿透山坡坚硬的地表，这表示着这是一块值得开发的地。当时我讲得比较少，现在有迫切的需要用一章来详细说明这个奇怪的双翅目昆虫了。生活上的迫切需要使我不得不中断了我最爱的研究。三十年过去了，我终于有了点儿空闲时间，于是在这儿——我家乡的荒石园，带着未老的热情，重新开始我原先的计划，就像炭下面复燃的死灰。卵蜂已经告诉了我它的秘密，现在轮到我将之公诸于众。我想告诉在这条路上鼓励过我的所有人，包括朗德那些最崇敬的师长们。但是他们很多已经驾鹤西去，他们掩沓的弟子只能在怀念他们的同时，来记录下这个身着葬服的昆虫的故事。

七月里，我猛烈敲击着卵石两侧，将高墙石蜂从它们的支撑处取了出来。由于震动，圆屋顶整个儿地分开了，而且，蜂房敞开，呈现在眼前的是光秃秃的巢的底部，因为这里的隔板就是卵石表面。由于不能破坏，这对于操作者来说很棘手，对于住户来说也很危险。所有的蜂房尽收眼底，蜂房里有一个个丝质的、琥珀色的茧，纤弱而半透明，就像一层洋葱皮。让我们用剪刀剪开这精致的外壳，一个蜂房接着一个蜂房，一个蜂巢接着一

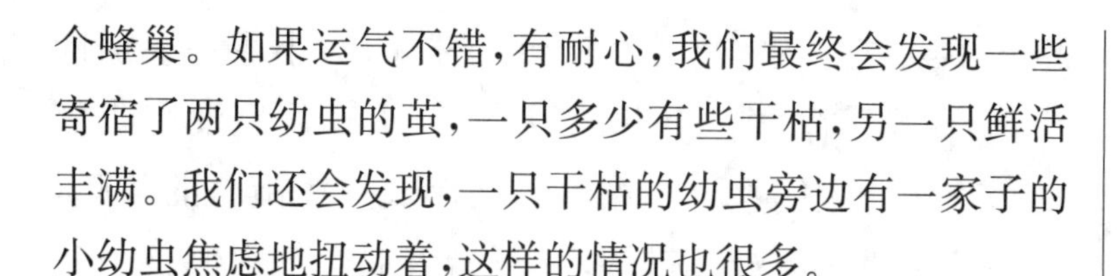

个蜂巢。如果运气不错，有耐心，我们最终会发现一些寄宿了两只幼虫的茧，一只多少有些干枯，另一只鲜活丰满。我们还会发现，一只干枯的幼虫旁边有一家子的小幼虫焦虑地扭动着，这样的情况也很多。

自从第一次开始观察，我就发现了虫茧壳下的这幕悲剧。松软干枯的幼虫是石蜂的。一个月之前——六月份，没有了蜜饼，它便开始织起它的丝布，为变态之前的长睡期提供卧室。它胖鼓鼓的，对于攻击它的人来说，它就是个没有攻击性的肉球。尽管砂浆围墙和没有开口的帐篷形成了不可逾越的障碍，但还是引来了一些食肉幼虫来到这个隐蔽的住所，它们来饱食沉睡者。这些食肉者加入到了屠杀大军，经常分布在同一个巢里，蜂房相互紧靠。不同的形态告诉了我们敌人有很多种，但最终将会告诉我们三种入侵者的姓名和特性。

我将先陈述事实，再迅速转向结论。当残忍的幼虫单独在石蜂身旁时，它要么是三面卵蜂，要么是褶翅小蜂。但是如果是许多小虫，二十只甚至更多围在牺牲者身旁时，我们看到的就是褶翅小蜂。每个入侵者都有属于自己的传记，让我们从卵蜂开始吧。

陈述研究方法。对昆虫的观察是作者的主要研究方法。

首先，卵蜂的幼虫吃完了牺牲者后，便独占了石蜂的茧。这是一个光秃秃的虫子，光滑，无足，无目，呈灰白色，奶油状，每个体节浑圆，休息时弯曲得很厉害，但动起来几乎是笔直。用放大镜透过半透明的表皮能看到脂肪层，因为它的颜色很独特。在它更小、只有几毫米长时，有两种斑点，一种是白色不透明的奶油状斑点，还有一种是半透明的琥珀色斑点。前者是形成过程中有的脂肪块，后者是石蜂幼虫的流质或血在它身上形成的斑块。

包括头部在内，它共有十三个体节。中间的体节被一条细小的沟分得很清楚，而前部很难数清。它的头很小，像身体的其他部位一样柔软，即使用放大镜认真看也看不到口腔。它是一个白色的球体，大小像一根别针头，后面是稍微宽一点儿的赘肉，与头部几乎没有明显的分离沟。它们整个儿在上表面形成一个微微的凸起，因为这两段实在难以辨认，一开始人们会把它们整个儿认为是昆虫的头，尽管它包含了头和前胸，或第一体节和前胸。

中胸，或胸的中间体节的直径要长出两三倍，它前部平坦，一道深而窄且弯曲的裂痕将它与胸和头部之间的凸起分开。在它的前面有两个浅红色的气门，彼此贴得很近。后胸，或胸的最后的体节的直径略微长一点，凸起略微大一点。这些不连贯的凸起之后又出现了一个明显的突出部分，坡度很大。包括头在内的那个凸起，就嵌在这个突出部分的底部。

后胸以下，是个有规则的圆柱体，但是最后两到三节周长略微减小。在最后两节的分割线附近，我费力地辨认出两个非常小的气门，颜色呈浅褐色。它们属于最后一个体节。它们总共有四个气门，两个在前两个在后，双翅目昆虫都是如此。完全发育的幼虫长约十五至二十毫米，宽约五至六毫米。

将卵蜂幼虫拟人化，体现了作者对昆虫的观察视角。

卵蜂幼虫首先引人注目的是胸部的凸起和头部的窄小，它的进食方式也与众不同。我们发现，它没有任何行走部位，甚至连最原始的都没有，它应该是完全不能移动的。如果我打扰了它休息，它便会通过抽搐轮流弯曲伸直，它在原地翻来覆去地折腾，但却无法前进。它烦躁不安地扭来扭去却走不动。我们以后会看到这种毫无生气会导致什么大问题。

目前，一个出乎意料的事情引起了我们的注意。那就是卵蜂的幼虫离开并且回来吃石蜂幼虫的速度尤其迅速。我观察了上百次食肉幼虫进食，现在突然发现一种进食方式与我之前所见到的进食方式毫无关联。我感到自己处在一个以往经验已经迷失的世界里。让我们回想一只以猎物为生的幼虫的进食方式，例如泥蜂的幼虫是如何吃光毛虫的。在牺牲者的体侧开一个洞，虫子的头部和颈部深深扎入伤口，以便在内脏中搜寻。它从来不会从正在撕咬的肚子中撤离，也不会中断进食稍作休息。活跃的虫子始终向前、咀嚼、吞咽、消化，直到毛虫的皮肤变得干枯。一旦开始进食，只要还有食物它就不会挪动。为了引诱它将头从伤口处拿出来，用稻草挠它都没有用，我不得不使用暴力。被强行拔出来抛弃在一边后，虫子犹豫了很长时间，伸长身体和嘴，但不试图通过新的伤口打开另一条通道。它要找到刚才放弃的那个进攻点。如果它找到那个进攻点，它便钻进去重新进食；但这会危及它的将来，因为现在进食猎物已经变得不合时宜，猎物已经开始腐烂。

卵蜂的幼虫不会剖腹取食，不会坚持一个入口不放。我用刷子的尖头轻轻挠它，它立刻就出来了；但放大镜在刚才放弃的那个进攻点上找不到任何伤口、任何血迹，而如果皮肤被穿透这些自然就会发生。重新感到安全后，虫子立刻再一次埋头于要吃的猎物，无论是哪一点即可。只要我的好奇心不阻止它，它就一直如此，毫不费力，也没有任何可以察觉的动作。如果我再一次用刷子的尖头轻触它，它还是一样撤离，然后很快又钻进去。

这样进食、撤离、再进食，如此方便，一会儿这儿，一会儿那儿，在牺牲者被耗干的那一点上始终找不到痕迹，这告诉我们，卵蜂的嘴上没有上颚钩来伸入皮肤并撕裂它。如果有这样的钳子划伤皮肉，就需要一两下才能将它拽出来或重新植入，而且每个被咬的点上都会留下伤痕。但是并没有这样的情况：用放大镜认真观察，看到皮肤都是完好无损的。幼虫将嘴贴在猎物身上或抽出来时都很轻松，这只能解释为是一个简单的接触。卵蜂不像其他食肉幼虫一样咀嚼食物，它不是在吃，它是在吮吸。

这种进食方式要求有一种独特的口腔器官，在继续讨论之前我们理应弄清楚。在头部中部，我用高倍放大镜发现了一个琥珀般的赤褐色小点，仅此而已。为了进行更彻底的检查，我们采用了显微镜。我用剪刀剪下一块奇怪的头端，用水滴清洗后放在载玻片上。嘴呈现出一个小圆点，其颜色和大小就像之前所述的气门。这是一个小小的锥形口，有一层浅红褐色的壁，上面有同心细纹。在漏斗底端是一根食管，前端是红色，后面迅速扩大成圆锥体。没有上颚钩、下巴、用来撕咬的口腔的痕迹。这一切缩成一个碗状开口，有一层纤弱的角质外壳被磨成了琥珀色以及一些同心条纹。我想用一些术语来表示这个我从未见过的这个消化口，我只能找到吸盘这个词。它的攻击就像是一个吻，但这是多么残忍的一个吻啊！

我们知道了机器，现在让我们来看看工作的情况。为了便于观察，我把刚出生的卵蜂幼虫和石蜂幼虫从出生的蜂房搬到了玻璃管中，这样我就能够用许多的试管从头到尾地直接观察细节，观察这个我将要描述的进食方式。

被吃的虫子肥得冒油，幼虫将吸盘吸到它身上的任何部位，它时刻准备着当有外物干扰时立刻中断接吻，当一切恢复平静时再轻而易举地重新进食。羊羔吃上奶便离不开了。起初，乳娘很丰满，并拥有健康光泽的表皮，乳儿和乳娘这样接触三四天后，乳娘开始变得干枯，身体开始塌陷，皮肤起皱，失去了光泽，把肉和血当做奶使它的身体明显皱缩了。一个星期刚过，它以惊人的速度衰竭。它变得干枯皱缩，就像一个软绵绵的物体无法承担自己的重量。如果我移动它的位置，它会像一个半满的水袋一样摊开。但是如果卵蜂继续吻它耗干它，吸盘继续吸取它最后的油脂，它很快会变成一张不断变小的皱缩的肉皮。大约十二至十五天后，石蜂幼虫变成了一个白色小颗粒，和大头针头差不多大。

这个小颗粒耗干了最后一滴油，耗干了乳娘的全部。我将残留物放在水中，然后用一根极其细长的玻璃管给它吹气，使它沉下去。皮肤膨胀开来，恢复了幼虫的形状，但是并没有任何出气口。它变得完好无损，不会被钻孔，但如果气体一跑，它立刻在水下显露原形。所以，在卵蜂的吸盘下，油是通过膜渗进去的，乳娘体内的物质是通过内渗进入乳儿体内的。将嘴放在没有乳头的乳房上吸奶，我们能说什么呢？无需任何出口，石蜂幼虫的奶进入了卵蜂幼虫的胃里。

这真的是一种内渗吗？难道不会因为大气压力使乳娘的流质渗入卵蜂杯状的嘴里，就像乌贼一样？这一切都有可能，但是我克制自己不要下结论，我要让不熟悉这种进食方式的人发言。我认为，它提供给生理学家一个新的研究领域，活体液体流质动力学可以由此获得新的视角；这个领域还可以使其他相关领域获得丰富的收获。在我短暂的时间里我只能提

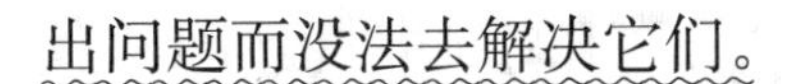
出问题而没法去解决它们。

体现了作者的谦逊和实事求是。

第二个问题是：作为卵蜂食物的石蜂幼虫没有任何伤口。卵蜂母亲是一种很纤弱的双翅目昆虫，它没有任何能够伤害猎物的武器。而且，它无能地完全不能进入石蜂的堡垒，就像一片绒毛面对一块岩石一样无能为力。有一点是毋庸置疑的：卵蜂未来的乳娘不像膜翅目昆虫的食物那样需要用螯针麻痹，它没有被咬，没有被抓，也没有任何扭伤，它没有经历异乎寻常的事。总之它处于正常状态。乳儿到了，我们马上会看到它是怎么到的；它到了，但在放大镜下几乎看不清；当它做完准备工作之后它便开始安家。这个小家伙来到乳娘身上，将把乳娘吃得只剩一张皮。而且乳娘没有被事先麻醉，身体处于正常状态，任由乳儿将自己吸干，无动于衷。它那被吞食的皮肉没有一丝颤抖，连反抗的颤抖都没有。只有尸体才会如此一动不动。

啊，小虫子极其狡猾地选择了攻击的时间。如果它早点儿来，当石蜂幼虫在吃蜜时，情况肯定对它不利。当被攻击者感到自己被饿鬼接吻而流血时，它就会扭动身体、撕磨上颚来反抗。如果地方不牢靠，侵入者就死了。但是现在所有危险都消失了。石蜂幼虫在它的丝质帐篷里，在变态之前都会昏睡不醒。它并没有死去，但也算不上活着。这是一种中间状态，就像谷物和卵一样有潜在的生命力。所以任何螯针的刺激、卵蜂的吸盘都能够安全地吸干乳娘的乳房。

变形的麻木使其缺乏抵抗，这在我看来是不可避免的。离开卵的乳娘非常虚弱，母亲自身无法使牺牲者自卫。没有被麻醉的幼虫是在蛹的状态下遭到攻击。我们很快会看到其他的例子。

尽管石蜂幼虫一动不动，但它仍然是活的。淡黄色的体色和有光泽的皮肤是健康的标志。如果它真的死了，在二十四小时之内它就会变成褐色，而且会迅速分解成流质。但是现在有个不可思议的事：卵蜂幼虫进食的这两周，它奶油色的体色并没有变化，这是生命存在的征兆；直到几乎什么都不剩下的时候，它才会变成褐色，这是腐烂的标志，而且褐色不会一直存在。一般情况下，鲜活皮肉的样子会一直保存到只剩下最后一块皮。这个皮是白色的，没有任何污点，这证明生命一直延续直到身体削减为零。

我们看到一个动物内渗到另一个动物体内，从石蜂转移到卵蜂。只要转移不完全，只要牺牲者没有完全消失转移为进食者，毁灭的有机体都同毁灭做着斗争。这种生命是什么？就像是直到最后一滴油消耗掉烛火才会熄灭一样。只剩下一点儿物质作为生命的机能，动物如何能与最后的腐物做斗争？生命的力量在这里不是由于平衡的紊乱而消失，而是由于一切机制都不存在了：幼虫死去是因为它在物质上已经一无所有了。

它是像植物那样分散成小块的生命吗？绝对不是如此。幼虫是一种更加微妙的有机体，不同部分之间相互连结，一部分的死亡会危及其他部分的毁灭。如果我给幼虫划一道伤口，或者使它扭伤，它的整个身体会迅速变成褐色并开始腐烂。只是因为一根针刺，它死去并腐烂。只要它没有完全被卵蜂的吸盘吸干，它就能继续或者，至少保持组织的鲜活。一个小家伙轻而易举将它杀死了，而一种残忍的方法却不能。不，我不能理解这个问题，而我只能将这个问题留给后人了。

这是我所能看到的一切，我的推测也仅限于此，甚至我要非常谨慎地提出我的质疑。沉睡的幼虫并不一定是完全处于静态，就像为建造房子而收集的原材料一样，它是在等待变成蜜蜂的过程。为了加工这些构成未来昆虫的不成形的砾石，空气——这个生命体最初的调节者，通过一个气管网在其中流通。为了使气管有机化，为了指导它们的排位，动物的神经器官向它们提供分支。神经和气管是最基本的，其余都是变形过程中储备的材料。只要这些材料没有被使用，只要它没有获得

通过比喻来说理，形象生动，让人更易理解。

最终的平衡，其他材料会越来越少；尽管生命日趋衰弱，但只要呼气器官和神经系统还在，就仍会继续下去。这就像灯一样，只要灯芯浸在油里，不管油是满还是枯就都能继续发亮。卵蜂的吸盘通过没有被穿透的皮肤流出液体，这些是储备的可塑材料；而从呼气器官和神经器官没有流出任何东西。只要这两个基本功能未受损伤，生命就能继续直到完全耗尽。相反，如果我自己损伤幼虫，就会妨碍到神经网或呼吸网，受伤的地方就会开始腐烂，直至腐烂全身。

说起吃金匠花金龟幼虫的土蜂，我已经在别处讲述了它进食的优雅艺术，它吃猎物直到最后一口才将猎物杀死。卵蜂也和它的竞争者一样，靠新鲜的食物为食。它需要吃新鲜的肉，它连续两个星期从同一个关节处吸取不会变质的肉。它的进食方式达到了艺术的最高水准：它不切割它的猎物，它通过吸盘一点儿一点儿地吮吸。用这样的方法可以排除任何危险。无论它吮吸哪一点，哪怕它放弃了这一点然后再重新进食，不必担心食物腐烂。其他蜂类会在牺牲者身上留下一个上颚可以咬伤并深入进去的确定的位置。如果没有这一点，它们就会迷失方向、陷入困境。而卵蜂只要挑选它喜欢的地方即可，想离开就离开，想再进食就重新再进食。

与其他蜂类做比较，突出卵蜂进食的特别。

除非是我弄错了，我想我已经看到了这种特权的必要性。食肉挖掘者的卵被牢固地固定在牺牲者身上的某一点，根据猎物性质的不同，这一点也确实不同，但对于同一种猎物来说，这一点是固定的。而且还有个非常重要的条件——卵的附着点总是在头上。而蜜蜂的卵则相反，例如，壁蜂的卵时常固定在蜜饼的末端。新出生的幼虫不需要自己选择，不必冒风险去选择那个不会导致猎物迅速死亡的点，它只需要咬住它刚出生的那个地方就好了。母亲凭借着可靠的本能已经做出了危险的选择，它将自己的卵附着在那个有利的点上，通过这样的行为来告诉那些没有经验的幼虫该如何做。老练的成虫指导着幼虫进食的行为举止。

而对于卵蜂来说，情况则完全不一样。卵没有附着在粮食上，甚至也没有产在石蜂的蜂房里。这是因为母亲很虚弱，没有任何探查或钻孔的工具来穿过砂浆围墙，需要刚出生的幼虫自己进入住所。幼虫进入了，发现在它面前有丰富的粮食——石蜂幼虫。它行动自由，可以攻击猎物的任何一点，它的攻击点可以凭探寻食物的嘴任意接触决定。假设它嘴里有切碎工具，上颚和下颚；假设双翅目昆虫的幼虫拥有和其他食肉幼虫一样的进食方式，乳儿会有立刻死亡的威胁。它划开乳娘的腹部，没有任何规则地挖掘，任意乱咬。总有一天它会使牺牲者腐烂，就像我在它身上划出的伤口一样。由于卵蜂幼虫生下来就没有攻击点，它会死于变质的食物，它的自由行动会杀了它。

当然，自由是一种尊贵的品质，对于一只微不足道的小虫子来说亦是如此。卵蜂只有在沉默的状态下才能逃脱危险。它的嘴不是一把可以撕扯的残忍的钳子，而是一个可以吸光食物但不损伤食物的吸盘。通过这个安全用具它获得了安全，将撕咬变成了亲吻，幼虫拥有了直到它长大都一直新鲜的食物，尽管它不知道在一个固定的点、在一个事先确定的方向有条不紊地进食的规律。

我的思考看上去很有逻辑性：由于卵蜂可以自由地在它想在的地方寻找进食点，但为了保护它自己，它不能够打开牺牲者的身体。我完全相信这种进食者和被食者之间的和谐关系，以至于我毫不犹豫地把它立为原则。因此我要说：任何的虫卵没有固定在作为食物的幼虫身上时，可以自由选择并改变攻击点，就像是戴了嘴套，采用吮吸的方式进食，而不会留下任何明显的痕迹。这样是为了保持食物状态良好。我的原则有很多例子作为支撑，包括卵蜂，褶翅小蜂和它的同类都是证明，我们将很快听到它们的证词；中介者长尾姬蜂以干树莓丛中的黑色三室短柄泥蜂幼虫为食；像苍蝇一样的鞘翅目异类椿象以金龟子的幼虫为食。所有的虫子——双翅目、膜翅目、鞘翅目昆虫都对它们的乳娘小心翼翼，以防撕裂食物的皮肤，以保证水袋到最后都有不腐烂的汁液。

食物的卫生并不是唯一必须的条件，我发现另一个条件也很必要。乳娘体内的物质必须在吸盘的作用下才能成为液体内渗到未破损的皮肤内，这种流质只有在即将变态时才能实现。他们想要美狄亚使珀利阿斯永葆年轻活力，珀利阿斯的女儿将老国王的身体切成块放在大锅里煮沸，因为不经过事先的溶解是产生不了新物质的。为了重建，我们必须先毁灭；对死者的分解是合成新生命的第一步。幼虫的身体要变成蜜蜂就要先分解、溶解成流质，通过重溶才能获得未来成虫的材料；就像将废旧的青铜扔进大熔炉才能在模子里将金属锻造成另一种形状。虫子成为流质，简单的消化机器现在被抛到一边；在成为流质之后，才能获得蜜蜂、蝴蝶、金龟子这些成虫，才有了动物的最高级形态。

用希腊神话来说理，增加了文章的趣味性和文学性。

让我们在显微镜下打开一只沉睡状态的石蜂幼虫。它体内差不多完全是液浆，上面还漂浮着许多油粒和一些尿酸，尿酸是氧化组织的废物。一种没有形状、没有名称的流质，加上支气管、一些神经网络和一层皮下肌肉纤维，便构成了这只虫子。当卵蜂吸盘开始工作时，油层就通过皮肤开始渗透。而在其他状态下，当幼虫处于活跃期或已经变成成虫状态时，坚硬的组织就会抵抗渗透，卵蜂进食就会变得困难，甚至不可能。事实上，我发现大部分情况下双翅目昆虫是在沉睡的幼虫身上安家，有时但是很少情况是在蛹上安家。我很少在正在吃着蜜的幼虫身上看到它，也几乎没有在成虫身上看到过它，成虫整个秋冬时节都困在蜂房里。而且其他不伤害幼虫的进食者都是在幼虫沉睡时进行死亡处理工作的，此时幼虫的体内为流质。它们将病人掏空，使之成为一个生命分散的油脂皮囊。但是据我所知，没有一只能达到卵蜂的完美技术。

关于离开蜂房的艺术，也没有谁能与卵蜂相比。那些虫子在变成成虫之后便有了挖掘和拆毁的工具。结实的上颚可以挖土，拆毁土墙，甚至将石蜂坚硬的水泥变为粉末。卵蜂的最终形态与此不同。它的嘴柔软而描绘了卵蜂的形态，从而说明卵蜂无法离开蜂房。

短小，特别擅长舔花蜜；它的腿纤细柔软，都不能移动沙粒，那样会拉伤关节；它的翅膀大而僵硬，一直伸展开来，无法通过狭窄的通道；它的毛绒外衣十分纤弱易损，稍微吹口气就能垂落，经受不住经过通道时粗糙的摩擦。它本身无法进入石蜂蜂房产卵，当得以自由穿上婚纱的那一天到来时，它也没法从蜂房出来。幼虫无法为自己的未来造路。这个奶油状的小圆柱体，只有一个勉强汲取汁液的小吸盘，它甚至比成虫还要虚弱，成虫至少还能飞和行走。石蜂的蜂房对它来说是个花岗岩洞穴，它该怎么出去呢？如果没有其他东西介入，这两种形态都不能解决问题。

昆虫的蛹是介于幼虫和成虫之间的状态，一般是生长机制中最弱小的形象。它是用襁褓布包着的木乃伊，一动不动，毫无生机，等待着重生。它柔软的皮肉呈黏稠状，四肢像水晶一样透明，被固定在各自的位置，让人生怕一动就会打扰到它正在完成的精细的工作。为了使骨头受伤的病人在外科医生的绷带下恢复，就需要绝对的安静，否则它们会残废甚至死亡。

小小的蛹有着巨大的力量，卵蜂的蛹和成虫的角色调换，诠释了生命的另一种可能。

卵蜂的蛹颠覆了我们对生命的看法，它正在完成一项庞大的工程。它辛苦、努力、用尽一切精力凿开墙壁打开出口。沉重的工作压在了它身上，新生的皮肉也得不到怜悯，而成虫却在阳光下休息。这种角色的调换使蛹拥有了凿井人的工具。这是一个古怪复杂的工具，在幼虫身上找不到痕迹，在成虫身上也没有残留。这套工具包括犁铧、钻头、钩子、叉子和一些在我们的工业领域或字典里找不到的工具。让我们尽最大努力来描述这个奇怪的钻探工具。

最多两周，卵蜂便吃完了石蜂幼虫，这时的石蜂幼虫只剩下皮，蜷缩成一个白色小颗粒。快七月底了，很难在乳娘身上找到任何一只乳儿了。从这个时候到次年五月，没有什么新鲜事儿发生。卵蜂保持着幼虫的状态，没有明显的变化，在石蜂虫茧里一动不动，白色的小颗粒就在它旁边。五月到来时，幼虫开始皱缩蜕皮，蛹出现了，身穿坚硬的淡红色角质皮。

它的头又大又圆，通过一道细沟与胸腔分开，呈冠状向前突起，前端的六个又硬又尖的黑色尖突形成了一个凹面向下的半圆形。这些尖突从弓形的顶端到底端逐渐变短，就像纪念章上衰落的罗马皇帝的辐射状皇冠。这个六点形犁铧是最重要的挖掘工具。完整的工具还包括工具下端的中线上两个紧贴在一起的小的黑色尖突。

它的胸腔光滑，宽大的翅膀在身体下折成带状，直到腹部中部。它有九节，从第二个节开始的四节，背部中央都有一个拱形的角质带状物，颜色呈浅褐色，一个个平行排列，凸起部分嵌在皮肤里，末端都有硬而黑的刺。通过中间的一道沟，带子构成了一个双排脊柱块。我数了一下，一个体节共有二十五个双翅钩，那四个节就一共有二百个尖突。

这种锉子的用处很明显，它使蛹在工作时在通道壁上找到了一个支撑点。因此有许多点可以用来支撑，苦难的囚徒能够更有力地用其王冠状钻子撞击障碍物。而且，为了使钻头更加难以折回，指向后面的长长硬硬的毛零星分散在齿带里。此外，在其他节里，无论是腹部还是背部，也有一些毛。在侧面，毛更加浓密，就像在花束中分布。

第六节有同样的齿带，但要小一些，由一排稀疏的柱齿组成。第七节的齿带更加稀少，在第八节上最后只剩下几个褐色凸起。从第六节开始，节的长度减少了，腹部成为一个锥体，锥体的顶点形成于第九节上，构成了一个新型的甲胄。这是一个长有八个褐色尖突的束棒。后两个比其他的要长，从群体中脱颖而出形成一对尾部的犁铧。

在胸部每侧的前方有一个圆形的气门，在腹部的前七节的侧面也有个相同的气门。休息时，蛹弯曲成弓形。当要行动时，它便突然自己伸直。它长为十五至二十毫米，宽为四至五毫米。

这便是为虚弱的卵蜂穿过红切叶蜂的水泥墙而准备的奇特钻探工具。其结构之细节难以用语言表达，我可以粗略总结如下：在身体前部，前额处有个冠状突起物，是叩击和挖掘的工具；在后部，多片叶片的犁铧嵌入一个点，能使蛹在被毁灭的障碍物受撞击时做好准备突然放松；在背部，四条齿带或锉子，通过其上百个齿钩住通道壁使虫子维持在合适的位置；整个身体上都长有长长硬硬的毛指向后方以防止跌倒和后退。

相同的结构也存在于其他卵蜂中，只是在细节上有轻微的变化。我只举一个以三叉壁蜂为生的变形卵蜂的例子。变形卵蜂的蛹和红切叶蜂巢里的卵蜂不同，其拥有的盔甲没有那么结实。它的四条齿带只包含十五至十七对钩子，而不是二十五对；而且，腹部的节从第六节开始仅有硬硬的毛而没有角质脊柱的痕迹。如果我们更加了解各种卵蜂的进化，我相信，这些钩子数目的不同将对昆虫学方面提供许多有力的帮助。我发现同种之间的数目是固定的，不同种之间存在明显差异。但这与我无关，我只是请分类学家关注此研究领域并传递此建议。

大约五月底，到目前为止仍为浅红色的蛹的颜色显著改变，这预示着即将到来的变形。头、胸部和翅膀上的斜带变成了相当大的、发亮的黑色。一条深色的带子出现在有两排突起物的四个节的背部；三个斑点出现在接下来的两个节上；肛门附近的甲胄颜色变深。照这种方式，我们可以预知接下来的昆虫的黑色装束。对蛹来说，在出口通道工作的时机已经到达。

我很期待看它工作时的模样，在自然条件下是不可行的，但在玻璃瓶中，我将其放在两块由高粱粒做成的厚壁之间却可以做到。狭小的空间和其出生的翅室差不多大。分开的前后壁虽然不如石蜂的蜂房那么结实，不过也足够坚固不易移动。另一方面，壁边很光滑、锉子带不能抓牢，这对其工作是一个不利条件。但这也不碍事，在一天时间内，蛹穿透了二十二厘米左右的前壁。我看见它把双排犁铧固定在后壁，弯成弓形，然后突然自己松弛开来用锋利的前额撞击前面的塞子。在突起的撞击下，高粱粒渐渐碎开。这个做起来很缓慢，需要一点儿一点儿来做。隔一段时间，方法逐渐改变了。随着它钻孔的皇冠钻入高粱粒里，以尾部为轴转动。穿孔的工作代替了啄的工作。然后再重新开始，此间会休息一段时间以消除疲劳。最后，洞打开了。蛹钻进洞里，

通过实验来观察卵蜂的蛹的工作模式。

但没有完全进去，头部和胸在外面，腹部则留在通道里。

玻璃蜂房由于没有支撑点，使我的虫子很困扰，它似乎竭尽所能也没法出来。穿透高粱粒的洞大而不规则，这是一个缺口而并非一个通道。当卵蜂穿过石蜂蜂巢的高墙通道时，它是呈圆柱形的，与昆虫身体的直径非常吻合。所以我认为在自然状态下，蛹不太采用啄的方式，而是倾向于钻探。

对于它来说，出口通道必须狭窄而且规则。它一直那样半进半出地呆着，锉子很牢固地固定在背上，只有头部和胸暴露在空气中，这是大解放的最后防备。事实上，一个固定的支撑点对于卵蜂来说是不可缺少的，这样才能使身体从角质外壳里出来，张开它的大翅膀，从鞘中拔出它那纤弱的脚。所有这些精细的操作一不稳定就会乱套。

因此，蛹将背上的锉子固定在狭窄的出口通道以保证孵化时的稳定平衡。一切准备完毕，是开始伟大行动的时候了。额头上出现了一道横向的缝，在冠状钻头上；第二道是一条纵向的缝，将头分成两半，一直延伸到胸部。通过这个十字形开口，卵蜂突然出现了，浑身被实验室的液体弄湿。它用颤抖的腿站立，弄干翅膀，蜕下蛹壳，将蛹壳留在蜂房的窗口处。蛹壳将长时间保持完好无损。双翅目昆虫有五六个星期会在百里香丛中探寻，分享着生活的愉悦。六月，我们将再一次看到它在蜂房的入口处忙碌，比在出口处更奇怪。

思维导图

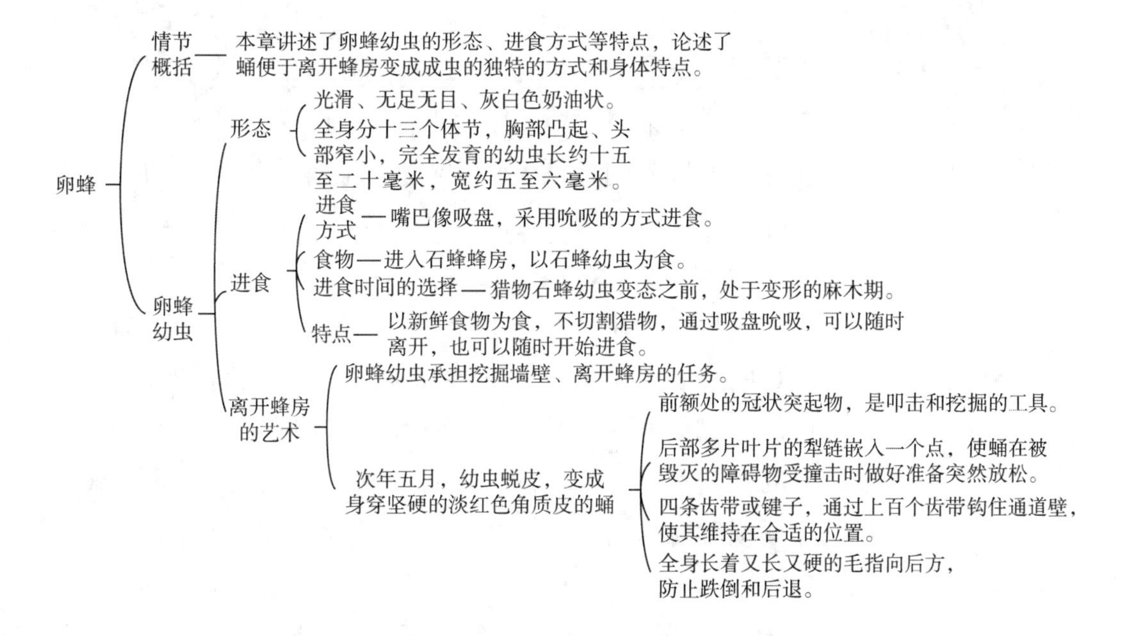

第二章　另一种钻探者

这个小家伙叫什么？我都不敢在文章题头出写它的名字。它的名字叫作铜赤色短尾小蜂。我们再读一次：铜——赤——色——短——尾——小——蜂。您的嘴巴会撑得慢慢的，会以为它是灭绝了的野兽呢！当我们读这个词时，会想到像乳齿象、猛犸象、大懒兽这样的史前巨兽。好吧，我们被专业术语给蒙蔽了，它只不过是一只非常不起眼的昆虫，比普通的蚊蚋还要小。

开篇提出本篇研究对象，并提出对这个名字的质疑，表明了作者的研究态度：希望像平常人一样讲话，使大家都听得懂。这也许是《昆虫记》跨越国界流传至今的原因之一吧。

有些人就是这样，喜欢在科学领域使用响亮的名称，即使是一只小虫他们也要把你吓倒。哦，充满智慧的令人崇敬的学者们，动物的命名者们，尽管你们的命名生僻、音节繁缛，我将会在研究中使用你们的命名，但不会过度使用。它们会脱离小圈子呈现在公众面前，对于听起来不舒服的词，公众是不会顺从的。我希望像平常人一样讲话，使大家都听得懂，并且我相信科学不需要有成人世界的行话，所以我避开生僻的学术上的专业名称，尤其是它要写一长串名称时。所以我放弃了“铜赤色短尾小蜂”这个名称。

这是一种非常弱小的昆虫，就像秋末在阳光下盘旋飞行的虫子一样小。它身穿赤铜色外套，眼睛是珊瑚红色。它佩戴着一把露在外面的宝剑，实际上是它产卵管上的鞘翅。宝剑在小腹末端倾斜竖立，而不像褶翅小蜂那样横卧在背部的沟槽里。剑鞘里面是产卵管的后半部分，一直延伸到腹腔。总之，它的工具和褶翅小蜂一样，不一样的是它的后半部分像剑一样竖立起来。

这个臀部佩戴着一把剑的小虫子也是石蜂的另一个迫害者，石蜂同样也害怕它。它和褶翅小蜂一起攻击石蜂蜂巢。我看见它像褶翅小蜂一样，用触须慢慢地探寻阵地；我看见它像褶翅小蜂一样，勇敢地将短剑插入石蜂中。它比褶翅小蜂更加认真地工作，也许更加不怕危险，有人靠近观察它都毫不留心。当褶翅小蜂飞走时，它还是一动不动。它如此大胆地闯入我的书房，在我的工作台上，和我争夺用来观察蜂群繁衍的蜂巢。它在我的放大镜下活动着，它在我的镊子旁活动着，它冒着什么样的风险？人们会拿它这个小家伙怎样？它自以为很安全，以至于我用手把石蜂蜂巢拿起来、移走、放下、再拿起来，小虫仍然无动于衷，当我把放大镜放到它上面时它仍然继续它的工作。

其中一名勇敢地小家伙来探访了高墙石蜂的蜂巢，蜂巢里的大部分蜂房被许多蛴蜂的寄生虫虫茧占据着。出于好奇，我将蜂房剖开一半，蜂房里的一切暴露无遗。这个意外收获令它很兴奋，连续四天，我看到这个小家伙从一个蜂房跑到另一个蜂房，选择适合它的虫茧，插入它的产卵管。由此我明白了，视觉对它来说是个不可或缺的向导，但这并非意味着能一定找到适合的虫茧。这个小虫子探测的并不是石蜂蜂巢的石质外表，而是虫茧的丝状表层。探测者从来没有遇到过这样的情况，之前它的同类也是如此。在正常情况下，每只虫茧都有一个保护层，但这并不要紧，尽管表面大不相同，小虫子也毫不动摇，它有一种特殊的感官，这对我们而言是难解之谜，它能够知道隐藏在它不熟悉的蜂房里的探测目标。嗅觉已经显示没有问题，视觉现在也被排除掉了。

它钻探石蜂寄生虫——蛴蜂的虫茧，这并不使我感到惊讶：我知道，这个大胆的探访者对食物的特性漠不关心。我在不同大小、不同习性的蜂房里都见到过它，比如条蜂、壁蜂、石蜂、黄斑蜂。我桌子上被钻探的蛴蜂只是一个受害者，仅此而已。我的兴趣并不在此，而是我能够在最好的条件下观察昆虫的活动。

触角变成直角，像两根断裂的火柴，只有顶端在触探着虫茧。就是在这个末梢关节长着那神奇的感官，能够远距离感受眼睛看不到、味道闻不到、耳朵听不到的东西。如果探测地点合适，昆虫踮着脚以便给自己留下充足的空间。它将腹部末端稍微拉向前，整个产卵管，包括接种线和鞘翅细致描写产卵过程。"二十多次""一次又一次"表现了小昆虫的不气馁的精神。

在四条后腿形成的四边形中央垂直插入虫茧中。这样的位置非常好，有利于获得最佳效果。有时，整个产卵管贴在虫茧上，用尖端触摸着、探索着；然后忽然钻探丝从剑鞘中拔出，剑鞘收回身后，而丝努力向里深入。这个操作是很困难的。我看到昆虫试了二十多次，一次又一次，但还是没有穿透蛴蜂那坚硬的外壳。如果钻探工具不能进入，它就会缩回剑鞘，虫子再重新对虫茧进行探测，用触角顶端一点儿一点儿地叩探。就这样一次次地钻探直到成功。

卵是很小的纺锤体，像象牙一样又白又亮，长约三分之二毫米。它没有褶翅小蜂卵上那又长又弯的肉柄，也不像褶翅小蜂那样在虫茧顶部悬挂起来，它只是毫无秩序地堆积在养育它的幼虫旁边。最后，即使是在一个蜂房，只有一位母亲，产出的卵的数目也很多。褶翅小蜂体型较大(它的体型和膜翅目昆虫的牺牲者相匹敌)，便在每个蜂房里寻找只供给一个卵的食物。因此，当它在一个蜂房里产了不止一个卵，那就是它弄错了，这并非预先计划的结果。当所有的食物只够一只卵享用时，它会尽量避免产好几个卵。它的竞争者却不是如此。一只石蜂幼虫可以养活这个小虫子的二十几只幼虫，它们共同生活在一起，享用着只能喂饱一只大虫子卵的食物。这个小小的钻探者建立的是全家共同进餐的大家庭。这些食物对一二十只小虫子来说是足够的，但一大家子一分就光了。

出于好奇，我想数清这一家子的数目，看看母亲是否能够估计食物数量，并根据所提供的食物数量有比例地产卵。我的记录中，一个面具条蜂的蜂房里有五十四只幼虫。这是一个无可企及的数字。可能有两位母亲在这个拥挤的地方产了卵。在高墙石蜂的蜂巢里，我看到了不同的蜂房里，幼虫数目是四至二十六只；而在棚檐石蜂的蜂房里，幼虫数目是五至三十六只；而在给我

列数字，详细列出在不同的蜂房里的产卵数目，为接下来的研究打好基础。

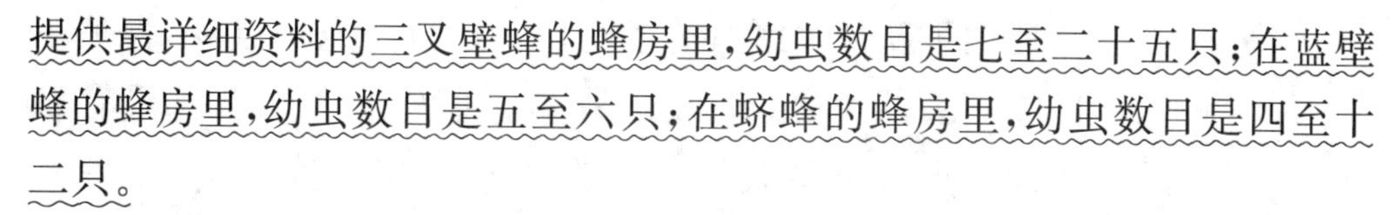

提供最详细资料的三叉壁蜂的蜂房里，幼虫数目是七至二十五只；在蓝壁蜂的蜂房里，幼虫数目是五至六只；在蛴蜂的蜂房里，幼虫数目是四至十二只。

第一个和最后两个数据能反映出，食物的丰富度和进食者数目之间有联系。当母亲遇到面具条蜂胖胖的幼虫，它就会产下五十个卵；当遇到蛴蜂和蓝壁蜂时，由于口粮有限，它就会产下六只卵。能够根据食物状况产卵，这是个非常了不起的事儿，尤其小虫子是在那样艰难的条件下来判断蜂房里有些什么的。蜂房里的东西被屋顶挡着，什么也看不到；小昆虫只能通过蜂巢的外部来获取信息，而蜂巢种类各不一样。因此我们不得不承认它有其特殊的区分方式，它是根据外部住所的大小来加以区分的。但我不愿意做这种猜想，并不是直觉上感觉不可能，而是从三叉壁蜂和两种石蜂那儿获得了信息。

在这三种蜂的蜂房里，我看到了幼虫的数目变化如此之大，以至于我必须放弃任何比例之说。母亲并不过多操心家人食物过多或是缺乏，它只是随心所欲地在蜂房产卵，或根据产卵期卵巢内成熟的卵子数目产卵。如果食物很丰富，一家子就能够更好地享用，它们会变得越来越结实强壮；如果食物匮乏，挨饿的幼虫也不会死去，它们会变得越来越瘦小。实际上，不管是幼虫还是成虫，根据群居密度的不同，它们在大小上会有差别，小群体的大小是大群体的两倍。

幼虫是白色的，两头比较细，很清楚地分成了几节，整个身子被一层纤细的绒毛覆盖，不借助放大镜是看不到的。头像一个小小的旋钮，直径比身子小多了。在显微镜下，可以看到它的上颚，那是两个红褐色的尖突，颜色逐渐变淡直到形成一个无色的大块。由于这两个器官没有缺口，不能咀嚼任何东西，顶多是将食用的小虫在虫茧里稍微固定一下。由于不能咀嚼，嘴只是一个简单的吸盘，通过皮肤的内渗将食物吸干。在此我们要重复一下卵蜂和褶翅小蜂那里学到的内容：寄生虫会让牺牲者慢慢衰竭死亡，而不是直接杀死它。

即使在我们见过卵蜂的那一幕之后，仍然觉得这是神奇的一幕。二三十个挨饿者像接吻一样贴着胖胖的虫茧，使虫茧一天天地变得衰老憔悴，但并没有任何明显的伤口，因此直到它变得干枯不堪仍保持着新鲜。如果我打扰了它们的进食，它们会突然停下来，绕着乳娘乱跑。然后它们又敏捷地重新开始野蛮的接吻。我还得补充一点，不管是在它们丢下食物的时候还是重新进食的时候，我都没有发现一点液体的痕迹。只有油泵工作时油才会渗出来。在描述卵蜂时我已经讲过了，再继续描述这种奇怪的进食方式就会显得多余。

在被侵犯的住宅里待了差不多一年，夏初时分，成虫终于出现了。同一个蜂房里住了那么多虫卵，这让我感到解放工作将会非常有趣。它们都迫切地希望尽早走出牢笼、出来参加这阳光下的节日：它们会同时一窝蜂地掘开屋顶吗？解放的工作是服从集体的利益还是只是个人行为？这些问题只有通过观察才能得到答案。

我事先将每一窝蜂都转移到短的玻璃管中，来代替原先的蜂房。一个约一厘米长的结实的软木塞是它们破壳而出时的障碍。它们并没有我所期待得那么匆忙，没有组织，我看到它们在非常井然有序地工作。只有一只昆虫在钻着软木塞。它用上颚耐心地挖掘，想要挖出一条和身体一样宽的通道。通道很窄，它只能倒退着回头。这是个很缓慢的过程，需要花费数小时挖洞，对于这个纤弱的小家伙来说太艰难了。

多么团结有耐心的小家伙！作者的描述中融入了情感，读来极具感染力。

如果挖掘者实在太过疲劳，便离开工作地，加入虫群休息，调整自己。这时，它旁边的同伴会立刻占据它的位置，直到第三个来代替，第二个的工作才结束。就这样一个一个地轮流工作，既保证工作不会停滞，也不会特别拥挤。与此同时，虫群安静耐心地在一旁等待，它们一点儿也不焦急。它们确信会成功的。等待的时候，有的把触角放进嘴里舔舐，有的用后腿打磨翅膀，有的蹦蹦跳跳打发无聊时光，还有的在交配，这是打发时间的最高级方法，无论是当天出生的还是二十几天前出生的。

我说有几只虫子在交配。这只是个别情况，屈指可数。别的虫子就无动于衷吗？不是，它们只是因为没有情人。在一个蜂房里雌雄两性数目极其不等:雄性少得可怜,有时甚至完全没有。以前的观察者也注意到了雄性的缺乏。布吕莱——在我隐居时唯一能够给我启示的人,曾这样说过:

“雄性几乎不为人所知。”

对于我来说,我是知道雄性的,但是它们的数目如此之少,以至于使我怀疑它们在比例如此失调的后宫扮演着什么样的角色。一些数据将表明我为什么如此担心。

在二十二个壁蜂的虫茧中,居民总数为三百五十四,其中有四十七只雄性,三百零七只雌性。因此,每只虫茧里平均有十六至只雌性,一只雄性至少搭配六只雌性。不论是何种膜翅目昆虫被侵犯,都或多或少维持着这样的不平均分配。在棚檐石蜂的虫茧里,我发现是六只雌蜂配一只雄蜂;在高墙石蜂的虫茧里,我发现是十五只雌蜂配一只雄蜂。

事实上,我无法将这些数据更加精确地罗列出来,但这足够引起我们的怀疑了。比雌性更加弱小的雄性是不是会像所有昆虫那样,一次交尾便会受伤;大多数情况下,它们必须对雌性保持冷淡。其实,如果没有母亲,就不会断子绝孙了。关于这个,我无法说对,但也无法说不对。性别的双重性是个很难的问题。为什么要有两种性别?为什么不是只是一种?那样岂不是会更简单,而且会省去很多愚蠢行为的发生。菊芋的块茎是无性的,那为什么还有性别之分?在铜赤色短尾小蜂这章结束时我产生了这些问题。铜赤色短尾小蜂,这么个小小的虫子,名字却如此冗长。我郑重宣布我再也不会说出它的正式名称了。

照应开头,再次表明立场,幽默诙谐。

思维导图

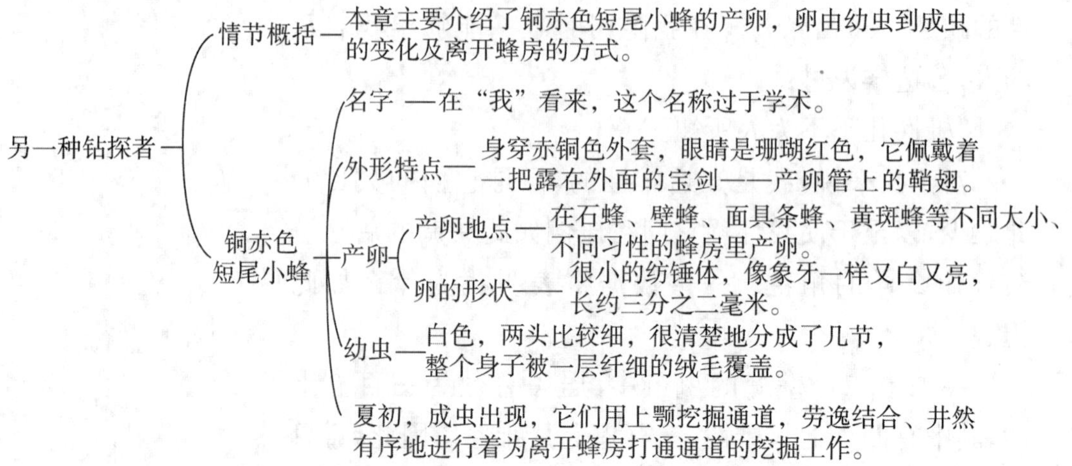

- 另一种钻探者
  - 情节概括——本章主要介绍了铜赤色短尾小蜂的产卵，卵由幼虫到成虫的变化及离开蜂房的方式。
  - 铜赤色短尾小蜂
    - 名字——在“我”看来，这个名称过于学术。
    - 外形特点——身穿赤铜色外套，眼睛是珊瑚红色，它佩戴着一把露在外面的宝剑——产卵管上的鞘翅。
    - 产卵
      - 产卵地点——在石蜂、壁蜂、面具条蜂、黄斑蜂等不同大小、不同习性的蜂房里产卵。
      - 卵的形状——很小的纺锤体，像象牙一样又白又亮，长约三分之二毫米。
    - 幼虫——白色，两头比较细，很清楚地分成了几节，整个身子被一层纤细的绒毛覆盖。
    - 夏初，成虫出现，它们用上颚挖掘通道，劳逸结合、井然有序地进行着为离开蜂房打通通道的挖掘工作。

第三章　幼虫的二态现象

论述之前的研究，引出本章的研究问题。

如果读者对卵蜂的故事稍加注意，就会发现我的叙述是不完整的。寓言故事中的狐狸知道如何进入狮子的洞穴，但不知道如何出来。对我们来说正好相反：我们知道卵蜂如何从石蜂蜂房中出来，却不知道如何进去。卵蜂为了离开蜂房，在它将蜂房主人吃掉以后，变成了一个活的钻探机器。我们的工业如果需要钻探蜂房的新方法，可以从中受到启发。当出口通道打开时，这个机器就像阳光下的豆荚一样裂开，从这个结实的蜂房里出来了一只娇俏的双翅目昆虫。它那软绵绵的绒毛和之前粗硬的钻探工形成了极大的反差，让我们惊讶不已。对于这一点，我们已经非常了解了。但它如何进入蜂房这个问题困扰了我四分之一个世纪。

首先，很明显，母亲不能在石蜂蜂房里产卵，当卵蜂出现时，蜂房已经被一层水泥墙封锁很久了。想要钻出去就要再变成钻孔工具，并且再穿上它留在出口窗户上的那层皮。它想要回到过去，重新变成蛹。但生命是不会倒退的。如果具有爪子、上颚和坚韧不拔的毅力，成虫在紧要关头是有可能钻开砂浆外壳的，但是双翅目昆虫没有这些。只要稍微掸掸灰尘，它那纤弱的爪子就会扭曲变形；它的嘴是一个收集花蜜的吸盘，而不是可以粉碎水泥的硬钳子。它没有穿孔器，也没有褶翅小蜂的钻头，它没有任何可以钻过厚厚墙壁并将卵送至目的地的工具。总之，卵蜂母亲绝对不能将卵安放在石蜂蜂房里。

难道是通过像水蛭一样的接吻来榨干石蜂的幼虫进入了储藏室?让我们回想一下:它像一根油油的小香肠,在原地伸展弯曲,但无法移动位置。它的身体是一个光滑的圆柱体,它的嘴仅仅是一个圆唇。它没有行走工具,甚至没有可以让它爬行的毛、突起或起皱的地方。它就是为了消化和一动不动而生的。它的机制不适合移动,一切都再清楚不过地告诉了我们这点。不,幼虫与母亲相比更不可能自己进入石蜂的住宅。但食物在那里,必须要够到食物,这是关系到生死存亡的事儿,做还是不做,双翅目昆虫打算怎么做?寻找可能的原因都是徒劳,原因常常太虚无缥缈;想要得到答案,就只有一个方法,尝试几乎不可能的原因,在卵蜂产卵那一刻观察它。

尽管卵蜂非常常见,种类也多,但当我想要用众多数目的卵蜂来进行连续观察时,它又显得不多了。我看见它们在酷热的阳光下到处飞,轻轻掠过旧墙、土坡和沙地,有时成群飞过,大多数时候是独自飞过。这些流浪者今天在这里出现,明天就离开了,我也不期待能看到什么,因为我不知道它们的住所。在炙热的阳光下一个个地观察它们非常困难,而且收效甚微。刚有一丝希望,敏捷的昆虫就又消失了。我已经在这项工作上浪费了好几个小时,却没有任何进展。

如果事先知道卵蜂的住所,尤其是同一类卵蜂成群居住在一起时,可能会有成功的机会。从第一个开始探寻,紧接着第二个以至更多,直到得到完美的答案。在我漫长的昆虫学生涯中,我遇到过但只遇到过两次这样的卵蜂:一次在卡庞特拉,另一次在塞里昂。在卡庞特拉见到的是变形卵蜂,居住在三叉壁蜂的茧内,它在毛腿条蜂的旧通道内给自己筑巢。在塞里昂见到的是三面卵蜂,它挖掘卵石石蜂的巢。我将探寻这两种卵蜂。

在我的迟暮之年,我再次来到了卡庞特拉——高卢人起这个名字会让人觉得好笑,并会想起那个取名的学者。我二十岁那年是在这个小城镇度过的,在这里我初涉尘世。今天我像去朝拜圣地一样来到了这个小城镇,来回顾早年间给我留下最深刻印象的地方。在路上,我向开始我教师生涯的老学校致敬,它仍然看起来像一所感化院。中世纪的教育就是这样的,他们要将少年时代的快乐和活跃看成是有害身心健康的,他们要以狭窄、忧郁和阴暗来反其道而行之。他们所有教学的地方都是教养所。年轻人的新鲜活力在这令人窒息的监狱环境中被压抑。我看到了一个被四面高墙围住的院子，这是一个关熊的凹坑，学生们在一棵枝叶繁茂的梧桐树下竞争着游戏空间。四周是看起来像马圈的牢房，没有阳光，没有空气，这些便是教室。我讲述的是过去的情况，如今这种学术苦难多半是不会有了。

这儿是个香烟店，我星期三晚上从学校里出来就会赊账买一些能填满我烟斗的东西，来庆祝神圣的星期四。第二天我会致力于解决那些难解的方程式，用新的化学试剂做实验，收集和辨认植物。我假装出门没带钱，羞涩地提出了我的要求。对于一个有自尊心的人来说很难承认自己没有钱。我的坦率得到了他的信任，于是我在烟草专卖局的代理处竟然前所未有地被允许赊账。啊，如果我开一家店，可以售卖的只有几包蜡烛、一打鳕鱼、一桶沙丁鱼和几块肥皂！我也不笨，也不比别人懒，但现在却毫无办法了。我还期待什么呢？作为一名脑力劳动者，智力操作者，我竟然没有维持普通生计的权利。

回忆年少时的情景，给文章增加了文学色彩。

这就是我以前的家，后来住着一群唱经的僧侣。在这扇窗户的窗洞里，在关着的外窗和窗玻璃之间放着我的化学品，这些化学品是我早年间经由几个俗人的手，用预算的钱买的。我把烟锅用作坩埚，装糖的罐子用作曲颈瓶，装芥末的罐子用作装氧化物和硫化物的容器。无论实验试剂是无害的还是危险的，我都是在炖着汤的锅边，在炭火上进行配制。

我多想再看看这间我曾在此研究微积分的卧室，当我凝视着旺图山时，我那发热的头脑立马平静下来。在我下次旅行时，我将爬上旺图山顶，去看看那些只在北极生长的虎耳草和罂粟。我还想去看看我那熟悉的朋友——那块我从一位执拗的工匠那里用五法郎租来的黑板，由于囊中羞涩我是分好几次才将钱付清。在这块黑板上，我画过多少条圆锥曲线，写过多少句深奥的语句啊！

尽管我很努力，而且独处工作会使这种努力显得更值得，但在这份感兴趣的工作上，我几乎什么也没有得到。如果我可以，我会重新开始。如果我能解决那个棘手的问题——如何获得一天的面包，我非常乐意和莱布尼兹、牛顿、拉普拉斯、拉格朗日、居维叶、朱西厄交谈。啊，年轻人，我的继任者们，你们现在是有多么好的机遇啊！如果你们不知道，让我通过前辈的一段故事来告诉你们吧。

在幻想和回忆化学品窗柜、租来的黑板这些困难时，不要忘了我们的昆虫。让我们回到拉莱格那条凹陷的道路，自从我在那里观察了芜菁后，这条路被人们视为经典。这些著名的细谷和在阳光下炙烤的斜坡，如果我为你们的出名做出了一点儿贡献，你们也给了我许多美好的时光，让我能够忘却烦恼，沉浸在学习的快乐之中。你们至少不会用无法实现的希望来欺骗我，许诺我的一切你们都给我了，而且经常是百倍地给我。你们是我的希望之地，我试图在这里支起我观察着的帐篷，但我的愿望无法实现。至少让我在路过时和我昔日亲爱的小动物们打个招呼吧。

我举起帽子向节腹泥蜂致敬，它忙着在这条斜坡上贮存方喙象。我过去看到的，现在又看到了：它仍然蹒跚地将猎物拉到洞口，在胭脂虫栎中监视的雄蜂仍然在相互打架。一股年轻的血液涌入我的身体，我感觉到了青春的气息。时间紧张，让我们继续往前走。

“致敬”“打招呼”“挥挥帽子”，作者像对待老朋友一样对待昆虫们，体现了他对昆虫的热爱。

我还要在这里打个招呼。我听到这个峭壁上，一群刺杀蟋蟀的飞蝗泥蜂在嗡嗡叫。我向它们投以友善的目光，这就够了。我这里的熟人太多了，我没有时间去和它们一一打招呼。我不停地挥挥帽子，向制造垃圾崩塌的大头泥蜂打招呼，再向在两片砂岩间堆积修女螳螂的大唇泥蜂打招呼，然后向有着红色腿、将尺蠖存入地窖的砂泥蜂打招呼，还要向蝗虫的吞噬者—步甲、在枝头修建黏土圆屋顶的黑胡蜂打招呼。

我们终于到了。高耸陡峭的岩石朝南伸出几百米，上面布满了像大海绵一样的洞，这是毛脚条蜂和它的免费房客三叉壁蜂的古老住所。这里还聚集着它们的歼灭者：条蜂的寄生虫西塔利芫菁；壁蜂的谋杀犯卵蜂。我九月十号才来，来得有些晚，错过了好时机。我应该一个月之前，甚至在七月底就过来观看这些双翅目昆虫的活动的。我的旅程收获甚少：我只看了几只卵蜂，它们在峭壁上盘旋。我们不要失望，可以先熟悉地形。

条蜂的蜂房里住着膜翅目昆虫的幼虫。有些蜂房里住着短翅芫菁和西塔利芫菁，这在以前是很少见的，但如今它对我已经没有价值了。其他的蜂房里住着色彩斑斓的蛹，甚至有它的成虫。尽管是同时产卵，壁蜂成熟得更早，已经显现出成虫的形态，这对于我的研究不是个好预兆，因为卵蜂需要的是幼虫，而不是成虫。双翅目昆虫的幼虫使我更加不安。它已经完全发育了，也许在几个星期之前它就已经将乳娘吸光了。我不再怀疑，我来得太晚了，已经看不到壁蜂茧里发生了什么了。

我输了吗？还没有。我的记录上说，卵蜂的孵化是在九月的后半个月。而且，我看到卵蜂在峭壁上勘探，它们是在全神贯注地安置家人。这些迟到者不能攻击壁蜂，成虫壁蜂结实的肌肉也不再适合乳儿的需要；而且成虫很强健，是不会任人摆布的。秋天，一群数目不多的蜂群来到了斜坡，它们和春天的蜂群属于不同种类。我看到了皇冠黄斑蜂在工作，它进入通道，有时带着收获的花粉，有时带着它的小棉球。这些秋天的食蜜者会被卵蜂剥削吗，就和它们在几个月前选择壁蜂作为牺牲品一样吗？我看到它们在卵蜂面前显得很紧张。

为了消除我的疑虑，我在峭壁前停下，顶着酷热的太阳，花了半天时间观察双翅目昆虫的演变。在离土层几厘米远的地方，卵蜂在斜坡上轻轻飞舞。它们从一个洞口飞到另一个洞口，但不会飞进去。它们的大翅膀在休息时横向铺展开来，使它们无法进入狭窄的通道。它们在峭壁上勘探，来来去去，上上下下，飞行时猛时缓。有时，我看到卵蜂迅速接近地面，垂下腹部，好像将输卵管的末端接触地面。这个行动一眨眼的工夫就完成了。然后，昆虫又到别处去休息了。然后它重新开始飞行，进行漫长的探测和突然以腹部接触地面的动作。

我立刻来到被触碰过的土层，用放大镜观察，希望能够发现虫卵，这样就能证明腹部的每一次撞击都是在产卵。我集中注意力观察却什么也看不出来。确实，我非常疲惫，光线刺眼，温度又高，使观察变得十分困难。当我认出从卵里出来的小家伙时，我不再为我的失败感到惊讶。在我的书房里，我利用休息过的眼睛和最好的放大镜进行观察，我不再因为激动和疲惫而颤抖了，尽管我知道它在哪儿，但还是费了好大力才找到这个小生物。在炙热的峭壁下，我怎么看得到卵，一只被远远观察的昆虫如此突然地产下卵，我怎么能发现它的准确位置呢？在那样艰难的条件下，失败是不可避免的。

尽管我的尝试失败了，我仍然相信卵蜂是一个接一个地将卵产在幼虫适合的蜜蜂住宅的表面的。它们每一次用腹部末端突然撞击都说明它们在产卵。因为母亲的身体结构，它们没有预先将卵隐蔽起来。纤弱的卵在烈日下的沙粒间暴晒，连石灰土层都会被晒得皱缩起来。只要附近有它梦寐以求的幼虫，这种简单的住所就足够了。这要靠幼虫自己努力摆脱危险。

尽管拉莱格凹陷的道路没有使我得到我想知道的东西，它们至少让我知道，新生的幼虫很有可能自己来到贮粮的蜂房。但是我们知道的幼虫——那只吸干石蜂幼虫或壁蜂幼虫的脂肪的小虫子无法移动，更无法穿过厚厚的墙壁和茧的丝层。于是一个必要的产物出现了。这是一个初始状态的必要物，它能够移动搜寻，幼虫可以在这种形态下到达目的地。因此卵蜂有两种幼虫形态：一种能进入食物，一种专门进食。我相信这种逻辑，我已经在脑海里勾勒出一幅画面：从卵里出来的小虫子有足够的精力去长途旅行，有足够的柔软度钻进小小的缝隙。一旦面对它要吃的幼虫，它便脱去它旅行的衣服变成一只肥虫，这只肥虫的职责就是一动不动、长大长胖。这一切都很有条理，就像一条几何定律被推理出来。我们必须给想象的翅膀套上事实的鞋，那些鞋底沉重、使行走缓慢的鞋。于是我给它套上鞋以便继续

既有想象，又需要事实来验证。

进行下去。

第二年，我重新开始研究，这次是研究石蜂蜂巢里的卵蜂。它是我村舍的邻居，我每天都可以访问它，如果有需要可以早晚各一次。吸取了之前的经验，现在我知道孵化和产卵的具体时间段了。三面卵蜂是在七月或最迟八月的时候给家人安家。每天早晨九点钟，酷热难耐，按照法维埃的说法就是又在太阳之火上加了一把柴，我来到田间。只要能揭开谜底，回来时被太阳晒晕也无所谓。这个时候离开阴凉地简直就是魔鬼附身。那请问你要去干吗？去写一只虫子的故事！天气越热，我成功的几率就越大。我遭受痛苦，昆虫却很开心，它就是我的动力。去吧！

道路像铸造的钢铁一样闪耀，从沾满灰尘的凄凉的橄榄树上传来了巨大的震动声，整个树林都在演奏着行板。这是蝉的音乐会，随着温度的升高，它们的肚子疯狂摇摆发出声响。白蜡树上的蝉发出刺耳的声音，和着其他蝉单调的交响曲。是时候了，去吧！这五六个星期里，经常是在早上，有时是在下午，我勘探着这布满石子的平原。

石蜂的巢非常多，但是我看不到任何一只忙着产卵的卵蜂停留在蜂巢表面。最多我只能看到远处有一只卵蜂迅速飞过。我看着它消失，这就是全部，根本不可能看到产卵。我只知道我是在拉莱格的峭壁上学到这些东西的，仅此而已。

意识到这些困难后，我赶紧寻找助手。牧羊人和牧童在石牧场放着羊，而我们当地的羊就喜欢吃这里的宽叶薰衣草。我向牧羊人解释了我的研究对象，我告诉他们那是一种黑色的大虫子，它们会停留在土里的蜂巢上，它们对这些蜂巢很熟悉，春天它们要获取蜂蜜涂在面包片上。牧羊人要监视这种虫子并且要好好注意蜂巢，他们可能会偶然遇到虫子。当晚，当他们将羊群赶回村庄时，向我汇报了白天的结果。他们让我第二天和他们一起去继续观察，这当然没有问题。牧童没有那古老的习惯，和从山毛榉上切下来的涂蜡的七孔笛相比，他们宁愿要钱，这样星期天他们可以带回村庄。他们每看到一只符合条件的蜂巢，就会获得报酬。交易就这么定了。

他们有三个人，我是第四个。我们会成功吗？我希望如此。八月末，我最后的幻想破灭了。没有一个人看到一只黑色的大虫子停留在石蜂的屋顶。

尽管暂时失败了，还是从失败中有所得。在作者漫长的昆虫研究中，这种经历极为常见。

我们的失败可以这样解释：在条蜂蜂巢宽敞的表面，卵蜂只是个临时居住者。它飞过每个角落，但它不会离开自己居住的峭壁，因为它的远行是没有收获的。对于它的家人来说，峭壁上有无限的粮食和住所。如果它认为某个地方不错，它就会盘旋着去探测，然后忽然接近，用腹部末端撞击。就这样结束了，卵就产下来了。至少我是这样想的。它的活动就在几寸范围之内，每一次寻找住宅或产卵后，它都会在阳光下稍作休息。昆虫一直呆在同一个斜坡是因为那里有无穷无尽的财富。

石蜂里的卵蜂的情况完全不同。石蜂深居简出的习惯对它不利。它用它宽大有力的翅膀迅速飞行，它必须远行去寻找一个数目众多的蜂房。石蜂的巢并不是成群分布的，它们独立分布在卵石上，几十亩的土地上分布着几个。对于双翅目昆虫来说，发现一个蜂巢是不够的。由于有寄生虫，并不是所有的蜂房都有理想的幼虫；有一些保护得过好，无法深入到粮食里去。为了产一只卵，需要非常多的蜂巢，寻找这些蜂巢需要长途旅行。

因此我构想着卵蜂穿过布满石子的平原到处飞来飞去。它那熟练的眼睛无需停留就能辨认出它要寻找的土质蜂巢。找到之后，它从高处开始探测，一直在飞行；它一次又一次用产卵管末端轻拍，然后又很快离开。如果它要休息，那肯定是在其他地方；无论什么地方，在地面上、石头上、薰衣草或百里香丛中。我已经在卡庞特拉的道路上观察并验证了这种习性。因此，年轻的牧羊人和我的眼睛再敏锐也什么也看不到。我想到了不可思议的一点：卵蜂不在石蜂蜂巢上停留并有条不紊地产卵，它只是飞过而已。

于是我对幼虫的初始形态重新猜想，这种形态和我以前见到的完全不一样。卵蜂不经意地产卵后，初生的幼虫必须在蜂巢表面移动，必须用工具穿过混凝土墙壁并通过一些裂缝进入石蜂的蜂巢。幼虫一出生，可能卵的皮还拖在身后，它们就得寻找粮食和住所。凭着本能它们很快就找到那里，这种能力和时间无关。只要它一孵化就具备这种远见，就像饱经沧桑获得的经验一样。这种初生的小虫对我来说不是虚无缥缈的，我看到了它，如果没有看到小虫本身，至少看到了行动，仿佛一切发生在放大镜下一样明显。如果理性不是个无用的向导，它就存在着，我必须找到它，我的确找到了它。在我的研究史中，我从来没有对事理逻辑如此坚持，它从来没有让我如此确定地走向那伟大的生物学定律。

在我徒劳地观察产卵时，为了寻找刚从卵里出来的幼虫，我还看到了石蜂蜂巢里的东西。我利用牧羊人的热情让他们做了一件比之前简单的工作，他们给我带来成群的蜂巢，加上我自己的收获，蜂巢足够装好几篮。把它们放在我的工作台上，空闲时我就观察它们。我相信会有重大发现，我便疯狂地观察着。我将石蜂的茧从蜂房取出放在外面观察，或者打开茧在蜂房里观察。放大镜观察着最隐蔽处；它一点一点地观察着石蜂沉睡的幼虫；它观察着蜂房的内隔板。没有，什么都没有！两个多星期以来，废弃的蜂巢堆积如山，我的书房被塞满了。将这些不幸的沉睡者从丝壳里取出就是一场大屠杀，尽管我很小心地把它们放在安全的地方使它们的变态工作可以继续进行。好奇心使我变得残忍。我继续将茧撕裂，仍然什么都没有！这需要我的坚持不懈，我做到了，而且做得很好。

七月二十五日，这是个值得记载的日子。我看到了，或者说我认为我看到了有东西在石蜂幼虫上爬动。这是我的期望衍生出来的幻觉吗？这是被我的呼吸吹过去的一小段半透明绒毛吗？这不是幻觉，也不是绒毛，而是货真价实的小幼虫。这是多么激动人心的时

连用两个问句，表现了作者终于看到石蜂幼虫的欣喜和激动。

刻，又是多么令人困惑的时刻！它与卵蜂幼虫一点儿也不像，它更像一只微型蠕虫偶然从主人皮肤上钻出来一样。我对我的发现物期望不高，因为它的形态迷惑了我。这也不要紧：让我们将石蜂幼虫和在它身上扭动的神秘小东西放到一根小玻璃管里，如果它是我所寻找的呢？可谁知道呢？

自从我知道我寻找的小生物可能会给我带来困难后，我更加小心了，以至于这几天我获得了十几只和这个令我激动的小生物相似的小虫子。每只小虫子都和石蜂一起住在玻璃管内。这个小虫子是如此地小，呈半透明状，我很容易将它和石蜂混淆，而且石蜂皮肤一皱缩，它就会隐藏起来。有时第一天我还在放大镜下看到它的，第二天就找不到了。我以为它丢了，被翻转的石蜂幼虫压死了，我又将一无所有了。可然后我又看到它扭动了。两周后，我又产生了困惑。它真的是卵蜂的初次卵吗？是的，因为我最后看到我的小家伙变成了以前描述的那种幼虫，而且开始用它的接吻法吸干乳娘。那一刻的满足弥补了我无数次的烦恼。

让我们再来看看这只小虫子的故事吧。现在它被验证是来源于卵蜂了。它是一个长约一毫米的小虫子，和头发丝一样细。因为它是半透明的，所以很难被发现。它躲藏在乳娘皱缩的皮肤下，皮肤很细，在放大镜下是无法发觉的。纤弱的小虫子非常活跃：它在乳娘身上迈着步子转着圈。它行走很快，就像尺蠖毛虫那样弯曲再打开。两个端点是它的主要支撑点。当它停下来时它身体的前半部分向四处移动，像是在勘探周围的空间。当它行走时便打开身体，体节变得清晰，看上去像一个多结丝状体。

显微镜下我发现它包括头有十三个节。它的头部很小，长着细长的角质，这从它那琥珀色的颜色可以看出来，头上向前竖立着一些短而硬的毛发。三个胸节每

从整体到局部，详尽有条理地描写了幼虫的形态。

一节上都长着长毛，长在内侧。尾端有两根相似但是更长的毛。这四对鬃毛，三对在前一对在后，是运动器官。头部边缘的毛和尾部的突起是支撑点，它们具有黏性，就像西塔利芫菁的初态幼虫一样。通过透明的皮肤我们可以看到两根长长的气管相互平行，从第一个胸节到倒数第二个腹节，气管的末端应该通向一对气门开口，但是我看不清。这两根大的呼吸气管是双翅目昆虫幼虫的特征。呼吸管的末端就在卵蜂幼虫第二态时那一对气门张开的地方。

整整两个星期，纤弱的幼虫还是我所描述的那个样子，没有长大，可能也没有进食。我如此频繁地访问，但仍然没有发现它吃过什么。而且，它吃什么呢？在被侵犯的茧里，除了石蜂幼虫什么都没有。小虫子只有到第二态有了吸盘时才可以利用它。尽管如此，这段节食的生活并不是无事可做。小虫子探察着它的食物，一会儿走到这儿，一会儿走到那儿，它迈着尺蠖的步伐走来走去；它通过抬起和摇晃它的头来刺探周围的情况。

我觉得它们在这种长时间的过渡状态下并不需要进食。母亲将卵产在蜂巢表面，靠着合适的蜂房，但离乳娘仍有一段距离，因为乳娘被一道厚厚的围墙保护着。新生的幼虫要自己来到粮食处，不是通过暴力和撬锁，这不可行，而是要耐心地在裂缝的迷宫里尝试、放弃、再尝试，最后溜进去。这是一个非常困难的任务，尽管小虫很苗条，因为石蜂的砖石建筑特别结实。没有不结实的建筑的裂缝，也没有风吹雨打的裂隙，有的只是一片同质而无法穿过的表面。我觉得有一个地方会比较脆弱，而且只有几个巢是这样的：这就是穹屋与卵石表面结合的缝。水泥和石头这两种不同性质的材料的焊接会不完美，可能会留下缝隙，足够使像头发那样细的侵入者进入。不过在卵蜂占据的蜂巢上，放大镜仍然找不到这样的出口。

而且，我已经准备让小虫子在穹屋表面寻找蜂房时，自己选择入口。褶翅小蜂的产卵管能够插进去，更纤细的它怎么会没有通道呢？确实，褶翅小蜂有强大的力量和钻探工具，而小虫子太过柔弱，只有靠坚持不懈的耐心。有精良工具的褶翅小蜂三个小时能够完成，那么它多花点时间也能完成。这就可以解释，卵蜂在初始形态的两个星期里的职责是穿越石蜂的围墙，穿过茧的丝壳，来到食物旁。

对幼虫的生存状态发出感叹，体现了作者对幼虫进入蜂房所做的努力的设身处地和人文关怀。

我甚至以为它要花得更久的时间。这项工作如此辛苦，而劳动者如此纤弱！我不知道它们要花多长时间才能到达目的地。可能有更容易的路使得它们第一态结束之前来到乳娘身边，它们在第一态结束时，在我的眼皮底下，没有明显目的地勘察粮食。换新皮和进食时间还没有到。它们中的大部分必须钻进石蜂的毛孔，这就是我一开始寻找时一无所获的原因。

一些事实表明如果道路难开，进入蜂房可能会拖上几个月。有一些卵蜂幼虫面对的是变态即将结束的石蜂蛹。还有一些情况十分少见，卵蜂幼虫面对的是处于成虫状态的石蜂。这些幼虫一副病态，食物太硬，无法给乳儿进行哺乳。如果不是小虫子在蜂巢的高墙上停留太久怎么会有这些落后者？它们在合适的时间里进不去，便再也发现不了适合它们的食物了。西塔利芫菁的初态也是如此，从秋天一直到来年春天。尽管卵蜂的初态也如这样坚持下去，但它们并不是无事可做，它们固执地想要穿过厚厚的城墙。

我将小虫子和食物一起转移到玻璃管内，大约保持两周不变。最后我发现它们收缩起来，蜕下了表皮，成为我焦急等待的幼虫。我的疑惑最终有了答案。它确实是卵蜂的幼虫，奶油状的圆柱体，头上有个小圆扣，后面有一个突起。它不停地将吸盘贴在石蜂身上开始进食，这又将持续两个星期。接下来的事我们已经知道了。

在我们向小虫子告别之前，对它的本能说上几句。它刚从猛烈的阳光下孵化出来，光秃秃的石头是它的襁褓，粗糙的黏土迎接它的新生，它的蛋白纤维还没有凝固。但是内部是安全的，激活的生蛋白和石头发生争斗。它顽固地钻入每个石孔，它钻进去，向前爬行，后退，再重新开始。发芽植物的胚根进入松软的土壤，并不比它进入砂石岩更加坚持。是什么推进着它奔向石块下的食物，是什么罗盘指引着它？它对食物的分配情况知道些什么？它什么都不知道。植物的根对土壤的肥沃度又知道什么？也什么都不知道。但它们都走向了有营养的地方。有人提出了一套很学术的理论，用毛细作用、渗透作用、细胞渗透来解释茎向上生长、根向下生长。物理或化学知识可以解释为什么小虫子钻进坚硬的凝灰岩吗？我深深地屈服了，但却不理解也不想去理解。这个问题远远高深于我们那无意义的方法。

卵蜂的传记现在完整了，除了卵的那点儿细节还不知道以外。大部分变形的昆虫从孵化开始就保持着蛹的幼虫形态。卵蜂通过一种特别的演变，揭示了昆虫学的一系列新局面。在幼虫阶段呈现了两种形态，并且相互之间差异很大，无论是从结构还是其充当的角色。我把这两个阶段的构造称作“幼虫的二态现象”，从卵里出来的状态称为“初态幼虫”，第二种形态称为“二态幼虫”。其中，初态幼虫的作用是到达粮食处，因为母亲不能在上面产卵。它可以移动并且有运动触须，这个纤细的小生物能够钻进蜜蜂蜂巢围墙的最小缝隙里，穿过茧丝，进入供其食用的幼虫旁边。这个任务完成以后，它的角色便结束了。然后便出现二态幼虫，它不会行走。它待在被侵犯的住所里，无法自己离开，就像无法自己进来一样。它的任务就是进食。它就是一个塞满食物、消化食物、再储存食物的胃。接下来蛹出现了。它拥有出去的工具，就像初态幼虫拥有进来的工具一样。当解放完成后，成虫就出现了。成虫需要产卵。因此，卵蜂的循环分为四个时期，每个时期都具有其特殊的形态和功能。初态幼虫进入存有食物的卵内，二态幼虫进食，蛹钻开茧重见天日，成虫产卵，然后再循环。

经过一系列观察和实验，最终得出结论。

思维导图

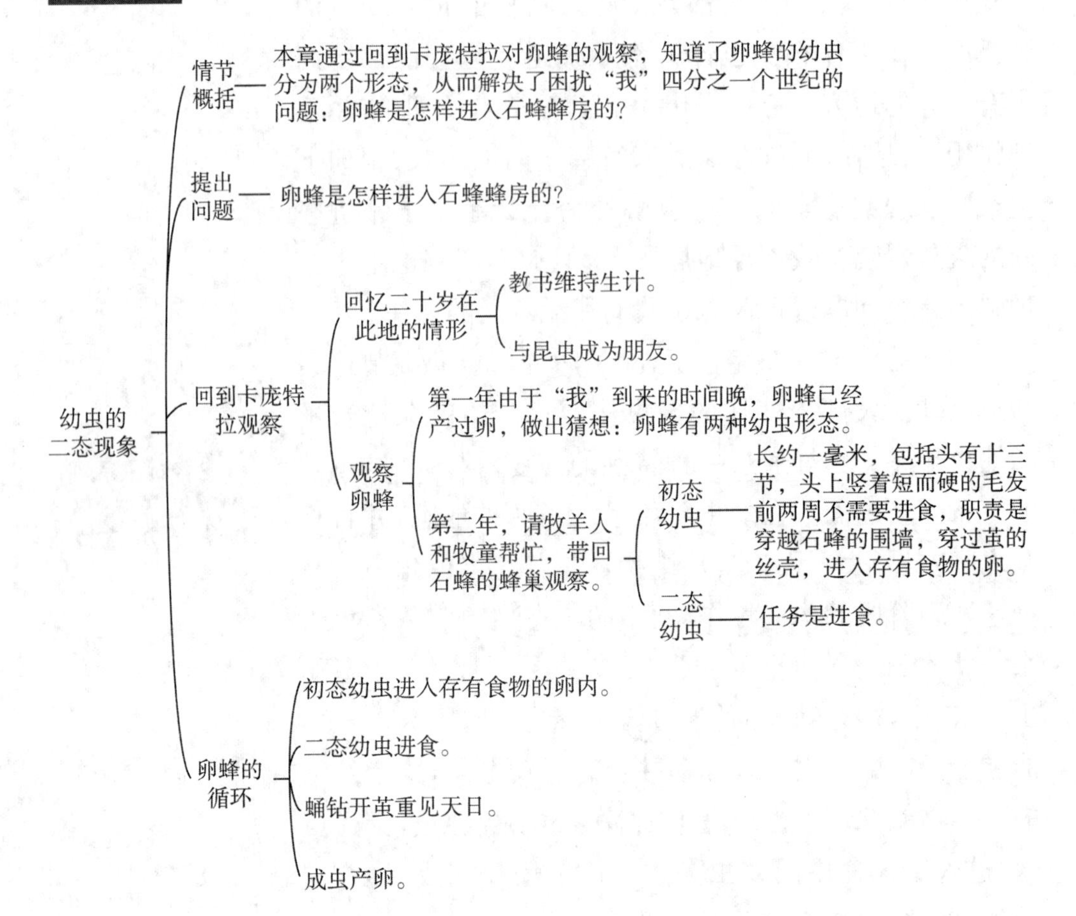
幼虫的二态现象
情节概括
本章通过回到卡庞特拉对卵蜂的观察，知道了卵蜂的幼虫分为两个形态，从而解决了困扰“我”四分之一个世纪的问题：卵蜂是怎样进入石蜂蜂房的？
提出问题
卵蜂是怎样进入石蜂蜂房的？
回到卡庞特拉观察
回忆二十岁在此地的情形
教书维持生计。
与昆虫成为朋友。
观察卵蜂
第一年由于“我”到来的时间晚，卵蜂已经产过卵，做出猜想：卵蜂有两种幼虫形态。
第二年，请牧羊人和牧童帮忙，带回石蜂的蜂巢观察。
初态幼虫
长约一毫米，包括头有十三节，头上竖着短而硬的毛发前两周不需要进食，职责是穿越石蜂的围墙，穿过茧的丝壳，进入存有食物的卵。
二态幼虫
任务是进食。
卵蜂的循环
初态幼虫进入存有食物的卵内。
二态幼虫进食。
蛹钻开茧重见天日。
成虫产卵。

第四章　返祖现象

开篇介绍不同的昆虫在孕育后代这件事上父母的分工：大多数昆虫中，父亲对家庭都很冷淡。

我在别处陈述的事实证明：昆虫界的普遍规律是父亲对家庭都很冷漠，而某些食粪虫却除外。它们知道家庭合作，父亲和母亲在组建家庭上有着同样的热情。它们这种几乎涉及道德的天赋来自何处？

人们可能以安置幼虫耗费巨大作为理由。一旦它们要为幼虫准备住所，留给它们生存所需的物资，从种族的利益着想，父亲帮助母亲难道不是更有好处吗？两人共同劳动会创造出一人单独劳动时不能创造的福利，单独劳动会负担太重。这似乎是个不错的理由；但是它更多的是被事实否定而不是被肯定。为什么西绪福斯是个勤劳的父亲，而金龟子却游手好闲呢？但这两种食粪虫却有同样的技艺、同样的育儿方法。为什么月形蜣螂知道它的家属而西班牙蜣螂却不知道呢？前者是帮助它的伴侣，从不离开它。后者却很早就离异，在把孩子的粮食堆积加工好之前就离开新婚的家庭。尽管如此，两者在制作卵形小球方面都花费巨大，小球被整齐地安放成排，需要小心管理。产品的相似使人觉得它们的习俗也相似，这是个错误。

让我们研究一下膜翅目昆虫吧。毫无疑问，它是第一个留给后代遗产的昆虫。不管留给子孙的财富是一罐蜜，或是一筐猎物，父亲从来不参与。当住宅外面需要打扫，父亲也从来不清扫一下。无所事事是它始终如一的规律。在有些情况下，抚养家庭的巨大开支也没有唤起父亲的本能。那我们从哪儿寻找答案呢？

让我们使这个问题更加丰富：让我们丢下小虫子来关心一下人吧。我们有我们的本能，当某些本能从平庸之中突显出来达到一定高度时，就获得了天才这个名称。我们惊叹于从平凡之处涌现出来的不平凡的事物，光辉的亮点使我们着迷，在黑暗中闪闪发光。我们赞赏，但不知道这光辉的景象来自何处，于是我们对这些人说：

“他们有天赋。”

一个牧羊人排列着一堆堆石子来消遣烦闷，他变成了一个擅长计算的人。他不借助其他方法，只是短暂的思考。他的心算快速而准确，令我们惊恐。那一大堆数字压得我们喘不过气，在他的脑海中却是那么井然有序。这个不可思议的算术高手有本能，有天赋，有算术的天赋。

第二个孩子，在我们开心地玩着弹子和陀螺的年纪，他离开喧闹的人群，倾听心中发出的天堂里竖琴的回音。他的脑袋是一座装满了虚构的乐器的教堂。丰富的韵律只有他一个人听得到，他听得出了神。祝福他终有一天会用他的音乐唤起我们高尚的感情。他有本能，有天赋，有音乐方面的天赋。

第三个孩子，他吃面包和果酱时总会弄得满脸都是，他喜欢将黏土捏成自然稚拙、栩栩如生的形象，令人惊叹不已。他用刀尖将石楠根做成各种有趣的面具；他将黄杨木雕刻成马或羊；他在砂石上雕刻狗的形象。我们让他去做吧，如果上天助他一臂之力，他可能会成为有名的雕刻家。他有本能，有天赋，有形态方面的天赋。

在举了三个关于天赋的例子后，作者开始点题，提出“返祖现象”一词。

在人类活动的各个领域，比如艺术、科学、工业、商业、文学、哲学方面都是如此。从我们一出生开始，我们身上就潜伏着将我们和凡夫俗子区别开来的特征。这样与众不同的特征是来自何处呢？有人告诉我们是来自一系列返祖现象。返祖现象有时是直接的，有时是遥远的，它将这种特征传给我们，时间对其进行了添加或修改。如果你查询家族族谱，你会追溯到天才的根源。它首先仅仅是条涓涓细流，然后是滔滔江河。

遗传这个词是多么深奥神秘！形而上学的科学已经试着向它投射出一点光辉，但科学只成功地为自己创造了一种不合规范的行话，让晦涩难懂的东西更加晦涩难懂。对于我们渴望清晰透明的人来说，让我们把这些深奥难懂的理论留给那些对这种理论乐此不疲的人，让我们把我们的抱负仅限于能够观察得到的事实上，而不要企图解释原生质这些理论。我们的方法当然不会向我们解释本能的起源，但它至少会告诉我们它是值得去寻找的。

进行这种研究，需要一个被彻底了解、连其内部特性都被彻底了解的实验对象。那我们去哪儿寻找这个对象呢？如果可以察知别人生命的深层秘密，就会有许多符合条件的对象。但是没有人能够探测除了自己以外的别的生命。如果永不磨灭的记忆和沉默的才能，能够准确地探测出这个对象，这就是太幸运了。我们谁都不能进入别人的角色，但是考虑到这个问题，他又必须置身于别人的角色。

我知道，自我是非常令人讨厌的。为了研究，读者需要仁慈地原谅这个自我。我将替换粪金龟，像对待虫子一样直截了当地询问我自己，在我的各种本能中，主宰其他本能的本能来自何处。

自从达尔文授予我“无与伦比的观察家”的称号以来，“无与伦比”这个词经常会在我的脑海中，我自己还不知道我具有哪方面独特的品质。在我看来，对周围的一切都感兴趣是极其自然的。让我们跳过这个话题，姑且认为这个恭维言之有据吧。

作者提出将拿自己做研究，语言诙谐，谦逊有礼，引出下文对祖父母、外祖父母及父母的叙述，从而探讨“天赋”“遗传”等话题。

如果是肯定我对昆虫的好奇心，我就不再犹豫了。是的，我拥有经常推动我接触这个奇特世界的本能；是的，我认为我能够把我大量的宝贵时间花在研究上，如果可能，这些时间会更好地运用在防止往日的苦难上；是的，我承认我是个昆虫的狂热观察者。这些有特点的癖好有时会折磨我，有时又会给我带来快乐，它是怎样发展起来的呢？其中有什么东西需要归结于返祖现象呢？

芸芸众生是没有历史的。他们受到现在的困扰，也无法想到记住过去的回忆。告诉我们关于祖先的历史吧，让我们知道他们的过去；知道他们如何同残酷的命运做斗争；知道他们坚持不懈地努力造就了今天的我们。这些珍贵的资料极富教育意义，令人鼓舞。对于个人而言，没有任何历史具有这种历史资料的价值。但是由于一些情况，家庭被抛弃，一家人突然失踪，使得不再有人认得这个家。

在众多辛劳者中我只是个普通人，我对家庭的回忆也十分贫乏。在祖父那一代，我收集的资料突然变得晦涩不清起来。由于以下两点理由，我将在这方面花点时间：首先是了解返祖现象的影响，然后是留给我的孩子们与他们相关的一页纸。

我不认识我的外祖父。有人告诉我，这个令人尊重的祖先是鲁埃格地区最贫困的行政区的传票送达员。他曾经在邮戳纸上书写早期的拼写词。他保持笔盒里装满墨水和笔，他翻山越岭，从一个无力偿还债务的穷人家走到另一个无力偿还债务的穷人家，制作证书。在这样充满欺骗的环境中，这个低级学者同艰苦的生活做斗争，自然是对昆虫漠不关心；顶多有时候遇到昆虫，他会把昆虫踩在脚下。这只不为人所知的昆虫，被人们觉得有害，不值得进行深入的研究。至于外祖母，她除了做家务和念佛珠以外，几乎什么都不知道。除非你在邮戳纸上书写什么，她一直认为字母不会带来任何好处，只会损害视力。她那个时代的人们谁还关心读书写字呢？读书写字是留给公证人的奢侈物，而且公证人也不是随便乱读乱写的。不用说，她是最不关心昆虫的了。有时当她在水龙头下清洗蔬菜时，发现生菜叶子上有一条毛虫，她会吓一跳，然后把这讨厌的害虫扔得远远的，割断被看作是危险的联系。总之，对于外祖父母来说，昆虫是个毫无意思的生物，是人们不敢用指尖去触碰的讨厌的东西。毫无疑问，我对虫子的兴趣肯定不是从他们那儿遗传来的。

借介绍生活在鲁埃格地区的祖父母，描写了鲁埃格高地上的风土人情。

关于我的祖父母，我有比较确切的资料。由于他们健康长寿，所以我知道他们。他们是种地的，一辈子都没打开过书本，以至于他们和字母之间的怨恨特别深。他们在鲁埃格的高地上种着一块贫瘠的土地，寒冷的山脊上布满花岗岩。他们的房屋孤零零地坐落在欧石楠和染木料之间，方圆几公里都没有邻居，偶尔会有狼来探望。对于他们来说，这座房屋就是宇宙的中心。除了赶集的日子有人把牛赶到附近的村子外，其他地方都只是模糊地听说过。在这片荒无人烟的地方，有一片沼泽地，里面有彩虹色的水从地里渗出，向他们主要的家产——牛提供茂盛的草。夏天，在长满矮草的斜坡上，用树枝做成的栅栏日日夜夜地保护着羊群不受到野兽的攻击。当牧草被剪短后，牧场就移到别处。牧场的中央是牧羊人的移动小屋，一间麦秆小屋。如果有盗贼或狼在夜间从邻近的树丛来到这里，两只戴有锥形项圈的狗就负责保卫此处的安宁。

家禽饲养场里一直铺着一层牛屎，深及我的膝盖，粪堆被闪烁的深棕色粪尿坑隔开。这里居民众多，有跳跃的羊羔，大声叫嚷的鹅，刨地的鸡，呼噜呼噜叫、乳房上吊着一群小猪的母猪。

恶劣的气候使这里的农业不能快速发展。在风调雨顺的季节里，他们会焚烧长满染料木的荒野，然后用摆杆步犁翻耕被草灰弄肥了的土地，种上几英亩的黑麦、燕麦和土豆。最好的角落用来种植大麻，这种作物向家庭卷线杆和纺锤提供亚麻布的材料，是祖母喜爱的作物。

祖父是个对养牛养羊非常精通的牧人，但对其他事情一概不知。如果他知道在远方的亲人对这些在他的生命中从没见过的、毫无意义的昆虫如此迷恋，他会多么惊讶啊！如果他猜到这个疯子就是我，那个吃饭时坐在他身旁的笨蛋，他会有多么愤怒啊！

严肃、不苟言笑的祖父，勤劳的祖母，这是常见的人物形象。然而，对祖父母装扮的描写，又充满了异域特色。

“谁让你把时间浪费在这些毫无意义的事情上的！”他会愤怒地说道。

这个一家之长总是不苟言笑。我总是看到他严肃的面容。他的头发浓密，常常被拇指拨到耳后，古代高卢人浓密的长发散在肩上。我看到他的小三角帽、用搭扣扣着的短裤、填满稻草走起路来发出声响的木头鞋。啊，不！在他身边喂养蝗虫、挖食粪虫等那已经逝去的童年并不愉快。

祖母是个很虔诚的人，她总是戴着鲁埃格高地妇女独有的古怪帽子：帽子是个黑毛毡圆盘，像厚木板一样硬，中间装饰有一指高、比六法郎宽的帽顶。下巴上系有一条黑色丝带，用来保持优雅但不稳固的轮状物的平衡。腌菜、大麻、小鸡、凝乳、乳清、黄油；洗衣服、照看小孩、料理全家用餐，这就是这个辛勤劳动的女人的全部想法。在她左侧是卷线杆，杆上装着亚麻布料；在她的右侧是纺锤，她用灵巧的手指不停转动纺锤，纺锤时不时被唾液弄湿。她料理全家的生活，将家里弄得井井有条，并乐此不疲。我印象特别深刻的是一个冬天的晚上，那样的时候更适合家人团聚聊天。吃饭的时候，全家人一起围着一张长桌子旁，坐在两条长凳上，凳子由四条快要散架的凳腿支撑着。每个人面前有一只木碗和锡匙勺。桌子顶端有一个车轮大小的黑麦圆形大面包，面包被一块散发着诱人香味的麻布包着。祖父切开足够一餐食用的分量，然后用只有他一人可以使用的刀将切下的面包分给我们。现在每个人都用手指掰碎面包，随心所欲地将碗盛满。

接下来轮到祖母了。大锅里的汤在炉膛的火焰上沸腾翻滚，呼噜呼噜地吟唱着，散发着美味的培根和萝卜的味道。祖母用一只长长的铁勺为我们每人舀出可以浸湿面包的汤，然后舀出一些萝卜和半肥半瘦的培根，将碗盛满。桌子的另一端放着大水罐，口渴时可以尽情喝。多么好的胃口啊，多么欢乐的晚餐啊！当这段晚餐配上家里自制的乳酪时就更完美了！

在我们身旁，大壁炉在猛烈燃烧。这么冷的天气里，壁炉里燃烧着整根树干。在大壁炉一个涂着烟灰的角上，在合适的高度，有一块板岩薄片，这是晚上能够照亮厨房的照明工具。这里面燃烧着松树碎片，都是从半透明的、浸有松脂的松树碎块中选出来的。这盏灯在房间里发出淡红色的光，可以节省小油灯里的胡桃油。

当我们吃完后，最后一小块乳酪也收起来了。祖母又回到她壁炉角落的凳子上，摆弄起卷线杆来。我们小孩子，男孩女孩都蹲坐在炉火旁，将手伸向染料木发出的熊熊火焰。我们围着祖母听她讲故事。她讲的故事都没有太大变化，但仍然很精彩，因为狼常常出现在故事中。我非常想见到这只狼，它是很多故事的主人公，经常把我们吓得毛骨悚然，但牧羊人总是拒绝让我们在晚上进入牧场中央的茅屋。当我们讲完这些可怕的狼、龙和蛇，含有松脂的碎木也发出最后的光芒，我们就去睡觉了，这是劳动带给我们的甜蜜的觉。一家之中我最年纪最小，我有享受床垫——用燕麦壳塞满的袋子的权利。其他人只能睡在麦秸上。

我欠您多少恩情啊，亲爱的祖母。在您的膝盖上，我找到了对最初悲伤的安慰。你可能遗传给我充沛的精力、对劳动的热爱；但可以肯定的是，你并不比祖父更多地了解我对昆虫的热情。

祖母勤劳、精力充沛、爱孩子，会给孩子们讲关于狼的故事。作者深爱着祖母，却也知道她“并不比祖父更多地了解我对昆虫的热情”。

我的父母也同样不了解。我的母亲目不识丁，她认为接受教育是痛苦的、令人疲倦的，这和我的爱好所需要的一切完全相反。我发誓，我的才能必须从别处寻找其根源。这个根源在我父亲那儿也找不到。他是个像祖父一样勤劳壮实的人，我能干的父亲在年轻时上过学。他知道怎么写，但不会任意拼写；他知道怎么读，只要所读的文章难度不大于年鉴里的小故事，他就能读短短几句话，表现了父亲的生存状态。父亲同样难以理解作者对昆虫的热情。

懂。他是我们家里第一个受到城市诱惑的人，然而他活得很懊悔。他钱不多，技术也不精通，只有上帝知道他要怎样维持生活。他饱尝了一个乡下人变为城里人的失望。他运气不好，尽管他有力气而且善良，他还是饱受生活的重压，他是不会让我投身于昆虫学的。他更关心其他更直接、更重要的事儿。当他看到我用大头针将昆虫固定在软木塞上时，他立刻给了我几耳光。这就是我从他那儿得到的全部鼓励。也许他是对的。

结论是肯定的：在返祖现象中，没有任何内容能够解释我对观察事物的爱好。你可能会说我对过去追溯的不够远。可我的资料在祖父母一代便终止了，我只在一定程度上知道：我将找到更加朴实的祖先：农夫、黑麦播种者、羊倌，由于环境影响，他们在观察事物方面都毫无能力可言。

家境贫困，作者小时候被安排跟随祖母生活。在与动物的相处中，他内心的曙光逐渐升起。

我在幼年时代就开始喜欢观察事物。我为什么不描述我那些最初的发现呢？那些发现极其天真，却能够让我们了解我的才能的发展趋势。当我五六岁时，为了让贫困的家庭少一个人吃饭，就像刚才所说，我被安排给祖母照看。在那儿，在我的独处生活中，我智力的光芒在鹅、牛、羊中间显露出来。在此之前这一切对我来说就是无法穿越的黑暗。内心的曙光升起的那一刻，我的生活才真正开始，驱散了浑浑噩噩的薄雾，使我留下了持久的记忆。我能够清楚地看到我自己身穿弄脏了的长袍，长袍拖到了脚后跟；我记得我用一根绳子将手帕挂在腰间，手帕经常会丢失，代替它的是长袖的卷边。

有一天，我这个喜欢沉思的小男孩，将手背到身后，脸朝向太阳。耀眼的阳光使我心醉神迷。我是一只受到灯光吸引的飞蛾。我是用嘴巴和眼睛来享受这耀眼的光芒吗？这就是我初露头角的科学好奇心提出的问题。读者们，请不要笑。未来的观察者已经在锻炼自己和做实验了。我睁开眼睛，闭上嘴巴，耀眼的光辉消失了;我又睁开眼睛,闭上嘴巴,耀眼的光辉又重新出现了。我重新开始,得到了一样的结果。问题解决了:我知道了我是在用眼睛看。多么神奇的发现啊! 那晚我向家人汇报了这个发现。祖母温柔地笑话我的天真;其他人也都笑话我。世间的事就是如此啊。

还有另外一个发现。夜幕降临时,在附近的荆棘丛中,清脆的声音吸引了我的注意。在这寂静的夜晚,这声音非常轻,非常柔。是谁在发出这声音? 是小鸟在窝里鸣叫吗? 我必须立刻去观察情况。他们告诉我那儿有狼,会在这个时候出没。我还是去看看吧,地方并不远,就在染料木丛后面。我观察了好长时间,但都是徒劳。荆棘只要轻微一动,声音就停止了。第二天、第三天我又去观察了。这次我的坚持获得了成功。嗖! 我抓住了这个歌者。它不是一只鸟,而是一只蝈蝈,我的玩伴教我品尝过它的后腿。我长时间的埋伏获得了一些补偿。事情最美妙的并不是它那像虾一样美味的后腿,而是我刚才所学到的东西。现在,我通过自己的观察知道了蝈蝈会唱歌。我没有告诉他们我的这个发现,我害怕会受到嘲笑,就像上次太阳的故事那样。

通过亲自观察得知蝈蝈会唱歌,也在作者小小的心灵里埋下一颗种子。这颗种子观察伴随了他一生。

哇,屋子旁边田里的花儿好美啊! 它们仿佛用那紫色的大眼睛向我微笑。后来,我看到了一串串红色的大樱桃。我尝了一下,不好吃,而且没有核。这些樱桃会是什么呢? 秋末,祖父来到这儿用铁锹把我的观察田弄得天翻地覆。他从地下挖出一筐筐、一袋袋圆根似的东西。我知道那个根,家里有很多。我多次把它放在泥炭炉上煮,这是土豆,它那紫色的花和红色的果实一直存在我的记忆中。

我这个未来的观察者——六岁的小男孩,一直警觉地观察着昆虫和花草,就这样无意识地锻炼着自己。他走向花儿,走向昆虫,就像粉蝶走向甘蓝、赤蛱蝶走向蓟草一样。他受到好奇心的吸引观察着,询问着,而在返

以旁观者的视角观察幼年时的自己。

祖现象中看不到这种好奇心的秘密。他身上有着他的家族从未有过的才能的胚芽，他身上散发着祖先身上并没有的微光。他幼年时代微不足道的闪光点会变成什么呢？毫无疑问它会熄灭。除非教育参与进来，用例证给它喂食，用锻炼使它强大。那时，学校教育将解释返祖现象无法解释的事。这也是我们下一章节所要研究的。

思维导图

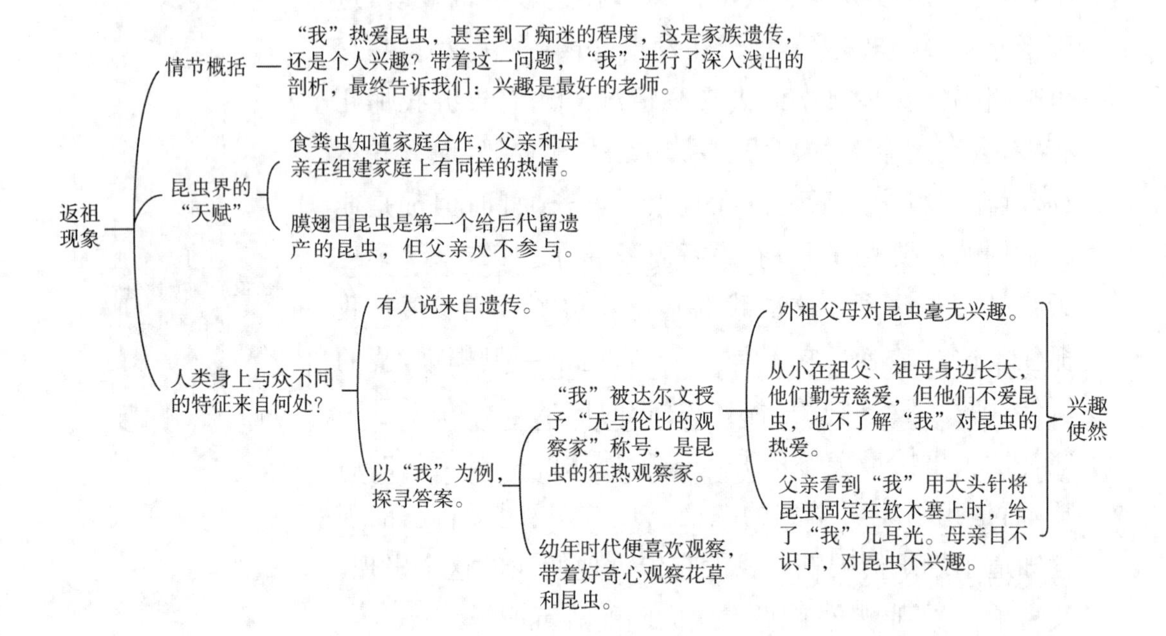

第五章　我的学校

我回到了村子里，回到了父亲家里。我七岁了，到了上学的年纪了。没有比这更好的事儿了：老师就是我的教父。我该怎么称呼让我认识字母表的房间呢？我无法找到准确的字眼，因为这个房间有各种用处。它一度是学校、厨房、卧室、餐厅，有时又是养鸡场、猪圈。说到学校，那时人们不会想到宏伟壮丽的建筑，一个破破烂烂的小屋就足够了。

作者描述的学校跟我们印象中的学校有着很大的差距，这吸引着我们想要进一步了解作者的求学生涯。

房间里有一个宽大的梯子通到楼上。梯子下面，在木板凹处有一张大床。楼上有什么呢？我也不知道。我看见老师有时从上面搬下一抱喂驴的干草，有时搬下一筐土豆，主妇将土豆倒在装有小猪饲料的锅里。楼上可能是个粮仓，储藏着人和动物的食物。这两间房构成了整个住宅。

让我们回到下面的房间，也就是回到学校里来吧：房间里有一扇朝南的窗户，这是这个屋子里唯一的窗户。窗户窄而低，窗框正好碰到人的脑袋和双肩。这个窗洞是这个屋子里唯一有生机的地方，从这儿可以俯瞰大半个村子。村子铺展在山谷的斜坡上。老师的小桌子就在窗洞旁。

正对窗户的墙上有一个壁龛，有一只盛满水的铜桶闪闪发光。口渴的孩子们可以随时拿起手边的杯子开怀畅饮。壁龛上方的几块隔板上有几件锡器：盘子、碟子和饮具，这些东西只有在盛大的节日里才从龛顶上取下来。

阳光照射进来，照射到涂有肖像画的墙上。画中有七哀圣母，这位孤独的圣母敞开她的蓝色外套，露出她被七把利剑刺穿的心。在太阳和月亮之间瞪圆眼睛看着你的是天主，他的长袍像被狂风吹着般鼓起来。窗户的右边的墙上画着永世流浪的犹大。他头戴三角帽，身穿白色皮革围裙，脚上穿着钉有平头钉的鞋子，手上拿着结实的棍子。画的旁边写道："人们从来没有见过如此满脸胡须的人。"绘画者没有忘掉这个细节：老人的胡子像雪崩一样摊在围裙上，一直垂到膝盖。左边是布拉班特的吉娜维芙，一只母鹿陪伴在她身边。荆棘丛中躲藏着凶猛的戈洛，手中握着一把匕首。上面是克雷底先生之死，他在小酒店门口被赖账者杀死。四面墙上的空处都被画满了这样五花八门的画。

我对着这个画廊很是赞赏，它以红、蓝、绿、黄这些丰富的色彩吸引着我们的目光。尽管老师摆出他的收藏品并不是为了培养我们的思想和心智。他不会把这种事儿放在心上的。他是独具风格的艺术家，他根据他自己的审美装饰这间屋子，而我们就受益于这些装饰品。

如果说这个每幅画值半便士的画廊一年到头都让我感到快乐，那么在寒冷的冬天大雪铺满地面时，我发现的另外一个使我开心的东西更加吸引我。那就是房间远处墙上的壁炉，它和祖母家的壁炉一样大。它的拱形檐口同房间一样宽，巨大的壁凹有多种用处。中间是壁炉的炉床，但是在左右两边是两个齐胸高的壁龛，一个是木头做成的，一个是砖石做成的。每个壁龛就是一张床，上面铺着塞满谷壳的床垫。两块移动的木板就是遮板，如果睡觉的人想要把自己隔开，就可以关上这两只匣子。这间寝室在壁炉架下，向这间房的两个寄宿者提供了床。夜晚，当北风在黑沉沉的谷口咆哮，雪花漫天飞舞时，他们躺在壁龛里，关上遮板，非常温暖舒适。房间的其他地方也被炉床及它的附属装置占用：三脚板凳，保持干燥的盐盒子，需要使用双手的重型铲子，还有和祖父家一样需要靠腮帮吹气的风箱。它是将一根粗大的松木用炙热的铁钎掏空做成的，通过这个箱孔，嘴里呼出的气息被引导到远处需要重新点燃的木柴上。用两块石头搭成的支撑台上，燃烧着老师和我们每人每天早上带来的木柴，如果我们想分享壁炉里的美味佳肴的话。

这火并不是只是为我们而燃烧，它首先要烧热摆成一排的三只小锅，锅里炖着猪食——土豆和糠的混合物。尽管我们提供了木柴，可这才是这堆炉火燃烧的真正用途。两个寄宿者坐在板凳上，这是最佳的位置，而我们围着大锅，蹲成半个圆圈，大锅里的东西满满地溢到锅边，冒着蒸汽，发出扑通扑通的声音。当老师的目光移向别处，大胆的孩子就用刀去刺快要煮熟的土豆，并把它蘸到面包上。我必须说明一下，虽然我们在学校学习很少，但却吃得很多。我们一边写字或做算术时，一边砸坚果、啃面包是常有的事儿。

我们这些小孩子，学习时嘴巴塞得满满的，除此之外还有其他两个乐趣，堪比砸坚果带来的快乐。后门连着家禽饲养场，饲养场里，母鸡被小鸡围着扒粪堆，成群的小猪在石槽里打滚。这扇门有时会打开，我们便到外面玩。这些调皮鬼在回去之后都不把门关上。小猪们被煮熟的土豆的味道所吸引，立刻一个接一个地跑进来。我的板凳——年纪最小的学生坐的板凳，紧靠着墙，正好就在铜桶下面，当我们吃坚果吃得口渴时，很方便就能喝到水。这时我的凳子正好就在小猪奔来的过道上。它们发出咕噜咕噜声，一路小跑，尾巴卷曲起来；它们轻轻摩擦我们的腿，用它们粉红色的鼻子戳戳我们的手，以便取走面包屑；它们用犀利的小眼睛询问我们口袋里是否有干栗子。它们在教室里转来转去，一会儿在这儿，一会儿在那儿，老师用手帕友好地把它们赶回饲养场。接下来母鸡也来了，带着那一群毛茸茸的小鸡。我们都热切地弄点面包屑给我们这些可爱的参观者。我们互相比谁能把它们吸引到自己身边，并用手指抚摸它们柔软的毛茸茸的后背。不，我们这里当然不缺少娱乐。

作者对小猪、母鸡和毛茸茸的小鸡进行了绘声绘色的描写，这些可爱的小动物给作者的学校生活带来了乐趣，同时，也在作者幼小的心里埋下了一颗种子——关于动物。

在这样的学校里我们能学到什么！让我们先谈谈年纪小的，我就是其中之一。我们每个人手里都有，或者被认为有一本值几便士的书——识字课本。灰色的封面上印着一只鸽子，或者是像鸽子的东西。然后是个十字架，接着是按顺序排列的字母。翻过这一页，就是可怕的 ba，be，bi，bo，bu，这是大多数孩子的绊脚石。当我们掌握这可怕的一页的知识后，我们就被认为会读了，并被允许和大孩子们一起学习。但是，要使用这本小书，老师至少要教会我们每个人，让我们知道我们用什么方法着手。但是他花了大量时间在大孩子身上，根本没有空闲。将那本印有鸽子的识字本强加给我们，只是让我们有个小学生的样子。我们应该坐在板凳上思考它，在同桌的帮助下辨认它，如果他知道一两个字母的话。可是我们的思考得不出什么结果，因为大家都想着炖锅里的土豆，他们为了一颗子弹与同伴争吵，呼噜呼噜叫着闯入的小猪及来访的小鸡，这都会打扰我们思考。在这些娱乐活动的帮助下，我们耐心地等到放学。这才是我们最认真的事儿。

大孩子们在写字，他们享有着房间里仅有的一点点光线。他们坐在狭窄的窗边，永世流浪的犹大和冷酷的戈洛相互对视，而且房间里唯一一张周围有板凳的大桌子也属于他们。学校什么也不提供给我们，甚至连墨水都不提供，每个人得带上一整套用具来到学校。那时候的墨水瓶是个分成两层的纸板盒，让人想到拉伯雷笔下古代的笔盒。上面一层装着笔，是用小刀将鹅或火鸡的羽毛修剪而成的羽毛笔；下面一层装着一小瓶的墨水，墨水是混合着煤烟的醋。

老师的首要工作就是修剪羽毛笔，这是个很细致的工作，对不熟练的指头并非没有危险。然后根据学生的能力在白页的第一行画一道杠，然后写一行字母或单词。这些都做完后，让我们看看老师的杰作吧！老师用小指支撑用力，手腕像波浪般动起来，准备做手的冲跃动作。突然，他的手启动、飞跃、旋转；看，在他书写的那行东西下面展现出由环形、螺旋形和螺线形构成的花环，花环里有一只展翅欲飞的小鸟。这些都是用红墨水画成的，只有如此美丽的作品才配得上这支笔。大孩子和小孩子都在这样杰作面前惊呆了。晚上一家人聊天时，大家把这个从学校带来的作品传来传去，大家评论道：

“好厉害啊！”

“他用一支笔就为你画了个圣灵！”

我们在学校里都读什么？读的最多的是法文宗教故事里的几个片段。

我们也经常读拉丁文，这是为了教我们在晚祷时唱歌。一些比较厉害的学生会试着读手写本和卖契，那里面有公证人写的晦涩难懂的话。

那历史呢，地理呢？从来没有人提过。地球是圆的还是方的对我们来说并不重要！任何情况下，让它生产出东西都是一样的困难。

那语法呢？老师很少关心语法，我们就更不关心了。名词、陈述句、虚拟语气这些语法术语以它们新鲜而又难懂的结构令我们惊讶不已。口语或书面语的正确使用都必须通过实践来学会。我们并没有被这个问题所困住。放学回家放牧羊群时，追究这些细微的差别有什么用呢！

那算术呢？是的，我们学过一点点，但不是在这个学术名称下。我们称它为计算。写下几行不太长的数字，把它们相加；把一个数从另一个数中扣除，这便是经常做的练习。星期六晚上，为了结束一周的学习，大家都忙乱起来。学习最好的学生站起来响亮地背诵一到十二的乘法表。我说是十二，因为那个时候是用旧的十二进制计量制，而不是十进制。当背完以后，整个班级，包括年纪小的学生，一起重复一遍，那吵闹声，如果小鸡、小猪碰巧在那儿，都会被吵得离开的。乘法表要背诵到十二乘以十二。领头的给下一组十二开个头，整个班级又一起大声重复。我们在学校里所学的东西中，乘法表是学的最好的，通过这种吵闹的方法让我们把数字深深印在脑海里。但这并不意味着我们就变成了熟练的计算高手，我们当中最聪明的学生也会被乘法进位弄得晕头转向。至于除法，更是很少有人能达到这个水平。总之，为了解决最小的问题，我们更多地使用心算，很少使用算术的巧妙方法。

我们的老师非常优秀，他要办好学校只差一样东西，那就是时间。他的职务占据他太多时间，所以留给

老师身兼多职，教学时间少之又少，老师的忙碌让作者和同学们学到的语法、算术、地理等知识屈指可数，但这也给了作者难得的自由和钻研时间。

我们的时间少之又少。最重要的是，他帮助一个在外的业主管理财产，这个业主只是偶尔才回到村子里。他帮他管理一座有四座塔楼的城堡，这些塔楼已经变成了鸽舍；他还帮助收贮干草、摘打胡桃、采摘苹果和收割燕麦。夏天我们都会去帮助他。冬天很多人都去的学校现在几乎是空无一人，只剩下一些在田地里帮不上忙的小孩子，其中包括有一天把这些难忘的事儿记录下来的小孩子。那时候上课更加愉快。他们经常在干草堆上或麦秸堆上上课；上课的内容经常是打扫鸽舍或踩碎雨天从堡垒中爬出来的蜗牛，蜗牛的堡垒就在与城堡相通的花园里的黄杨木林边缘。

我们的老师是个理发师。他用他灵巧的双手——那只能够在我们的练习簿上描绘出螺旋状鸟儿的双手，为当地的名人修剪头发——村长、教区牧师、公证人。我们的老师是个撞钟人。村子里有婚礼或是洗礼时就必须中断上课：他必须去鸣响钟声。当有大暴雨威胁时我们就会放假：他必须鸣响钟声提醒人们避开雷电和冰雹。我们的老师是个唱诗班领唱人。当他在晚祷上唱圣母颂时，洪亮的声音响彻教堂。我们的老师为大钟上发条、校准。这是他最自豪的职务。他看一眼太阳，确定大概的时间，爬上钟楼顶端，打开木板，将自己置身于错综复杂的齿轮中间，这其中的秘密只有他知道。

课本封面上的鸽子成了作者爱好的启蒙，可见这颗理想的“胚芽”足够顽强。

有这样的学校、这样的老师、这样的榜样，我那初期还未明确的爱好会变成什么呢？在那样的环境下，这些爱好始终受到压抑，最终被扼杀。然而，实际情况并不是如此，因为胚芽有很强的生命力。它搅动着我的静脉，一直不离开。它到处寻找食物，直至看到我那值几个便士的识字课本的封面。那里有我观察的鸽子的图像，我思考这个的热情超过了学习 ABC 的热情。它那圆圆的眼睛被斑点状的圆环框着，像是在对我微笑。它的翅膀向我讲述着它在美丽云彩间的飞行。我一根根地数着它翅膀上的羽毛，这只翅膀把我带到了山毛榉林，这些树木在长满苔藓的地上竖起光滑的树干，地上散布着白色的蘑菇，看上去像漂泊的母鸡下的蛋；它还把我带到被积雪覆盖的山峰，在那里鸟儿用红色的爪子留下了星形的印记。它是个好伙伴：它安慰我，让我忘记隐藏在书本封面下的悲伤。因为有了它，我能够安静地坐在板凳上等待学校放学。

露天学校还有其他魅力。当老师带领我们去杀死黄杨木林边缘的蜗牛时，我并不总是一丝不苟地履行我消灭者的职责。在准备处罚这一把收集到的蜗牛时，我有时会犹豫。它们是多么美丽啊！细想一下吧：它们有黄色的、粉红色的、白色的、褐色的，全部都有螺旋形条纹。我装满一袋子以便闲暇时观赏。

在收割干草的日子里，我和青蛙建立起了友谊。青蛙被剥了皮刺在一根劈开的竹竿上，它是我在小溪边用来诱惑虾爬出洞穴的诱饵。我在黑桤木树上抓到了一只单爪丽金龟，这个金龟子非常漂亮，连蔚蓝的天空都会相形见绌哦。我采摘水仙花，学会用舌尖吮吸甜蜜的水滴，这水滴只有在裂口花冠底部才能找到。我还知道了沉溺于这种美味太久会引起头痛，但这种不适丝毫不会削弱我对这种有魅力的白色花朵的赞美。它在漏斗的入口处有一个红色颈圈。

当我们去摘打胡桃树时，在贫瘠的草地上，蟋蟀张开翅膀，有的是蓝色扇形，有的是红色扇形。就这样，即使是在隆冬，乡村学校也源源不断地向我提供我感兴趣的事物。不需要任何规则和例证，我对昆虫和植物的热情自动成长起来。

而没有进步的是我的文科知识。为了鸽子，我大大地忽略了学习。父亲由于偶然的灵感，从城里带给我能够启发我阅读的东西时，那时的我，对晦涩难懂的识字课本不抱希望。尽管这微不足道的东西在我的智力开发上有重要的作用，但我在这方面实在没有花费太多精力。书里有一幅很大的、值一点五便士的图画，五颜六色，被分成格子状，每个格子里都有一种动物，并写着其名称的第一个字母。

我要把这珍贵的图画放到哪儿呢？在家中小孩子的房间里，有一扇和学校一样的窗户，也有一个壁龛，也可以俯瞰整个村子。这两扇窗户一扇在有鸽舍塔楼的古堡的左边，一扇在右边。两扇窗户都能很好地看到山谷的顶端。当老师离开他的小桌子后，我才能去欣赏这窗外的美景。而我家那扇窗户可以随心所欲地使用。我经常长时间地坐在靠窗的位置。

景色非常美。我能够看到大地的边界，也就是说，除了被雾笼罩的缺口外，我看到了挡住地平线的山丘。在这个缺口里，在桤木和柳树的下面，流淌着有小虾游过的小溪。一些被风吹动的橡树耸立在山脊上，插入云霄。再远的地方就没有什么了。那是一些未知的神秘世界。

山谷的后面是教堂，教堂的尖顶有三座时钟。更高的地方是山谷的广场。在宽大的拱形屋顶的遮盖下，喷泉水从一个水池流向另一个水池，发出汩汩声。我能够在窗边听到洗衣服的妇女在喋喋不休，捶衣杵的敲打声，用沙土和醋刷洗盘子的刺耳声。斜坡上有几间小屋，屋前的花园呈台阶状，围着摇摇晃晃的围墙，围墙在泥土的推动下鼓胀起来。到处都是陡峭的小路，路面上铺着天然的石子。骡子虽然脚步很稳健，也不敢负载着树枝在这条危险的路上行走。

还有，在村子外，山丘的半山腰上有一棵高大挺拔、历史悠久的椴树，人们称它为“这样树”。它的树干由于年代久远被挖空，是我们幼年时代捉迷藏时最喜爱的藏身之处。赶集的日子里，它那宽大的叶子为牛群和羊群制造了一片广阔的树阴。在一年中唯一隆重的日子里，我忽然萌生出几个想法：我知道这个世界并不只是小山丘那么大。我看到酒店老板将酒装在山羊皮皮囊里，负载在骡子的背上运过来。我在集市上闲逛，看到煮好的梨盛满了罐子，一筐筐的葡萄排成行，还有一种不知名的水果，我已经对它垂涎欲滴了。我站在那儿羡慕地盯着轮盘赌看，你只要付一个苏，它便开始转圈，然后指针忽然停在圆盘上的某一点上，根据这一点，你会得到一只粉红色的麦芽糖鬈毛小狗，或装有茴香的小圆瓶，更多的时候，你什么也得不到。在铺有一块麻布的地上，陈列着吸引小姑娘们的印有红色小花的印花布卷。在不远处摆着山毛榉木鞋、陀螺和木笛。牧羊人在那里选择他们的乐器，试着吹出几首旋律。这对我来说是多么新鲜啊！原来世界上有这么多东西可以看啊！唉，美好的时光总是很短暂。晚上，他们在小酒店里喧闹一阵之后，这一切就结束了。村子又恢复到了以往的宁静。

让我们不要在这些生命的黎明的回忆上徘徊吧。我们刚才讲到从城里带回来的值得纪念的图画。我该把它放在那儿呢，该怎么利用它呢？当然，我应该把它贴在我的窗棂上。房间的凹处和木板座位构成了我的书房；在这里我可以交替欣赏大椴树和识字课本上的那些动物。

我珍贵的图画，现在轮到我和你打交道了。让我们从驴子这个神圣的畜生开始，它的名字以一个大大的字母开头，教会了我字母A。牛教会了我字母B，鸭教会了我字母C，火鸡教会了我字母D。剩下的也是如此。有几个格子确实是缺少闪光点。我和河马、角叫鸭、瘤牛关系比较冷淡，它们是要教会我H、K和Z。但这些动物比较生僻，我无法联想到这些相应的抽象字母，这些难对付的辅音让我犹豫了好久。但这不要紧，当我遇到困难时父亲帮助了我，以至于在几天之内我进步飞速，能够卓有成效地翻阅印有小鸽子的册子。至今我都觉得这本小册子很难懂。我入了门，学会了拼写。我的父母很惊讶。对于我今天意想不到的进步，我可以做出解释。这些图画使我和牲畜们交朋友，很符合我的天性。虽然动物们没有履行它们对我的承诺，但我仍然感谢它们教会了我识字。我想我通过其他途径肯定也会成功，但不会这么迅速，也不会这么愉快。动物万岁！

好运再一次降临到我的身上。为了奖励我的进步，有人给了我一本拉封丹的寓言。这本书很受欢迎，虽然便宜，但却有很多图画。我承认这些图画很小，而且画得很不准确，但却非常讨喜。图画上有乌鸦、狐狸、狼、喜鹊、青蛙、兔子、驴、狗、猫，这些都是我熟知的动物。这本书特别符合我的兴趣爱好，书中有一些动物行走和对话的小插图。至于要理解书中所讲的什么，那就是另外一回事了！不用担心，少年！把那些你还一点儿兴趣都没有的音节积累起来，以后它们会对你讲话的，而且拉封丹会永远是你的好朋友。

字母、单词和语句的学习，都和动物有关。

当我十岁时，我来到了罗德兹中学。我在小教堂里担任侍童职务，使我获得了免费走读的待遇。我们四个人穿着白色法衣，戴着红色无边便帽，有时还穿着长袍。我是其中年纪最小的，只是个龙套演员，是个凑数的。

我从来都不知道什么时候应该摇铃，什么时候应该移开祈祷书。我们四个侍童，两个在这边，两个在那边，屈膝跪在唱诗班中央，当人们吟唱《主啊，您做救世的王吧》这首颂歌时，我都浑身颤抖。这种结结巴巴、胆怯的忏悔，还是让别人去做吧。

尽管如此，我在学校里很受人喜欢，因为我的作文和翻译能力都很强。在这样的古希腊文化的环境中，我们学习的是阿尔班的国王——普罗卡斯和他的两个儿子——努米托和阿穆略的故事。我们知道了西内吉尔。这个颌力很强的人在战争中失去了双手，仍然用牙齿咬住并扣下了波斯大帆船。我们还知道了腓尼基人卡德摩斯，他像播种蚕豆一样播种龙齿，并从他的种子田中征集了一群武士，这些人一边从田地里起义，一边互相残杀。残杀最后唯一的生还者是一个心狠手辣的人，他很可能是大臼齿的儿子。

如果有人和我谈及月亮上那个人的事，我也不会吃惊的。我用虫子来补偿自己，虫子在这个英雄和半神化的梦幻环境中是永远不会被忘记的。我在效仿卡德摩斯和西内吉尔的功绩时，不会忘记在星期天和星期四去看看报春花和黄水仙是否出现在草原上，朱顶雀是否在铅笔柏上孵卵，金龟子是否从摇曳的杨树上掉落下来。我对大自然的热情比以前更多了。

我逐步读到了维吉尔的作品，我对梅丽贝、科里冬、梅那伽、达墨塔斯以及其他人物非常着迷。过去我的那些牧羊人的行为幸好没有被发现，书中除了描述人物以外，还讲到了关于蜜蜂、蝉、斑鸠、乌鸦、山羊、金花雀的一些细节。用感人的诗句吟唱田野里的故事，这真是令人感到愉悦；拉丁诗人在我的记忆深处留下了永久的印象。

然后，我突然不得不和我的学业告别，和提屠鲁、梅那伽告别。厄运无情地向我家扑来。饥饿降临了。孩子们，现在听凭上帝的安排吧，逃跑吧，尽量能挣得买土豆的一个便士吧。生活将变得极其艰难。让我们跳过这个阶段吧。

在这样一个可悲的生活中，我对昆虫的爱好应该消失了吧。一点也没有。这种爱好还存在于美杜莎的木筏上。我仍然记得第一次见到松木金

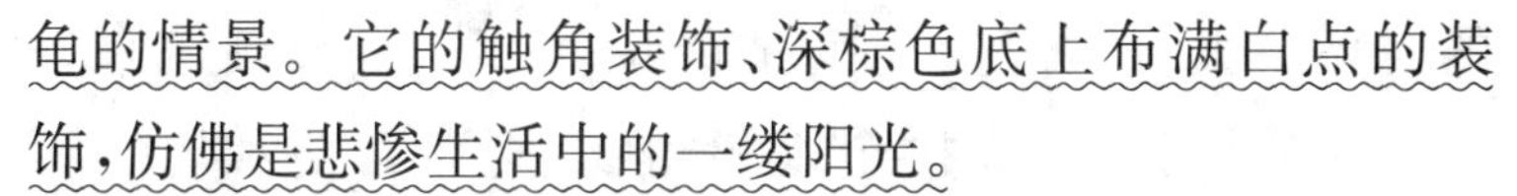

龟的情景。它的触角装饰、深棕色底上布满白点的装饰，仿佛是悲惨生活中的一缕阳光。

让我们长话短说吧：好运从来不会抛弃勇敢的人，它把我带到了沃克卢斯初级师范学校。在那儿我的食物得到了保证：干栗子和鹰嘴豆。校长是一个有远见的人，很快对我这个新人充满信心。他几乎允许我自由行动，只要我能够完成学校全部课程。由于我略懂一些拉丁文和语法，我稍微领先于同学。我利用这个条件来整理我那些含糊不清的关于植物和动物的知识。当同学们借助字典检查听写练习时，我在课桌上悄悄研究夹竹桃的果实、金鱼草的壳、黄蜂的螯针和步行虫的鞘翅。

生活的困窘中断了学业，并没有让作者对昆虫失去兴趣。昆虫反而给作者带来了希望。

我已经偷偷尝到了自然科学的滋味，因此当我离开学校时，我比任何时候都更醉心于昆虫和花儿。但我必须放弃它们。为了将来的生计，为了获得更充实的教育，我不得不这么做。为了升到初级学校之上，我该怎么做？那个时候学校的老师都无法养活自己。博物学不能在任何地方都引导我。那时的教育体系排斥这门学科，认为它配不上拉丁文和希腊文。那么就只剩下数学了，它所需要的工具很简单：一块黑板、一支粉笔和几本书。

在爱好和生计之间，作者不得不做出选择。

于是我全身心地投入到圆锥曲线和微积分的学习中。这是一场艰难的战争，我没有导师、没有别人的帮助，我一个人日复一日地研究着深奥的难题，我坚持不懈的努力最终揭开了数学神秘的面纱。接下来是自然科学，我用同样的方法进行学习。

读者可以想象，在这场激烈的斗争中，我喜爱的科学会变成什么样。我稍微想逃离，就严厉地责备自己，生怕自己受到某种新的植物、某种不了解的鞘翅目昆虫的诱惑。我强迫自己学习。我的博物学书籍抛压到了箱底，被遗忘了。

最后，我被派到阿雅克修中学教物理和化学。这次的诱惑更大。大海上充满了奇观;沙滩上,浪潮送来如此美丽的贝壳;长满桃金娘科植物、野草莓树和乳香黄连木的灌木林,如此美丽动人的自然天堂以极大的优势在和正弦余弦搏斗。我屈服了。我的空闲时间被分为两部分。大部分时间分配给数学,根据我的计划,数学是我将来在大学学习的基础;另一部分用于植物标本的采集和海洋珍宝的寻找。如果没有 x、y 的打扰,我能够全身心地投入到我的兴趣爱好中,那将会是什么样的地方啊,我将会获得多么大的成就啊!

用比喻的手法,形象地写出了人类命运的不可控。

我们是一捆捆麦秸。我们想走向我们深思熟虑的目标,但命运却将我们推向另一方。数学是我年轻时潜心研究的事物,但对我来说几乎毫无用处;我曾经尽量避开的昆虫,却在我年老的时候给我安慰。尽管如此,我并没有对正弦余弦心怀不满,我仍然十分尊重它们。虽然它们曾使我面色苍白,但当我失眠时,过去常常让我得到、现在依然能够让我得到一些消遣。

同时,著名的阿维尼翁植物学家雷基安来到了阿雅克修。他总是在腋下夹着一个装满纸的盒子,横穿科西嘉岛采集植物,将标本压平弄干,送给朋友们。我们很快就认识了。在我空闲的时候,我经常陪他研究植物,他从来没有过比我更认真的弟子了。说实话,雷基安并不是个学者,但却是个狂热的收集者。如果要说出某种植物的名称或地理分布,很少有人能够跟他匹敌。一片草、一层苔藓、一层地衣、海藻的一条细线,他都知道。科学命名刚开始,他立刻就记住了。这是多么准确无误的记忆力啊,他对观察过的那么多事物做了多么井然有序的分类啊!我惊呆了。我在植物学方面欠了雷基安很多情。如果死神留给他更多时间,我肯定会欠他更多情,因为他有一颗慷慨大度的心,乐于帮助遇到困难的新手。

由于雷基安,次年,我遇到了莫奎因一坦登,我和他通过几次关于植物学的信。这位图卢兹的著名教授来到我们地区，他系统地描述了植物区系。他来到时，所有旅馆的房间都被预订了，因为省议会的成员要召开会议。于是我向他提供食宿：在能够远眺大海的房间里搭了一张临时便床；食物包括七鳃鳗、大菱鲆和海胆。这是这块安乐乡上最普通的菜肴，但对这位博物学家来说却十分新奇，很有吸引力。我的诚恳和热情使他很感动；吃饭时我们无所不谈，两周后，我们的植物采集活动结束了。

和莫奎因一坦登在一起，我看到了新的前景。他不但是一个有着可靠记忆的科学术语命名者，还是一个有远见的博物学家，一个能将微小细节上升到宏观概括的哲学家，一个知道如何将赤裸裸的事实赋予神奇色彩的作者和诗人。我再也没有享受过像那样的精神盛宴。

“放弃你的数学吧，”他说，“没有人会对你的公式感兴趣的。去研究昆虫和植物吧。你的血管里有一股热情，我相信你以后一定会找到倾听你讲话的人的。”

莫奎因一坦登的话像一盏明灯，为法布尔照亮了前路。

我们考察了岛的中心，考察了雷诺索山，对这座山我已经是非常熟悉。我让这位学者收集像一块银色的布一样的白霜不凋花，科西嘉人称它为盘羊草或毛茸茸的玛格丽特皇后。这种植物穿上棉絮，在雪中颤抖。莫奎因一坦登还收集到其他稀有的植物，他非常高兴，而对我来说，相较于他的话语、他的热情，我更被白霜不凋花吸引了。当我从寒冷的山峰下来时，我下定决心必须放弃数学。

在他离开的前一天，他对我说：

“你专心研究贝壳，这很了不起，但这还不够，你必须了解昆虫。我来告诉你怎么做。”

然后，他从家里的针线筐里拿出一把剪刀和两根针，在针上装上葡萄枝作为临时手柄，让我观察他在一只装满水的汤盘里对蜗牛做解剖，他逐步解释并向我描述展示在我面前的器官。这是我一生中唯一听过的、难以忘怀的博物学课。

是做总结的时候了。我反复问自己，因为我不能询问沉默的金龟子。我尽可能地审视自己，得到了如下回答：

多年的探索，在导师的引导下，在自我审视中，作者终于明确了自己的研究对象和研究方向。

“从幼年时代，从我最初的内心世界被唤醒时，我就痴迷于大自然的事物。或者换句话说，我就有观察事物的天赋。”

在谈完我的祖先的所有细节之后，将这些解释为返祖现象就有点可笑了。谁也不会冒险去引用大师的话语或例证。我从来没有获得学校教育的成果。除了接受严格的考试，我从来没有进过大学教室。我没有老师，没有指引者，还经常没有书，我不惧苦难一直向前进，面对困难我坚持不懈，以至于我顽强不屈的才能终于能够倾倒出少量的内容。是的，非常少，但如果环境来帮助它，它却可能具有某些价值。我天生就是个动物画家，为什么是？怎样是？没有答案。

因此我们所有人在不同的方向，以或高或低的程度用一个特别的印记来标示出我们的特征，一种根源高深莫测的特征。只能说它们是因为存在而存在。天赋不能代代相传：天才也会有个愚笨的儿子。天赋也不能获得，它是通过练习而日趋完善的。他的血管里没有天赋的萌芽状态，尽管是在温室里培养，那也不会得到它。

当我们谈到动物时，本能这个名称是类似天才一样的东西。本能和天才都是居于平凡之上的高峰，但本能是可以代代相传的，对于某个物种来说，它不会改变、不会削弱，它是永恒的、普遍的。而天才是不能代代相传的，而且不同情况下会改变。本能是家族不可侵犯的遗产，降落到所有人身上毫无差别。本能没有差异，它独立于同类结构，像天才那样在某处显露出来，没有任何理由。没有任何事物能使我们预见到它，机体里也没有任何事物能解释它。如果食粪虫和其他昆虫被问到这一点，如果我们能够理解它们，它们都会以它们特有的才能回答我们：

“本能就是动物的天赋。”

思维导图

- 我的学校
  - 情节概括——本章讲述了“我”七岁开始在村子里上学的趣事，以及后来的求学经历和早期工作。这些经历虽然与昆虫研究关系不大，却给“我”种下了兴趣的种子，并逐步萌芽、长大。
  - 启蒙
    - 学校环境——学校同时是厨房、卧室、餐厅，有时又是养鸡场、猪圈。
    - 老师——身兼多职，帮一个在外业主管理财产，同时又是理发师、撞钟人、唱诗班领唱。
    - “我”的学习——与动物建立了友谊，通过一些动物图画学会了字母、音节。
  - 罗德兹中学
    - 担任侍童职务，获得了免费走读的待遇。
    - 作文和翻译能力强，逐步读一些维吉尔的作品，对大自然的热情比以前更多了。
    - 因家境窘迫，没有食物，不得不停止学业。
  - 沃克卢斯初级师范学校
    - 食物得到保证，校长允许“我”自由行动，“我”借机整理一些关于动物和植物的知识。
    - 因当时的教育体系排斥博物学，“我”投入到圆锥曲线和微积分的学习中。
  - 阿雅克修中学任教
    - 教物理和化学。空闲时间大部分分配给数学，另一部分用于植物标本的采集和海洋珍宝的寻找。
    - 植物学家雷基安来到阿雅克修，“我”在空闲时陪他研究植物，同时学习。
    - 著名教授莫奎因—坦登来到学校，并给了“我”职业方面的引导，帮“我”明确了研究昆虫的方向。

第六章　水塘

开篇入题，水塘不仅吸引孩提时代的作者，对年老的他依然充满了吸引力。可见，作者一生都热爱自然，拥有好奇心和探索精神。

水塘是我童年时代的欢乐之地，现在我年老了，我仍然对它的景色没有感到厌倦。这翠绿的世界是多么生动活泼啊！在水塘边的泥沙上，癞蛤蟆的小蝌蚪晒着太阳活蹦乱跳，黑压压的一片；腹部橙色的蝾螈用它那柔软的尾巴缓慢划行；在芦苇中央停泊着石蚕的小船队，它们身体一半伸出盒匣，时而呈现出小巧的木篓篱，时而呈现出贝壳小塔。

龙虱带着储备空气潜到水塘深处：鞘翅末端是气泡，胸部下面是像胸甲一样闪闪发光的气层；闪光的珍珠——黄足豉虫在水面上跳着芭蕾，翻转着身子；紧挨着它们的是成群的尺蝽，像修鞋匠缝鞋一样挥动着手臂划水，在水面上划行。

尺蝽在仰泳，双桨伸展成十字形，水蝎也是如此；最大的蜻蜓幼虫浑身脏兮兮，身体覆盖着污泥，它的前进方式很奇怪：它将身体后部那巨大的漏斗装满水，再将水排出，通过水压器官的后退向前进。

软体动物是一个和平的族类，品种繁多。在水底，肥胖的田螺小心地掀起壳盖，微微打开住宅的遮板；水塘里的螺类——瓶螺、锥实螺、扁卷螺在水中花园的林中空地里，在与水面齐平的地方呼吸空气。黑蚂蟥在它的猎物——一截蚯蚓上蠕动；成千上万只淡红色幼虫——未来的蚊子旋转着、扭曲着、身体弯曲得像一只优雅的海豚。

是的，这是一汪不流动的水塘，尽管只有几十到百来厘米宽，但在太阳下却是个大千世界，这对于好学的观察者来说是个无穷无尽的宝藏，对于对自己的纸船感到厌倦的孩子来说也是个奇观，水中发生的一切可以转移他的注意力。让我来谈谈我对这第一个水塘的记忆吧，那时我这个七岁孩子的脑海里刚刚萌生出想象。

对一汪不流动的水塘的描写极为生动，充满了想象力，极富童趣。

在我那天气恶劣、土壤贫瘠的小村庄，人们怎么维持生计呢？拥有几十亩牧场的主人饲养绵羊。他用摆杆步犁在最好的土壤上耕耙，把土地平整成由石墙维护的梯田。驴子从牛棚中运去一筐筐的粪便。到时候便会长出长势喜人的土豆，土豆煮熟了，热腾腾地盛在用麦秸编织的篮子里，这就是冬天的主食。

如果庄稼对于一家人来说供大于求，那剩下来的粮食就用来喂猪。这个珍贵的牲口，是腊肉和火腿的宝库。羊群为我们提供黄油和凝乳。院子里种着甘蓝、芜菁，在隐蔽的角落处甚至还有几个蜂巢。有这样一笔财富就可以泰然处之了。

但是，我们什么都没有，除了从母亲那儿继承的小房子和一片花园。微薄的家庭生活来源也快要没有了，要尽快处理这件事了。该怎么办？这是一个让父母讨论了一整晚的残酷话题。

童话里的侏儒躲在樵夫的凳子下面，听着他那被苦难压垮的父母讲话。我也假装睡着，双肘支在桌子上，不是在倾听那令人害怕的计划，而是倾听令我心花怒放的美好计划。事情是这样的：在村庄的低处，教堂的附近，在大股泉水从地下涌出与山谷的小溪会合的地方，有一个大胆的人作战归来，建了一个小的油脂厂。他低价出售有着蜡烛油臭味的油脂，他声称他的商品有着很好的催肥鸭子的效果。

以童话故事作比，显示出作者深厚的文学功底。

“我们养鸭子吧，”母亲说道。“这东西在城里卖得特别好，让亨利去看鸭子，将鸭子赶到小溪边。”

父亲说道：“好，就养鸭子吧。虽然会有困难，但我们还是试试吧。”

那天晚上，我梦到了天堂：我和身穿黄色绒毛的小鸭子在一起；我把它们带到水塘边看它们洗澡，然后我再带它们回家，将疲惫不堪的小鸭子放在篮子里。一两个月后，我梦寐以求的小鸭变成了现实。我一共有二十四只雏鸭，是由两只母鸡孵出来的，其中一只母鸡是家里的，又大又黑，另一只是向邻居借的。

要抚养这些雏鸭，有一只母鸡就够了，它对收养的小鸭十分关心。一开始一切都很顺利：一个两指深的木桶就是它们的水塘。阳光灿烂的日子里，小鸭们在母鸡关切的目光下洗澡。

母鸡不但孵出了小鸭子，而且对小鸭子“十分关心”，有趣又有爱。小鸭们洗澡时，母鸡“关切的目光”诙谐有趣，突出了母鸡和小鸭们和谐、快乐生活的美好图景。

两个星期后，木桶不够大了。桶里既没有住满小贝壳的水田芥，也没有蠕虫和蝌蚪，这些对于小鸭子来说都是美味。潜水和在水草中寻找食物的时刻来临了；对于我们来说困难也降临了。小溪附近的磨坊主也有漂亮的鸭子；大声吹嘘自家油脂的油脂厂厂长也有漂亮的鸭子，他居住在村庄下面，有利用泉水的优势；而我家在村庄上面，怎么能够让鸭子到小溪里去呢？夏天我们几乎都没有水喝！

在房屋附近，在一块砂石的凹处，在挖凿岩石的小坑底部有一涓细流。我们四五户人家在那儿用铜桶汲水。学校老师的母驴到那里饮水，邻居储备了一天的水后，水坑就干涸了。我们不得不等上一天一夜等水填满。不，鸭子不是在这个坑里找到乐趣的，而且这个水坑里确实不能容许有鸭子。

只有到那条小溪。成群的鸭子下到小溪是有危险的。穿过村庄的路上可能会遇到猫，猫是大胆的小家禽抢夺者；一些不友好的狗也会吓坏小鸭群；将鸭群再全部集合起来也是个麻烦事儿。我们要尽量避免混乱，还是在安静的、隐蔽的地方躲藏起来吧。

在山冈上，在城堡后面的小路上拐个急弯就来到了一片小小的平原，上面铺满小草。小路沿着布满岩石的斜坡弯弯曲曲，在与地面齐平的地方淌出一股涓涓细流，形成了一个水塘。那儿整天都很安静。小鸭子们在那儿很是惬意；它们可以在人迹罕至的羊肠小道上毫无阻拦地走向水塘。

小孩儿，应该让你把鸭子带到那个欢乐的地方。我作为牧鸭人的那些日子是多么美好啊！为什么要给这样欢乐的时光蒙上阴影呢？我的嫩皮肤太过频繁地和粗糙的土地接触，脚后跟磨出了个又大又痛的水泡。我想穿上藏在衣柜里的周日和假日穿的鞋子，也无法穿上。我只能光脚走在碎石块上，拖着我的腿，抬起我受伤的脚后跟。

尽管脚后跟磨出了泡，作者依然乐在其中，字里行间饱含着作者对自然、对动物的热爱。

让我拄着竹竿，一瘸一拐地走在鸭子后面吧。这些可怜的小家伙也是穿着敏感的鞋底；它们蹒跚地走着，发出嘎嘎声。如果我不让它们时不时地在白蜡树下休息一会儿，它们就会拒绝继续向前走。

我们终于到了。这个地方对于我的小鸭子来说真是太合适了；水塘浅，而且水温微热，水塘中有一块盖满泥浆的土块和绿色的小岛。沐浴的消遣很快开始了。小鸭的嘴里发出咯咯声，并开始到处搜寻食物；它们一口一口地筛选食物，吐出清亮的泡泡，留住美味的食物。在水塘深处，它们将尾巴翘到空中，头部伸进水里。它们多开心啊，观察它们干活儿也是件开心的事儿。先随它们去吧，现在轮到我享受这水塘了。

这是什么？在污泥上有一根松散的打结的烟灰色细带子，像是从一只破袜子上抽出的羊毛线。当牧羊女编织黑色短袜时，发现自己编得不好就从头开始，并不耐烦地将手中的线扔掉吗？看起来很像。

先用“细带子”来制造悬念，接下来作者用饶有趣味的语言带我们观察了这种神秘的小生物——蝌蚪。

我在手中收集了一段细带子。它有黏性，很松散；在要抓住之前就会从指尖滑落。有几个结已经破裂了，从里面出来一个黑色小球，有大头针那么大，还有一条扁平的尾巴。我知道这个小东西,它是一只小蝌蚪,是青蛙的孩子。我看得有些厌烦。让我们不要再管这个打结的细带子了。

接下来的小东西让我很喜欢。它们在水面上转圈,黑色脊背在阳光下闪闪发光。如果我要抓住它们,它们便会立刻消失,消失得不见踪影。真是可惜啊!我还想更靠近地看看它们,并让其在我为它们准备的小盆里旋转。

让我们撇开这些绿色带子看看水底,水底升起一串串气泡,下面什么都有。我看到了有着密密螺纹的美丽贝壳,压得平平的,像扁豆一样;我看到戴着羽毛装饰的小虫子,有些背上有不断活动的鳍。它们在干什么?它们叫什么?我不知道。我凝视良久,水下的神秘使我感到不可思议。

水塘的水流淌到邻近的草原上,那里长着几棵桤木,我在树上找到了一个好东西——一只不是非常大的金龟子,不,它甚至比樱桃核还要小,但却蓝得无法形容。天堂里的天使就是穿这种颜色的服饰吧。我把这只小东西放到一只空的蜗牛壳里,并用一片树叶堵住。当我回家后,闲暇时候我便欣赏这只活生生的珍宝。还有其他一些娱乐消遣在召唤我。

供给水塘的泉水从岩石缝中流出,冰凉而纯净。泉水积存在两只手心那样大的石盆里,然后形成涓涓细流倾泻而出。这股流淌下来的水寻找水磨,这自不用说。两截麦秸富有艺术性地交叉在一根轴上,构成了一部机械;几块扁平的石头竖立在边缘,水磨便有了支撑。这个机械非常成功,水磨转动得非常好。如果能够和别人共享,那就更完美了。但我没有其他同伴,只能邀请小鸭。

在我们这个可怜的世界里,什么都令人生厌,甚至由两截麦秸构成的水磨也令人生厌。让我们想想别的东西吧:让我们修筑一个水坝来控制水流、形成水池。这项砖石工程,石头倒是不缺。我挑选了最合适的石块;将过大的石块砸碎。在收集石块时,我忽然忘记了我要修建水坝的事儿。

在其中一块砸碎的石头上,在一个我可以将拳头放进去的洞穴里,有个东西像玻璃一样闪闪发光。洞穴被六个六个聚在一起的复眼盖满,这些复眼在阳光下闪耀。在诸圣节上,当教堂的枝形吊灯照亮了上面的星星时,我看到过类似的东西。

夏天,我们小孩子躺在打谷场的麦秸上,谈论着一条龙守卫地下珍宝的故事。我现在又回想起这些珍宝:宝石这个名称在我记忆中响起,虽然有些不确定，但却十分辉煌。我想起了国王的王冠，我想起了公主的项链。在砸碎的石块中，我发现过比我母亲的戒指上那闪闪发光的小东西更贵重得多的东西吗？我更需要别的东西。

保存地下珍宝的龙对我十分慷慨，它向我提供了大量的金刚石，使我成为一堆宝石的拥有者。它还给了我金子。从岩石缝中流淌的涓涓细流流淌到细沙床上，在沙里打旋。如果我弯下身子，我就能看到落水点像金子锉屑一样旋转。这就是用来铸造金币的贵重金属吗？是我家非常罕见的那种金属吗？可能是的，因为它太闪耀了。

我将一撮沙放在掌心，沙里有许多闪闪发光的小东西，但是太小了，只能用被唾沫弄湿的麦秸尖去将它拾起。让我们放弃这些吧：它们太小了，收集起来令人厌烦。还有更大、更有价值的东西在前方，在岩石的深处。我们以后会谈到这个问题的，我们还会爆破山岳的。

我砸碎了更多的石头。啊，一块完整的东西被砸开，这个东西好奇怪啊！它呈螺旋形，就像雨天从旧墙缝隙里走出来的扁平蜗牛。它那多节瘤的边缘像公羊的角一样。不管是像贝克或是绵羊角，都很奇怪。石头里怎么会有这些东西呢？

在小小的水塘边，小作者找到了无穷的乐趣：蝌蚪、贝壳、蜗牛、各种植物、石头、沙子，还有孩子无穷的想象力编织的故事。

珍宝和好奇心使我的口袋里装满卵石。天色已晚，小鸭子已经吃饱了。来吧，我的小家伙们，我们回家吧。我很激动，完全忘了脚后跟的水泡。

回家是件开心的事儿。一个声音回响在我耳边，这是一个无法形容的声音，比任何语言都要柔和，像梦境一样模糊。它第一次跟我讲水塘的秘密；它赞美天堂的昆虫，我听到这只昆虫在空的蜗牛壳——它的临时住宅里乱动；它还轻声讲述岩石的秘密、黄金锉屑、多面的珠宝和变成石头的公羊角。

可怜的人啊，压抑住你的欢乐吧！我到家了。父母看到我鼓鼓的荷包里装满了石头，在粗糙的宝贝下，在重压下，荷包都已经破裂了。

父亲看到我的荷包破了，说道："你这家伙！我让你去看鸭子，你却去捡石头玩，就好像我家周围没有石头似的！快去把那些石头扔掉！"

我很伤心，但还是服从了。钻石、黄金碎屑、变成石头的公羊角、天堂里的金龟子都被扔到门外的垃圾堆里。

母亲很伤心，她说：

"把孩子养大，他们竟变得这么糟糕！你会让我难过死的。拔拔草还可以喂养兔子。但是捡石头既会弄破你的口袋，有毒的虫子还会蜇伤你，这样做有什么好处啊，傻孩子。肯定是有人向你下了个咒语啊！"

母亲的话里有关爱，也有不解。"肯定是有人向你下了个咒语"，母亲对"我"的表现的不解，从侧面展现了"我"对大自然的痴迷。

是的，我可怜的母亲，您那么单纯，您说得对。我今天承认我是被下了咒语。当人们辛苦赚钱维持生计时，提升自己的心智不是让自己更吃苦受罪吗？让无家可归者折磨自己去学习又有什么用呢？

时至今日，我十分进步。苦难在跟随着我，我知道小鸭游泳的水塘里的钻石是水晶，黄金锉屑是云母，变成石头的公羊角是菊石，蔚蓝色的金龟子是单爪丽金龟！我们这些可怜的人，让我们提防知识带来的欢乐吧：让我们在平凡的田地里挖掘犁沟吧，让我们避开水塘的诱惑吧，让我们看管好鸭子吧，让我们把解释世界这部机器的工作留给别的受到命运青睐的人吧，如果他们愿意的话。

噢，不！在生物中只有人类渴望探索知识，只有人类能够探索事物的奥秘。虫子是无法理解当我们从脑海中涌现出"为什么"时的痛苦的。如果这些"为什么"使我们以更加坚持的口气、更加独断的权威讲述，如果这些"为什么"使我们转移对利润的追求，在大多数人眼里利润是生命的唯一目的，我们这样做是适当的吗？让我们不要这样做，因为这样会摒弃我们最好的天赋。

相反，让我们力求在能力范围之内使未知事物发出巨大的光芒。让我们进行探索，探索出一些真理。我们将经受不住劳累；在这样一个无秩序的社会里，或许我们会一病不起，但还是让我们勇往直前：这是一件用一粒原子来增加知识总量的令人欣慰的事，这个总量是人类无与伦比的宝藏。

既然这微薄的一份属于我，那我将回到水塘，尽管它让我受到了合乎情理的责备，让我流出了心酸的泪水。我还是回到了水塘，但不是盛开着想象之花的水塘：这样的水塘一生不会遇见两次。要有这样的好运，必须穿上人生中第一条短裤，必须拥有人生中第一个想法。

自古以来我看到过很多水塘，它们蕴藏着更多的财富，而且被拥有丰富经验、成熟目光的人探测过。我满腔热情地用网搜索它们，我搅动淤泥，搅动蔓延的藻类。在我的记忆里，没有一个水塘比得上第一个水塘，这个水塘在欢乐和悲伤时，都是岁月中最美妙的景色。

抒情真挚感人，第一个水塘在作者的生命里有着重大意义。

也没有一个水塘适合我今天的计划。这个世界太大了，我会迷失在这广阔无边中，而生物会在阳光下自由繁衍，就像海洋一样，拥有无穷无尽的海底资源。在这条公共道路上探索，勤奋刻苦、不受路人干扰的观察是不可能的。我需要的水塘不算大，可以根据我的想法精打细算地让动物居住，可以在我的工作台上得到长期维护。

一张二十法郎的钱币被遗忘在抽屉角落。我可以在不严重破坏家庭收支平衡的前提下花掉它，让我们把它奉献给科学吧。我担心科学会很少受到我的恩泽。昂贵的器械比较适合实验室，研究死者的细胞和纤维都要花费巨资，而研究生命活动时，使用昂贵的器械的用途值得怀疑，它适合用简陋、低廉、临时制作的器械去探索。

我研究本能获得的最好结果使我付出了什么？除了时间、耐心，什么都没有。二十法郎对我来说已经是一笔昂贵的费用，如果我把它用在购买一台研究用的器械，便是拿这笔钱去冒险。我相信这二十法郎不会给我带来新的观点。但还是让我们试试吧。

铁匠为我收集了几个铁三角作为器械的构架。工匠（有时也是玻璃工，在这个村子里，如果你想收支平衡，就必须是个万事通）将构架装在木底座上，并用一块活动板作为盖子，在构架的四侧镶上厚玻璃。看，再有个涂着柏油的铁皮底和排水的龙头，这个器械就算是完成了。

制作者对他们的作品很满意，这在他们的作坊里是个新奇的玩意儿，很多人好奇我将拿这个小玻璃槽干什么。这个小玩意儿引起了一阵议论。有人坚持说用它来储存我的橄榄油，来代替之前那只从石头里挖出的旧罐子。这些功利主义者如果知道，我只是用这昂贵的器械来观察水里可怜的虫子，他们会对我疯狂地想法想些什么呢？

铁匠和玻璃工对他们的作品很满意，我也很满意。这只器械不乏优雅之处。它被放在小桌子上，在大半天都有阳光照射的窗户前，看起来非常好。它的容积只有十加仑左右。我们称它为什么呢？水族馆？不，这个名称太做作了，而且会让人想到被居民所喜爱的假山、瀑布和金鱼。让我们把严肃性留给严肃的事物，让我们不要把研究用的水槽当做休息室里无用的东西。我们称它为玻璃水塘吧。

我在水塘里放了一堆石灰质结壳，里面包裹着枯萎的灯芯草。结壳堆很轻，表面全是小孔，看上去像珊瑚礁。而且，结壳上覆盖着许多短短的、绿色的、绒毛般的苔藓，一簇簇，仿佛绿色的草地。我不用频繁换水，而是依靠这种微小的生物来保持水体的卫生，频繁换水会干扰这块移民地的工作。卫生和安静是成功的首要因素。居住动物的水塘里很快就会充满不适宜呼吸的气体、腐烂的恶臭和动物残渣，水塘很快会变成生命之间相互谋杀的罪恶深渊。这些残渣一旦形成，必须立即烧毁、净化，直至消失。从被氧化的废屑中产生充满新的气体，以使水中可呼吸的成分保持不变。植物的绿色细胞实现了这种净化。

当太阳照射玻璃水塘时，海藻的工作情况值得细细观察。铺着绿色地毯的暗礁上有无数小点闪闪发光，像美妙的天鹅绒球，上面点缀着成千上万颗钻石大头针。精致的珍珠不断地从绒球里蹦出，像发光的小球一样缓缓升起，光芒照向四周。这是在深水里连续不断发射的烟火。

用比喻的手法描写了玻璃水塘里的海藻，画面唯美，可见作者带着一颗审美的心来展开了对植物乃至自然的观察。

化学告诉我们，由于绿色物质和阳光的刺激，海藻分解二氧化碳。而水中由于动物居民的呼吸和有机废渣的腐烂充满了二氧化碳。海藻保存着碳，碳被加工成新的组织，海藻将氧气散发成小的气泡，这些气泡部分溶解于水中，部分上升到水面，泡沫将可呼气的气体还给大气，溶解于水中的气泡维持水塘里动物的生存，不卫生的产物被氧化后消失了。

虽然我是个老手，我仍然对海藻能够使不流动的水塘保持卫生的奇怪现象感兴趣。我欣喜地观察着不断放射出来的气泡，想象中我仿佛看到了那古代的岁月，那时海藻是植物的长子，为生物制造出可以呼吸的空气，而陆地上的淤泥开始出现。我眼前的一切，玻璃水槽中的东西，向我讲述了包围着纯净空气的行星的故事。

思维导图

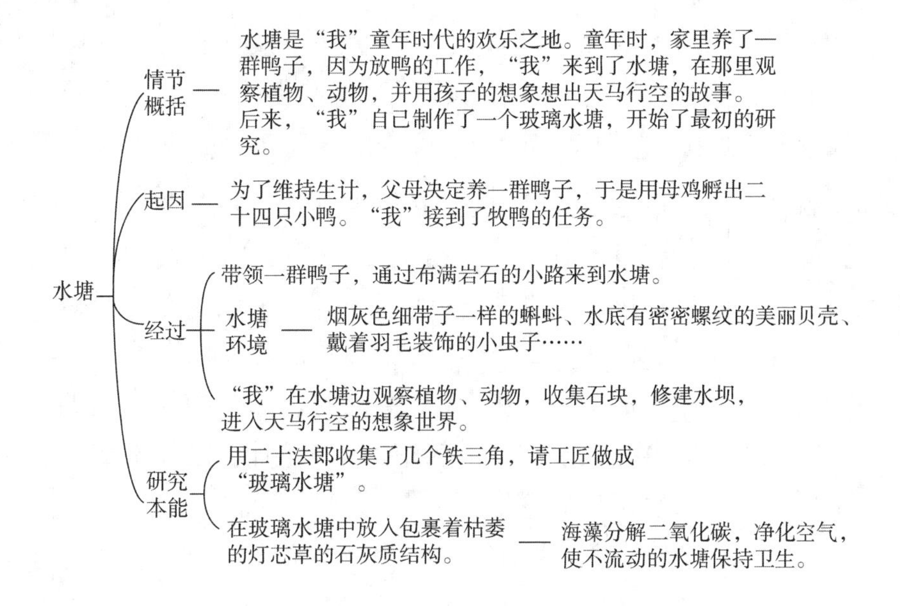

第七章　童年的回忆

在那个遍布昆虫和鸟类的童年时代，我喜欢用山楂树当床，将鳃角金龟和金匠花金龟放在扎了孔的纸盒里，将纸盒放在床上喂养。鸟巢、鸟蛋和那有着黄色鸟喙的小鸟不可抗拒地吸引着我；蘑菇很早就以它丰富多彩的形状和颜色俘获了我的心。我仍然记得我——那个天真的小男孩第一次穿上吊带裤，开始阅读难以理解的书籍时，就像第一次发现鸟窝、第一次采到蘑菇那样着迷。让我们来讲述讲述这些重大的事情，老年人总喜欢回忆过去。

当我的好奇心开始苏醒，并从无意识的朦胧状态摆脱出来时，那是多么欢乐的时光啊，遥远的记忆带我重新回到了那最美好的岁月。正在休息的一窝山鹑受到路人的惊吓，迅速向四处散开；像匆忙的小绒球一样赶紧逃开，消失在荆棘丛中；但恢复平静后，随着第一声召唤，它们又都回到了母亲的翅膀下。这些唤起了我童年的记忆，往事就像一群幼鸟，被生活的荆棘粘掉了羽毛。其中有一些好不容易从灌木丛中逃了出来，撞疼了头，走路也踉踉跄跄；有一些不见了，在昏暗的荆棘丛角落窒息而死；还有一些仍然充满活力。而在摆脱了时光流逝的那些记忆中，最富生机的是那些最早发生的事。这些事在儿时记忆的软蜡上留下印记，已经变成了青铜般永恒不变的记忆。

由一窝山鹑受到路人惊扰的情景引发的童年回忆，在作者笔下充满了感情，文字隽永，读来回味无穷。

那天，我不仅有一个苹果作为午餐，而且还有自由活动的时间。我决定去附近的小山坡上看看，迄今为止它被我看作是世界的边缘。山坡上有一排树，它们背对着风，弯着腰不停摇摆，就像要被连根拔起飞走似的。不知道有多少次，我从我家的小窗户望去，看见它们在暴风雨中频频点头；北风席卷而来，滚滚雪暴从山坡上滑过，不知道有多少次，我看见它们被雪暴撼动而疯狂地摇晃着。这些孤独的树木们在山顶上做什么呢？我对它们柔软的脊背很感兴趣，今天还静静地直立在蓝天下，明天当云彩飘过时它们便会摇晃起来。我为它们的冷静感到高兴，也为它们惊恐的样子感到沮丧。它们是我的朋友。我每天、每时都能看到它们。早晨，太阳从透明的天幕后升起，发出耀眼的光芒。太阳从何处来呢？当我登上高处后，我可能就会明白了。

我爬上了山坡。草地被羊群啃得稀稀疏疏。没有荆棘，不然我的衣服肯定会划得全是口子，回家后还得解释此事；没有岩石，不然攀登时可能还有危险；除了一些稀稀落落的大石头外什么也没有。我只要在平坦的大路上一直走就行了。但这里的草地像屋顶一样倾斜，斜坡很长很长，而我的腿很短。我不时地往上看。我的朋友们，那些在山坡上的树木们，它们看起来并没有靠近。加油，小伙子！继续攀登！

我的脚边是什么？一只可爱的小鸟刚从大石头下的藏身处飞出来。我真的很幸运，这里有一个用毛和细草做成的鸟窝。这是我发现的第一个鸟窝，也是鸟类给我带来的第一次欢乐。鸟窝里有六只鸟蛋，依次紧挨在一起；蛋壳是一种美丽的蓝色，就像在蔚蓝色的染料中浸染过一样。我完全沉浸其中，趴在草地上观察起来。

这时，雌鸟发出了“塔克”“塔克”的声音，惊慌失措地从一块石头飞到另一块石头。那时的我还不懂得什么叫同情，还未开化，无法理解母亲那焦躁不安的心情。一个抓小动物的计划涌入脑海。我想两周后再回来，趁它们飞走之前来偷走雏鸟。而此时，我先拿走一个漂亮的蓝色鸟蛋，就拿一个作为纪念。我生怕把鸟蛋压破，便将脆弱的鸟蛋用一些苔藓垫着放在手里。就让那些童年没有体味过发现鸟窝时那种欢喜之情的人来指责我吧。

我生怕一脚踩空将这个纤弱的小生命摔坏，因此我决定不再往上爬了，改天再去看有太阳升起的山顶的树木吧。我走下山坡，在山脚下遇到了一边散步一边诵读祈祷书的教区牧师。他看到我如此严肃地走路，像一个搬运圣物者一样；他看到我的手藏到背后，问道：

“孩子，你手里拿着什么？”

我窘迫地张开双手，露出那躺在苔藓上的蓝色的蛋。

他严肃地说道：“啊！是‘岩生’，你从哪里弄来的？”

“就在那儿，山上的石头下。”

他连连追问，我承认了自己的小过失。我是偶然发现这个鸟窝的，并不是特意去找的。里面有六个蛋，我只拿了一个，我在等其他的蛋孵出。等小鸟长出翮羽时我再回来。

牧师说道：“小朋友，你不能那么做，你不能从母亲那儿偷走它的孩子，你应该尊重这些无辜的小鸟，你应该让上帝的小鸟长大并从鸟窝中飞出。它们是庄稼的朋友，能够清除害虫。乖孩子，以后不要碰那个鸟窝了。”

我答应了，牧师继续去散步了。回到家后，那两颗优良的种子插入我孩童时代还未开化的脑海中，牧师命令式的话语告诉我糟蹋鸟窝是一种坏行为。我还不明白小鸟是如何帮助我们消灭破坏庄稼的害虫的，但在我的心灵深处，我已经知道让母亲感到悲伤是不对的。

牧师看到我的发现物时说道：“岩生。”

我心想：“看，动物也和我们一样有名字。谁给它们命名的？在树林和牧场上我认识的其他东西叫什么？岩生是什么意思？”

几年过去了，拉丁语告诉我，岩生意味着生活在岩石中。确实，我出神地盯着那窝鸟蛋时，那只鸟是从一块岩石飞向另一块岩石；它的家，它的鸟窝用凸出的石板作为屋顶。我从书中进一步了解到，这种喜欢多石山坡的鸟也叫做土坷垃鸟，因为在耕作的季节，它从一块泥土飞到另一块泥土，观察着犁沟里挖出的虫子。最终，我知道了普罗旺斯语称之为白尾鸟，它飞过田野时，展开的尾巴像白色的蝴蝶，这个名称很形象生动。

如此产生的词汇也将有一天使我能够使用它们的真实姓名，和田野这个舞台上的成千上万的演员、路边冲我微小的小花打招呼了。牧师随口说出的那个词向我展示了一个有着真实姓名的植物和动物的世界。还是把解读浩瀚词汇的任务留到将来去做吧；今天，我将要回忆一下“岩生”这个词。

在我们村庄西面的山坡上层层分布的李子和苹果成熟了，鼓凸的矮墙上布满了密密麻麻的地衣和苔藓，围起了层层梯田。斜坡下有一条小溪，几乎在任何地方都能一步跳到对岸。在水面开阔的地方，有一些平坦的石头露出水面，人们可以踩着石头渡过小溪。这里没有太深的旋涡，当孩子不见时，母亲也不必担心孩子会跌落涡流；溪水最深也不没过膝盖。亲爱的小溪，你那么平静，那么清凉，那么纯净。我见过浩瀚的河流，见过无边无际的大海，但在我的记忆中没有什么能和你的涓涓细流相比。因为你给我的第一印象是如此神圣美好。

一位磨坊主想利用这条穿过牧场的欢快的溪流，在半山坡就着坡的斜度开出一条沟渠，使一部分水分流，将水引进一个蓄水池，为他的磨盘提供动力。这个坐落在人来人往小径边的水池最终被围墙围了起来。

一天，我骑在一位同伴的肩膀上，从那长满蕨草、阴沉沉的围墙向里张望，看到的是深不见底的死水，上面还漂浮着黏糊糊的绿毛。在这黏黏的绿毯的空隙里，一种黑黄色的爬行动物懒洋洋地游着。如今我应该称它为蝾螈。那时我觉得它像眼镜蛇和龙的儿子，就是夜晚睡觉时讲的、令人毛骨悚然的故事里的怪物。噢！我看不下去了，让我们赶紧走！

水汇成了溪流。岸边的桤木和白蜡树弯下了腰，枝叶相互缠绕，形成了葱郁的绿荫穹窿。脚下树根盘根错节，构成了门厅，门厅向里是幽暗的长廊，这是水生动物的藏身地。透过树叶的缝隙阳光照射进来，在门口形成了椭圆形的光点。

这是红脖子鲦鱼常来的地方。我们轻轻向前移动，趴在地上观察。这些喉部鲜红的小鱼好漂亮啊！它们肩并肩地逆流游着，腮帮子一鼓一瘪，一直连续不断地漱口。为了在水中保持静止不动，它们只需轻轻地摆动尾巴。一片落叶落入了水中。嗖！鱼群消失了。

运用拟人手法，将小鱼的呼吸描写得生动有趣。

小溪的另一边是一片山毛榉林，树干光滑笔直，像柱子一样。在伟岸的隐蔽的枝叶间，乌鸦呱呱叫着，它们从翅膀上拔下被新羽毛替换的旧羽毛。地上铺满了苔藓。我在这柔软的地毯上才走了几步就发现了一个蘑菇，这个蘑菇还未完全开放，看上去像随处闲逛的母鸡丢下的蛋。这是我第一次采到蘑菇，第一次拿在手上翻来覆去看，好奇地观察它的构造，正是这种好奇心唤醒了我观察的欲望。

一连串的比喻生动贴切，排比手法的运用更是描述了不同蘑菇的特征，形象直观。

很快，我便发现了各种大小、形状和颜色的蘑菇。这让我大开眼界。有的像铃铛，有的像熄灯罩，有的像杯子，有的长得像纺锤，有的凹陷得像漏斗，有的圆圆的像半球。我看到有一些蘑菇坏了，流着乳白色的眼泪；我踩到一些蘑菇，它们立刻变成了蓝色；我还看到一些大蘑菇上有虫子在爬。还有一种蘑菇形状像栗子，干干的，顶上开了个圆孔，当我用手指碰它们下侧时，它们会像从烟囱中一样冒出一缕烟。这是最奇怪的了。我装了一些在口袋里，可以在闲暇时候使它冒烟玩，当里面的东西耗尽后，就只剩下一团火绒似的东西。

这片小树林给了我多少欢乐啊！自从我第一次发现蘑菇后，我又去了好几次。在那里，在乌鸦的陪伴下，我获得了关于蘑菇的知识。我采了很多蘑菇，但这些蘑菇都没有被家人采用。被我们称为“布雷道尔”的蘑菇名声不好，说是吃了会中毒。因此母亲便将它们从餐桌上清除了。我很难理解如此可爱的蘑菇怎么会如此恶毒，但我最终还是相信了家人的经验，尽管我冒失地和这种毒物打交道都没有发生什么意外。

我多次来到山毛榉树林，并将我的发现物分成了三类。第一类是数目最多的，这种蘑菇的底部带有环状叶片。第二类的下表面衬有一层厚垫，带有很多难以看清的洞眼。第三类蘑菇有像猫舌头上的乳突一样的小尖头。为了方便记忆，需要找出一定的规律，这使我发明了一种分类法。

很久以后我得到了一些书，从书上得知我所归纳的那三种类型早就有人知道了，而且还有拉丁语名称，我并不失望。拉丁文使蘑菇变得高贵了；教区长颂弥撒曲时所用的古老语言也给蘑菇带来了荣耀，蘑菇的形象变得高大了。想必它是真的重要，才配得上学术上的称号。

那些书还告诉我，那个曾经引起我兴趣的烟囱冒烟的蘑菇叫做狼屁，我不喜欢这个名字，觉得很粗俗。它还有个得体的名称，叫做丽高释东，但这只是表面现象，因为从拉丁语词根上讲丽高释东就是狼屁的意思。植物志里存在着大量并不总是适合翻译的名称。古人流传下来的东西不如我们如今的那么严谨，植物学经常不顾文明道德保留那些粗鲁的词汇。

对蘑菇表现出独特好奇心的童年已经离我非常遥远了！贺拉斯曾说过："岁月如梭！"是的，岁月飞逝，特别是岁月快到尽头的时候。岁月曾经是快乐的小溪，顺着感觉不到的坡面晃悠悠地穿过柳树林；如今却有无数残骸在上面盘旋，奔向深渊。光阴飞逝，让我们好好利用吧。夜晚，伐木者急忙捆好最后的柴把。我也是科学森林中的一名普通伐木者，在风烛残年之时，我也要赶紧整理好我的那捆柴把。在昆虫本能的研究中我还有什么要做呢？似乎没什么了；顶多只剩下一两扇打开的窗户，窗口朝向的那个世界还未被开发利用，这值得我们去关注。

运用比喻的手法，将岁月流逝，童年的快乐和记忆的残片描写得诗意盎然。

我童年时代就喜爱的植物——蘑菇将有更糟糕的命运。我一直关注着它们。直到今天，我仍会迈着蹒跚的步伐，在秋天晴朗的下午去看望它们。我仍然喜欢看从欧石楠地毯上冒出的大脑袋牛肝菌、柱形伞菌和红色珊瑚菌。

塞里昂是我的最后一站，那里的蘑菇吸引了我。周围长有茂密的圣栎树、野草莓树和迷迭香的山坡上全是蘑菇。这几年来，如此丰富的蘑菇使我想到了一个疯狂的计划：将那些无法按原样保存的蘑菇以模拟画形式收集起来。我将我身边的大大小小的蘑菇按照实际尺寸画了下来。我不懂水彩画，但没关系，不曾做过的事也可以试着去做。一开始做得不好，然后会越做越好，最后会做得很好。绘画还能够缓解每天的烦闷。

最后，我画了几百幅蘑菇图，图画上的蘑菇的大小和颜色都和实际中的一样。这些收集是有一定的价值的。如果在绘画的艺术手法上有所欠缺，它至少是真实准确的。这些画引来了一些参观者周日前来参观，都是些乡亲们，他们天真地看着这些画，惊讶于这些画是用手画出来的，而没有借助于模子和圆规。他们一眼就认出我画的是什么蘑菇；他们告诉我它的俗名，这正证明了我画得很逼真。

如此辛苦得来的这一大摞水彩画会变成什么呢？我的家人可能一开始会把它作为遗物珍藏；但它占据了太多空间，迟早会从一个柜子搬到另一个柜子，从一个阁楼搬到另一个阁楼，被老鼠啃咬，被弄脏被污染，最终落入某个远方侄孙手中，他将会把图画裁成正方形用来折纸。我们抱着幻想真挚爱护过的东西最终会遭到无情的现实的蹂躏。

思维导图

- 童年的回忆
  - 情节概括 — 本章主要讲述了“我”童年时代所经历的一些记忆深刻的、有趣的事情，展示了“我”对大自然的热爱与浓厚的兴趣，这为接下来作者对昆虫产生兴趣并从事昆虫研究做了很好的铺垫。
  - 趣事
    - 在山坡大石头处发现一只鸟和鸟蛋，“我”拿走鸟蛋。牧师告诉“我”小鸟名叫岩生，并告诉“我”要爱护小鸟，不能偷鸟蛋。
      - “我”明白了动物也有名字。
      - “我”体会到不能让一位母亲悲伤，哪怕是小鸟的母亲。
    - 在溪流汇成的水塘里观察各种动物、植物。— 蝾螈、红脖子鲦鱼、山毛榉林……
    - 在山毛榉林发现各种各样的蘑菇
      - 观察蘑菇，给蘑菇分类。
      - 以画模拟画的形式收集蘑菇，画了几百幅蘑菇图。

第八章　昆虫与蘑菇

如果这个问题没有昆虫的加入，而是一直回忆我与牛肝菌和伞菌的不解之缘，就会有些不合适。有些菌类是可食用的，有些甚至很出名；而有些菌类是可怕的菌毒。如果缺少那些并非对人人都触手可及的植物的研究，我们如何区分有毒无毒呢？广为流传的观念是，能够被昆虫以及幼虫、蠕虫所接受的菌类都可以放心采用；凡是被昆虫以及幼虫、蠕虫所拒绝的菌类必须拒绝。昆虫的健康食品同样也是我们的健康食品，对昆虫有害的食品一定也对我们有害。这是人们凭借表面的逻辑关系得到的结论，而没有考虑到不同动物的胃的消化能力。那这个观念是否站得住脚？这正是我想要研究的。

开篇提出本文研究主题：是否能根据昆虫的食性来确定菌类能否为人类食用？

昆虫，特别是幼虫状态的昆虫，是蘑菇最主要的开发者。昆虫的消费者分为两类。一类是真的在吃蘑菇，也就是说它们将蘑菇一点点地咬下去，然后咀嚼并吞咽下去；另一类是将食物变成汤后再吸食，就像肉蓝蝇一样。第一类消费者数量较少，仅从我在附近观察得到的结果来看，这类昆虫有：四种鞘翅目昆虫和衣蛾的毛虫，还有软体动物、鼻涕虫，或者更确切地说是棕色外套膜边缘有红色花边的、中等大小的蛞蝓。总之，这类昆虫数目不多，但非常活跃大胆，尤其是衣蛾。

在喜欢吃蘑菇的鞘翅目昆虫中，有一种身穿红蓝黑三色衣服的隐形虫应该排在首位。它和它的幼虫靠着后部的一根柱子支撑行走，它们经常光顾杨树伞菌，专供单种饮食。我经常在春天和秋天、在这种伞菌上遇到用拟人的手法写出了隐形虫对杨树伞菌的热爱，也从侧面表现了杨树伞菌的美味。

它们。它的选择很有眼光，不愧是个美食家。杨树伞菌是最好的伞菌之一，虽然它的颜色白得有点可疑，外表经常有裂痕，菌褶周围附着有红棕色的孢子，显得有点脏。我们千万不能以貌取人，也不能以貌取蘑菇。有些形状漂亮、色彩鲜艳的是有毒的，而有些外表难看的却是好的蘑菇。

有两种专门吃蘑菇的鞘翅目昆虫，它们体型都很小。其中一种是特里普拉克斯虫，它的头部和前胸是橘色的，鞘翅是黑色的，它的幼虫吃带刺多孔菌。这种菌很肥大，菌上长着坚硬的毛，侧贴在桑树的树干上，有时也贴在胡桃树和榆树上。另一种是肉桂色的球蕈甲，它的幼虫专门生长在块菌上。吃蘑菇的鞘翅目昆虫最感兴趣的是包尔波塞虫，我曾经在别处描述过它的生活方式，它的歌声像小鸟一样，它为了寻找惯用的地下蘑菇而挖掘了垂直洞穴。它也是块菌的热心爱好者，我曾经从住在洞底的包尔波赛虫的爪足间取走一块真正的榛子大小的块菌。我试图喂养它，以便知道它的幼虫是什么样子；我将它放在一个装满新鲜沙土的罐子里，罩上罩子。由于我没有地下菌和块菌，我便用各种较硬、有点儿像块菌的蘑菇来喂养它们，有马鞍菌、珊瑚菌、鸡油菌和盘菌，但它都拒绝食用。

我用一种像小马铃薯一样的须腹菌来喂养它，这种菌类常见于松林的浅土层甚至地表。这次终于成功了。我在饲养笼里撒了一把这种植物。夜晚，我好几次看到包尔波赛虫从洞里出来在沙土里搜寻，要选择一块不太大、能够拖得动的食物，然后轻轻地将它滚回家中。它自己进入家中，而将食物留在门口，这个食物太大了无法塞进家门。第二天，我发现这个食物被啃咬过了，但只是下面被啃咬过了。

包尔波赛虫不喜欢在露天的公共场合进食，它需要在地下室的隐蔽处小心进食。如果在地下找不到食物，它们就会到上面来寻找。找到适合它口味的食物后，如果大小合适，它便把食物运回家；如果食物太大，它只能把食物留在地洞门口，它便不再露面，而是从下面开始啃咬食物。到目前为止，我只知道它们吃地下菌、块菌和须腹菌。这三种食物证明，包尔波赛虫不像巨须隐形虫那样只吃一种食物，它能够变化食材，可能它会不加区别地食用所有地下菌。

衣蛾的进食范围更广。它的毛虫长约五至六毫米，身体呈白色，头部发黑发亮。在许多菌类中能发现大量的衣蛾幼虫。它最喜欢吃菌柄，因为菌柄有一种说不出来的味儿，这种味儿从菌柄一直向菌盖扩散。它们通常寄居在牛肝菌、伞菌、乳菇和红菇上。除了某些菌科的某种菌外，它们什么都吃。这个弱小的幼虫会在被攻击过的蘑菇下织一个小小的白蚕茧，然后会变成一只小小的蛾。这种幼虫是菌类最主要的开发者。

还有一个值得一提的贪吃的软体动物，它们吃各类蘑菇。它们在蘑菇内做一个宽敞的窝，满心欢喜地在窝里吃东西。和其他开发者相比，它们的数量不多，经常离群索居。它们的颌像一把锋利的刨刀，在蘑菇内挖出一个大洞，这样造成的破坏最明显。

“贪吃”“满心欢喜”“离群索居”等词，生动形象地描绘了一种在蘑菇里挖洞的幼虫形象。

啃咬者可以通过被啃咬过的蘑菇上留下的咬痕和蛀屑辨认出来。它们有的在蘑菇里挖掘出一条清晰的通道，有的挖槽，有的腐蚀了内部而不留一点痕迹，有的进行切割。而另一类液化者利用化学作用溶解食物。这些都是双翅目昆虫的幼虫，它们都属于蝇科的平民，有很多种类。如果要通过饲养得到成虫来区分它们，那样既花费成本又花费时间。因此我们还是用蛆虫这个统称来称呼它们吧。

为了观察它们工作，我选择了撒旦牛肝菌作为开发物，这是在我附近能够收集到的最大的菌种之一。它的菌盖是白色的，很脏；菌管口是鲜艳的橙红色；菌柄肿胀得像鳞茎，而且还带有胭脂红色的筋络。我将一个长得很好的撒旦牛肝菌分成两等份，并将它们并排放在深盘子里。一半就作为参照物这样放着；另一半的菌管层上放了二十四条在另一个牛肝菌上已经完全腐烂的蛆虫。

通过对比实验，来观察说明幼虫溶剂的作用。

当天试验物就显示出了幼虫溶剂的作用。牛肝菌的下表面起初是鲜红色，然后变成了棕色，渗出的液体悬挂在斜面上，像黑色的钟乳石。很快菌肉受到了侵蚀，几天后就变成了一种像沥青似的糊状物。其流动性像水一样。蛆虫在这种糊状物中打滚，扭动着身体，尾部的呼吸孔时不时地露出液面。这和灰蝇和肉蓝蝇的幼虫液化尸体时完全一样。而另一半没有放蛆虫的牛肝菌仍然和一开始一样很紧实，只是由于蒸发作用外表有些干枯。因此，液化真的是蛆虫的作品，而且是它们的专利品。

液化只是一种简单的变化吗？最初看到在蛆虫的作用下固体如此快地变成液体时，人们会认为是这样。某些菌类，如担子菌，会自发地发生液化，变成一种黑色的液体。其中有一种菌类有一个很形象的名称，叫做墨盒担子菌，它能够自动溶解成墨水。在一些情况下这种变化非常迅速。有一天我正在画从一个小囊袋或者说是菌托上取下的最漂亮的担子菌，我还没画完，这刚刚采摘两小时的新鲜蘑菇模型就不见了，桌子上只留下一摊墨水。我只要稍微耽搁一会儿，我就没有时间完成这幅画，就失去了一个罕见而又有趣的发现物。

通过举例子的说明方法，形象地说明了墨盒担子菌能自动溶解成墨水，并且速度极快。

但这并不意味着其他菌类，特别是牛肝菌也是转瞬即逝的、无法保存的。我用非常可口、受人喜爱的可食用牛肝菌做实验。我在想是不是可以从中提取出一种可用于烹调的李比希调味素。于是我将一些菌切成小块，一部分放在清水中，一部分放在添加有小苏打的重碳酸盐水中。整个加工过程持续了整整两个小时。牛肝菌肉真是毫不屈服，得用烈性药物来对付它，但为了

得到想要的结果，是无法采用这种药物的。

在沸水中煮，甚至在加了小苏打的重碳酸盐水中煮，食用牛肝菌仍然完好无损，但却被双翅目昆虫的幼虫分解成流质，这和肉蛆虫将蛋白分解成液体是一样的。这两种情况下的液化都是悄悄发生的，这可能是由于特殊蛋白酶的作用，但这两种酶可能不一样。肉食液化器采用的是一种蛋白酶，而牛肝菌液化器采用的是另一种。盘子里装满了一种流质，呈黑色，很稀，看上去有点像沥青。如果使水分蒸发，糊状物就变成了一个易碎的硬块，有点像太妃糖。嵌在这个硬块里的幼虫和蛹由于无法脱身都死掉了，分析化学使它们致命。而当侵蚀发生在地面时，情况就完全不一样了。液体被地面吸收了，从而使蛆虫获得了自由。在我的碗里，液体不断积聚，当它变成一块固体时便会杀死那些蛆虫。

蛆虫作用于紫色牛肝菌上的结果和作用于撒旦牛肝菌上的结果是一样的，也就是说，最终得到的是一种黑色糊状物。值得注意的是，这两种菌切开后，特别是被压碎后会变成蓝色。而食用牛肝菌切开后肉始终是白色，被蛆虫液化后得到的产物呈浅褐色。用毒蝇菌做实验，得到的是一种像杏仁酱一样的糊状物。用不同的菌所进行的实验证实了一条规律：所有的菌在蛆虫的作用下都变成了或稠或稀的糊状物，而且颜色有所不同。

为什么两种长着红色菌管的牛肝菌——紫色牛肝菌和撒旦牛肝菌会变成黑色的糊状物呢？我大概知道其原因。那两者都变成了蓝色，并夹杂着绿色。第三种蓝色牛肝菌的颜色变化很明显，不管是在什么地方，菌盖也好，菌柄也好，菌管也好，只要稍微一点儿轻微的碰伤，被碰伤的地方就由纯白色变成漂亮的蓝色。把这种牛肝菌放在二氧化碳气体中，即便我们现在敲击、压碎、将它化为浆状，蓝色也不会出现。但从被压碎的牛肝菌中取出来的一些碎片，只要一遇到空气就立刻变成漂亮

> 作者先用一个疑问句引出问题，紧接着做出解释，句子之间衔接紧凑，引导读者一步步接近答案。

的蓝色。这让我想起了某种染色方法。浸泡于石灰、硫酸铁和绿矾溶液中的靛蓝将会失去一部分氧，将会褪色，变得可溶于水，就像它原先以无色液体的形式存在于未加工的靛蓝植物中一样。将一滴这样的液体置于空气中，液体立刻发生氧化：又变成了不溶于水的靛蓝。

这和我们所看到的牛肝菌迅速变蓝是一样的，这些牛肝菌中真的含有可溶解的、无色的靛蓝吗？如果不是某些特性引起了疑问，我们就可以肯定了。牛肝菌在空气中暴露过长的时间，那些变成蓝色的牛肝菌，特别是蓝色牛肝菌，不但没有保持可能是靛蓝标志的蓝色，反而褪色了。尽管是这样，这些菌中还是含有一种在空气中极易变色的颜料。我们难道不能把它认为是变成蓝色的牛肝菌被蛆虫液化后发黑的原因吗？其他菌类，例如肉质为白色的可食用牛肝菌，它们被蛆虫液化后就不会变成沥青色。

所有切开后变成蓝色的牛肝菌名声都不好；书上说它们是危险的，至少是可疑的。用撒旦这个名称足以表达我们对它的恐惧了。衣蛾和幼虫却和我们不一样：它们贪婪地食用我们所惧怕的菌类。但奇怪的是，这些撒旦牛肝菌的疯狂迷恋者都拒绝食用我们觉得很美味的蘑菇，包括最有名的红鹅膏菌，罗马帝国时期，古代的美食家称之为上帝的食物。这是我们的食用菌中最漂亮的一种。当它准备掀开裂开的泥土出来时，它是一个被菌托包裹着的漂亮的卵形小球。然后这个囊袋慢慢裂开，漂亮的橘黄色球体从锯齿状的洞口露出一部分，就好像将鸡蛋煮熟，剥去蛋壳，剩下的就是囊袋中的伞菌。初期的伞菌非常像是一个上端剥去了部分蛋白、露出一点点蛋黄的鸡蛋。人们惊讶于这种相似，称这个菌类为卢葫塞迪乌，即蛋黄。很快，菌盖完全张开，伸展得像一张唱片，摸起来比绸缎更柔软，看上去比金苹果更绚丽。在红色的欧石楠中异常美丽，令人着迷。

通过不同阶段的形状、颜色的变化，细致地描绘了红鹅膏菌这种美丽的食用菌，也为下文中写昆虫不爱吃这种菌菇埋下伏笔。

而蛆虫拒绝食用这种美味的伞菌。在我频繁的野外观察中,从没有发现一个被幼虫啃咬过的红鹅膏菌。这需要将蛆虫监禁在大口瓶中,不提供其他食物,逼迫它去吃红鹅膏菌,被捣成果酱般的红鹅膏菌似乎也不受欢迎。当液化完成后,这些蛆虫想要离开,这说明它们并不喜欢这种食物。软体动物也是一样,并不是红鹅膏菌的狂热消费者。当它从伞菌旁边走过时,只有没有找到更好的食物,它才会停下来,咬一小口,并不拖延逗留。因此,如果我们请昆虫来作证,甚至是请鼻涕虫作证,来识别哪些菌类可以食用,我们会拒绝它们当中最好吃的菌类了。尽管如此,幼虫不敢吃的那些漂亮的伞菌仍然遭到了破坏,不是被幼虫破坏,而是被一种寄生真菌所破坏。这种菌使蘑菇出现紫色斑点并腐烂。这是我看到的唯一开发红鹅膏菌的昆虫。

另一种鹅膏菌的菌盖边缘有美丽的条纹,它和红鹅膏菌一样是一种美味的食物。我们称之为小灰菌,因为它的颜色通常是灰色的。无论是蛆虫,或是更大胆的衣蛾都不碰它。它们同样也拒绝了豹皮鹅膏菌、春鹅膏菌和柠檬黄鹅膏菌,这三种鹅膏菌都有毒。总之,那些对我们来说是美味的或是有毒的鹅膏菌都被蛆虫拒绝了。只有蛞蝓有时会咬上一口。拒绝的理由还不清楚。例如豹皮鹅膏菌,人们认为它被拒绝的理由是它含有对昆虫致命的生物碱。那为什么没有任何毒性的红鹅膏菌和恺撒鹅膏菌也无一例外地被拒绝了呢?是不是因为口感欠佳或是缺少引起食欲的作料?确实,生的鹅膏菌没有任何独特的香味。

那带有辛辣味的菌又会告诉我们什么呢?在松林里,有一种羊乳菌,它的边缘被卷起,并长有卷毛,味道比辣椒还要辛辣。这是一种会引起腹痛的食物,除非你有个格外特别的胃你才能吃这种食物,而蛆虫就拥有这样的胃:它们吃辛辣的羊乳菌,就像大戟毛虫吃大戟叶

将蛆虫的食性与人类的食性进行对比,阐明了蛆虫的胃与人类的胃是不同的,进而说明在食用蘑菇方面,不能根据昆虫的食性来判断人类的食性这一道理。

那样津津有味、心情愉悦。而对我们来说，吃这个就像是嚼食煤炭。

幼虫需要什么样的调料呢？它们完全不需要。在同样的松林里，还有一种美味的乳菌，呈橘红色，漏斗状，镶有一圈圈的纹线。被揉搓过的地方会变成铜绿色，这可能是和牛肝菌变蓝有关的靛蓝的变种。这种菌没有羊乳菌那样强烈的辛辣味，生嚼的味道也还可口。对虫子来讲，不管是温和的乳菌或是辛辣的乳菌，它们吃得一样起劲。不管是温和的还是刺激性的，毫无滋味的还是辛辣的，都一个样儿。

用美味这个词语来形容从伤口淌出血滴的蘑菇有点太夸张了。乳菌是可食用的，但它是一种粗纤维食物，难以消化。我的家人拒绝用它来做菜，我们更喜欢将它浸渍在醋里，然后当腌制小黄瓜来食用。这种乳菌的真正价值被赞美之词过分夸大了。

为了适合昆虫的胃口，是不是需要某种介于柔软的牛肝菌和坚硬的乳菌之间的中性物？让我们来研究一下橄榄树伞菌。这个菌呈枣红色，很漂亮。它的俗名并不贴切。它确实在老橄榄树下很常见，但我也在黄杨树、圣栎树、李树、柏树、杏树、荚蒾树和其他一些树木的树底下看到过它。看来它赖以生长的树木的性质并无关紧要。它区别于其他菌类的最明显的特征是它会发出磷光。在它的下表面，只有在那儿才能发出一种柔和的白光，类似于萤火虫的光。它的发光是为了庆祝婚礼和散播孢子的。这和化学家的磷无关，这是一种缓慢地燃烧，比正常状态下的呼吸更加急促有力。这种光在不适于呼吸的氮气、二氧化碳中会熄灭；在碳酸水中会持续发光；在煮沸的没有空气的水中便不再发光。这种光很微弱，只有在很暗的地方才能感觉到。夜晚，甚至在白天，如果现在黑暗的地窖中待一会儿再看这种伞菌，它会发出美妙的光，看上去像一轮明月。

那虫子会怎样呢？会被信号灯所吸引吗？绝对没有。蛆虫、衣蛾和鼻涕虫从来不碰那会发光的蘑菇。让我们先不要急于以橄榄伞菌中含有有毒物质来解释它们拒绝的原因。的确，在多石子的土地上生长着的刺芹伞菌也和橄榄伞菌一样结实。普罗旺斯人称之为贝里古洛，它是最有价值的菌种之一。但虫子们却不吃它，被我们当做美味佳肴的食物却被虫子们嫌弃。

也没有必要进行再多这样的调查了，得到的答案都会一样。昆虫吃某种蘑菇，而不吃其他的蘑菇，它们根本无法告诉我们哪些蘑菇能吃，哪些蘑菇不能吃。它的胃不等同于我们的胃，它认为是美味的我们认为有毒，它认为是有毒的我们却视之为美味。那如果我们缺乏植物学的知识，大部分人也没有时间和爱好去获得这方面的知识，在挑选蘑菇时我们应该遵循什么样的规则呢？这个规则很简单。

通过层层论证，证明了不能根据昆虫的食性来判断蘑菇是否适合人类。

我住在塞里昂三十多年，从来没有听说过蘑菇中毒的事例，而这儿的蘑菇消耗量很大，特别是在秋天。没有一家不到山上去采蘑菇，采摘一些珍贵的蘑菇可以补充食物的不足。那人们采摘什么样的蘑菇呢？每一样都采一些。我曾多次到附近的树林里去观察蘑菇采摘者们的篮子，他们都很乐意给我看。我看到了一些真菌学家都会感到惊讶的东西，而且我经常能发现被列入危险蘑菇之列的紫色牛肝菌。有一天我批评了一位采摘紫色牛肝菌的人，他提着篮子惊讶地看着我说：

“你说狼面包是毒药！”他一边说一边用手弹弹肉乎乎的紫色牛肝菌，“太离谱了！先生，这是牛精髓，真正的牛精髓！”

他嘲笑着走开了，对我所掌握的蘑菇的知识很不以为然。

在那些篮子里我还发现了环状伞菌，这方面的专家佩尔松认为它有剧毒。但这是他们最常食用的一种蘑菇，因为这种蘑菇数量丰富，尤其是在桑树下。我还发现了危险的诱惑者撒旦牛肝菌、像羊乳菌一样辛辣的带乳菌和光头鹅菌膏。光头鹅菌膏的菌盖从菌托里绽开，边缘镶有像酪蛋白一样的粉渣，那难闻的肥皂味儿让人对这种象牙色的菌盖产生了怀疑，但好像没有人介意。

人们这样无所顾忌地采摘是如何防止事故发生的呢？在我的村庄以及远方的村庄，人们要把这些蘑菇用沸水煮白，也就是说，将它们放在沸水里煮，并加一点儿盐。然后再放在冷水里清洗几遍就算处理好了。然后人们按照自己的需要将蘑菇分类。这样，那些原先有毒的蘑菇也变得无害了，因为先煮沸再漂洗能够除掉有害成分。

我个人的经验证实了这种乡下方法的有效性。在家里，我们经常食用那些被认为剧毒的环状伞菌。经过沸水的消毒，它变成了一道令大家称赞的菜肴。还有经常出现在我家餐桌上的光头鹅膏菌，我们也将它在沸水中煮一下。如果没有经过这样的处理，这种菌不一定是安全的。我还尝试过会变成蓝色的牛肝菌，特别是紫色牛肝菌和撒旦牛肝菌。嘲笑我的小心谨慎的那位采摘者极力称赞是牛精髓的菌很普通。我有时也会食用豹皮鹅膏菌，这种菌在书上被描述得声名狼藉，但却没有产生任何不良后果。我的一位医生朋友听说了用沸水煮的处理方法后也想亲自试一试，他选择了柠檬黄鹅膏菌作为晚餐，它和豹皮鹅膏菌一样声名狼藉。一切都很顺利，没有遇到任何麻烦。我的另一位盲人朋友，就是曾和我一起品尝罗马美食家的木蠹蛾的那位朋友也吃了橄榄伞菌，尽管这被人们认为非常可怕。这道菜如果不够美味，但至少是无害的。

根据乡村生活经验和自己与朋友的尝试，得出安全食用蘑菇的方法。

事实证明，将蘑菇先在沸水里煮一下是防止蘑菇中毒的最佳方法。如果说昆虫吃某种蘑菇而不吃某种蘑菇无法帮助我们选择，至少乡下人的智慧，他们长期积累的生活经验教会了我们一套简单有效的方法。如果你被诱惑采摘了一篮蘑菇，但又不那么确定它们是否有毒，那你可以将它们放在沸水中好好地煮一下。在炖锅中煮过后，原本可疑的蘑菇就可以毫无畏惧地食用了。

但是你会说这是一种野蛮的烹饪方法，用沸水处理的方法会把蘑菇煮成糊状，而且会去掉其鲜美。这就大错特错了，蘑菇很耐煮的。我曾说过，我试图从蘑菇中提取溶液，但却无法使其溶化。借助小苏打在水中长时间煮沸，都无法使它变成糊状，它还是完好无损。另外一些适合烹调用的蘑菇也很耐煮。另外，蘑菇的鲜味也不会丧失。而且它们会变得更易消化，这对于一种不易消化的菜来说是很重要的。因此，我家中习惯于将蘑菇放在清水中煮一下，甚至包括鹅膏菌。

我是个俗人，这是真的，我是个很难受到美食诱惑的野蛮人。我所关注的不是美食家，而是朴素的人们，特别是农夫。如果我能够普及普罗旺斯人烹调蘑菇的方法，让人们用蘑菇和豆角、土豆换换口味，不管这是多么微不足道，当人们学会避开鉴别蘑菇有没有毒的复杂方法时，我持之以恒的观察研究就得到了回报。

结尾点明研究的意义：并非为了美食，而是想让朴素的人们，特别是农夫能在安全的前提下换换口味，体现了作者的人文主义关怀。

思维导图

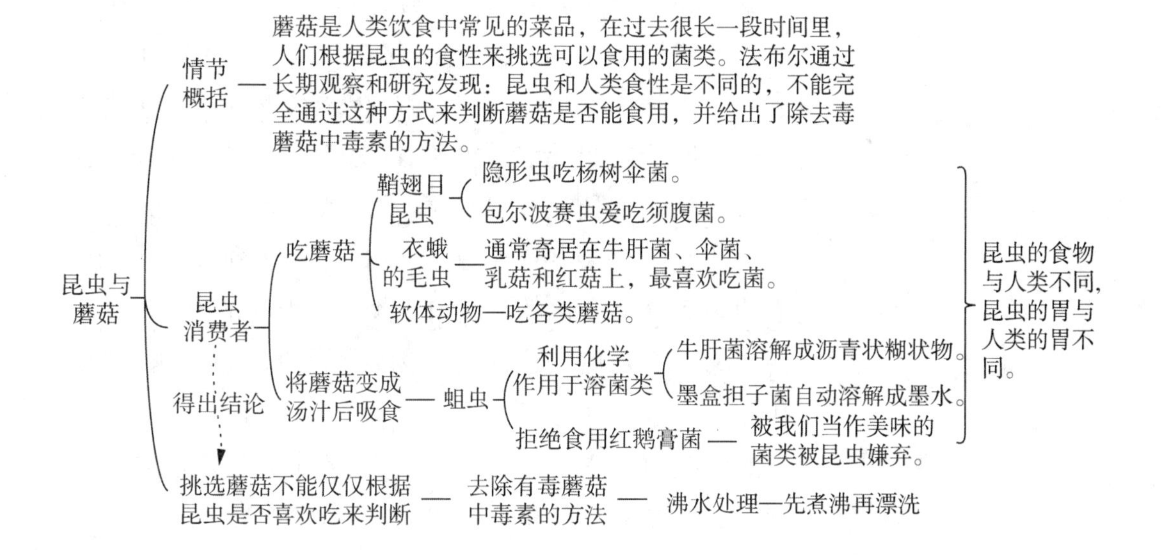

第九章　难忘的一课

连用七个问句对昆虫与蘑菇的问题进行进一步发问，表现出作者的思考和求知欲。

我带着遗憾向蘑菇告别，关于它还有许多要解决的问题呢！为什么蛆虫食用撒旦牛肝菌却轻视红鹅膏菌？它认为美味的东西为什么对我们是有害的，而我们认为是美味的东西它们为什么如此厌恶？在蘑菇中是不是含有一些特殊成分，一些看上去会随着植物种类的不同而变化的生物碱？我们是否可以提炼出生物碱，并对它们的特性进行深入的研究？谁知道医学是否能用它来减轻我们的痛苦，就像奎宁、吗啡和其他生物碱一样？值得研究的是担子菌自发的液化和牛肝菌在蛆虫的作用下的液化是属于同一类别吗？担子菌是不是自己利用一种类似于蛆虫蛋白酶的酶进行消化？我还想知道是什么可氧化物质使橄榄伞菌发出柔和的、白色的、像满月似的亮光。某些牛肝菌变蓝是不是一种比印染工使用的靛蓝更易变化的靛蓝在起作用，美味的乳菇碰伤后会变绿是不是也是这样的原因，弄清楚这些问题会非常有趣。

如果我有最基本的工具，特别是能够使逝去的光阴倒流，我会很耐心地做这些化学研究。但是时光已经逝去，我剩下的时间不多了。不过这也不要紧，还是让我们来谈一谈化学吧；既然没有更好的办法，还是让我们来回忆一些往事吧。如果历史学家时不时地要在他的昆虫史里占据一点儿篇幅用来回忆，读者会慷慨地原谅他的：因为老年人总爱回忆年轻时候的一些往事。

莫奎因—坦登教授在作者研究昆虫的路上有着重要指引的作用，这在《我的学校》一章中也曾提到过。

我的一生中一共上过两门自然科学课：一门是解剖课，一门是化学课。第一门课是自然主义者莫奎因—坦登教的，当我们从科西嘉的雷诺索山上采集植物归来时，他在盛满水的汤盘中向我讲解了蜗牛的结构。这节课很短，我却收获颇多。从此，我受到了启蒙。我在没有老师指导的情况下能够用解剖刀像模像样地解剖动物的内脏。第二门课是化学课就没那么幸运了。事情是这样的。

在我那所师范学校里，科学教育最为薄弱，主要包括算术和一些几何学的皮毛。物理几乎就不会接触到。学校还教了我们一些气象学基础，比如太阴月、白霜、露水、雪、风；并且以乡村中常见的物理现象为基本内容，在这方面我们学到了很多知识，完全能够和农夫们讨论各种气候现象。

关于自然史，完全没有学过；也没有人跟我们讲授过植物，这么高雅的消遣属于漫游的内容；昆虫也从未涉及过，尽管昆虫的习性那么有趣；石头也没有被谈起，尽管从古老的档案馆里能够受益颇多。自然史这扇通向世界的窗户并没有向们我敞开。语法扼杀了生命。

不言而喻，化学也根本不受重视。但化学这个名词我还是知道的。我偶然从书中读到过，但由于没有实际演示，只是一知半解。我从书中得知，化学研究的是物质的结构变化，不同单质的结合与分解。这个学科是多么神奇啊！对我来说，化学就像是巫术，是炼丹术。在我的想象中，化学家工作时都手拿魔杖，头戴尖尖的镶着星星的魔术帽。

一位权威的教授多次来到我们学校访问，他是作为我们学校的荣誉讲师而来，而不是为改变我那些愚蠢的想法而来的。他教授物理和化学，每周两次，从晚上八点到九点，在我们学校附近的一个很大的场所免费授课。从前那里是圣马蒂亚勒教堂，如今变成了新教的礼拜堂。

正如我所想象的那样，这确实是巫师出没的场所。在教堂尖塔上，生锈的风标发出凄惨的吱吱嘎嘎声；傍晚时分，大蝙蝠有的围着教堂飞来飞去，有的钻进排水管；夜晚，猫头鹰在平台顶上嚎叫着。化学家就是在这里，在这个大窟窿下做实验。他会制造出什么样的混合物呢？我永远都不会知道吗？

作者试图寻找自己对化学的兴趣来源，在他眼里，“化学就像是巫术”，他将实验室想象成巫师出没的场所，然而化学教授的装束和行动打破了他的这一想象。

今天他又来了，他并没有戴尖帽，而是一身平常装束，不太古怪。他像一阵风一样匆匆进入教室。他那通红的脸半埋在齐耳高的大立领里；鬓角垂着一小撮红色的头发；头顶光亮，像一个古老的象牙球。他用盛气凌人的语调和生硬的手势向两三个学生提问；然后脚跟一转又像一阵风似的走了。不，绝不是他，绝不是这个实际上很有才华的人，使我对他所教的东西产生好感。

他的实验室有两扇窗户朝向学校的花园。窗户齐肘高。我经常跑到那里去偷看，试图凭借我那可怜的小脑袋思考出化学究竟是什么。不幸的是，我所能看到的那间屋子并不是一座圣所，只是一个洗实验工具的陋室。自来水管和龙头紧挨着墙壁；墙角有一些木桶，有时里面煮着像砖粉一样红色的粉末，会有蒸汽冒出。我知道了那是在炖煮一种用作燃料的植物根——茜草根，这样会提炼出更纯更浓缩的产品。这就是那位老师所喜爱的研究。

从两扇窗户看已经满足不了我了，我想走得更近些，走进去看。我的愿望得到了满足。那是在学期末，我提前完成了学业，获得了毕业证书。在毕业之前还有几周，我无事可做。我是否应该走到校外，去度过那充满快乐的十八岁？不，我要在学校里度过。这两年，学校为我提供了稳定的住所和饮食保障。我想在学校获得一个职位，我听从您的安排，只要能够学习就行，别的我都无所谓。

学校的校长十分善良，他很理解我对知识的渴望，他支持我的决定；他打算让我重新与被遗忘了很久的贺拉斯、维吉尔建立联系。校长精通拉丁语，他通过让我翻译几段文章使我重新燃起我心中的火苗。他还给了我一本拉丁语和希腊语双语对照的样本。借助基本能读懂的第一篇，我能够翻译出第二篇，通过翻译伊索寓言，我既可以扩充我的词汇量，也对我以后的研究有帮助。这是多么幸运啊！住所、饭碗、古诗、学术语言，所有好的东西都让我瞬间得到了！

我得到的还不止这些。我们的自然学科老师，名副其实的那位，而不是名誉老师，每周两次来给我们讲解三率法和三角定理。他想到了要让我们以学术节的方式庆祝学期结束，这是个好主意。他答应让我们看氧气。作为这所高中化学老师的同事，他得到许可带我们去那间著名的实验室，并当场制造他课堂上讲的氧气。氧气，是的，氧气这个能使一切燃烧的气体；我们明天就能看到。我兴奋得一夜未眠。

终于有机会走进实验室，看一下神奇的化学变化，作者的兴奋和期待跃然纸上。

星期四下午中午到来了。化学课一结束，我们就出发去雷昂格勒——那个坐落在峭壁上的远方的漂亮村子。因此我们穿上只有节日和出远门才穿的衣服：黑色礼服和高帽。来了十三个学生，由一位助理教员带领着，他也和我们一样，没有看过我们即将要看到的东西。我们激动地跨过实验室的门槛，进入了大厅，这个古老空旷的教堂中，说话都会有回声，微弱的光线从装饰有凸条花纹和圆花饰的花窗玻璃上透进来。在后面有一排排宽宽的阶梯座椅，可容纳几百人；对面唱诗班站的地方有一个大的壁炉台；中间有个大桌子，被化学药品腐蚀了。桌子的一端有一个涂有沥青的箱子，里面包着一层铅，箱子里装满了水。我立刻就明白了，这是个储气罐，用来收集气体。

老师开始实验了。他拿起一个又大又长的玻璃器皿,鼓凸的瓶肚连着垂直弯管。他告诉我们这是蒸馏瓶。他用纸做的漏斗把一些像碳粉一样的黑色粉末倒入蒸馏瓶,并告诉我们这是二氧化锰。它里面含有大量处于压缩状态、和金属化合在一起的氧气,这就是我们想要得到的那种气体。一种看似油状、能引起剧烈反应的硫酸可使氧气释放出来。蒸馏瓶被放在一个点燃的炉子上,用一根玻璃管将它与放在储气罐隔板上的装满水的钟形罩子连接起来。准备工作做好了,将会产生什么结果呢?我们等待着温度起作用。

实验开始了,同学们围着老师,争相观看实验结果,为实验结果做了铺垫。

我的同学们充满渴望地紧紧围着实验装置。有的人自以为是地在那边瞎忙乎,为参与到实验的准备工作而感到自豪。他们将倾斜到一边的蒸馏瓶摆正;他们用嘴吹炉子上的炭火。我不喜欢他们随便摆弄自己不了解的东西,但善良的老师并没有反对;我也不能忍受一直用肘部顶撞别人、凑到第一排观看的那些人,有时就像小狗打架一样。还是离他们远一点。可看的东西多得是,而且氧气还在形成中。让我们利用这个机会来观察一下这位化学家的化学用具。

在宽敞的壁炉台下面,有一系列奇怪的炉子,套着铁皮,长短不一,高矮不一,每个炉子上都有一个小窗户,被棕色的遮盖物封着。这个有个小塔的炉子是由好几部分重叠而成的,上面有大大的宽宽的耳襻,用手握住耳襻可以将小塔拆卸下来。圆拱顶上有个铁皮烟囱。炉子中能够燃起熊熊烈火,轻而易举地就能熔化石子。还有一个炉子很低,躺在那儿像弯曲的脊背。它的两端各有一个圆孔,每个圆孔中都伸出一根粗瓷管。很难想象这样的仪器是用来做什么的。点金石的研究者肯定拥有许多这样的仪器。它们是研究者的工具,是揭开金属奥秘的工具。

搁板上摆放着玻璃器皿。我看到了不同大小的蒸馏瓶,每个蒸馏瓶的鼓凸部分都连着弯管。有些蒸馏瓶除了连有一根长管外，还连接一根短管。看，年轻人，你别想猜出这个奇怪器皿的用途。我还发现了一些很深的漏斗状的带脚玻璃管。我惊讶地看着这些奇怪的玻璃瓶，有的瓶子有两三个入口，有的球形小瓶带着长长的细细的管子。这真是些奇怪的工具啊！这里有个玻璃柜，里面放着许多装满各种药品的小瓶子和大口瓶。瓶子上的标签告诉了我里面装着诸如钼酸氨、氯化锑、高锰酸钾等奇怪的名称。我在书本上从来没有见到过这么难懂的文字。

突然，砰的一声！紧接着便是奔跑声、跺脚声、尖叫声和呻吟声！发生了什么事？我跑进大厅。蒸馏瓶爆炸了，容器中沸腾的液体四处飞溅，弄脏了对面的墙。大部分同学或多或少都受到了冲击。其中一位同学最可怜，液体溅到了他的脸上，直至眼睛里。他像疯子一样尖叫着。在一位伤势较轻的同学的帮助下，我把他使劲拖到水池边，幸好水池离得近，我把他的脸按在水龙头下面。迅速冲洗很有成效，疼痛缓解了，受伤者也渐渐恢复了意识，能够自己用水冲洗了。

本段场面描写，突出了实验现场的混乱。可见在当时，化学课虽然不受重视，但老师和同学们对神秘的化学还是带着探索的兴趣的。

我迅速地抢救挽救了他的眼睛。滴了医生的眼药水，一周后他脱离了危险。幸亏我离得远远的！我独自站在装着化学药品的玻璃柜前，才能使我迅速做出反应。而其他人呢，那些靠化学炸弹太近而被溅到的人，他们在做什么呢？我回到了授课大厅，那里情况不容乐观。老师受伤很严重：他的衬衣前襟、背心、裤子上都被溅到了，烧出了一个个的洞。他赶紧脱掉了一部分危险的衣服。那些穿着最讲究的人把衣服借给他，好让他赶紧回家。

我刚才欣赏的那些漏斗状的玻璃器皿中，有一个玻璃器皿放在了桌子上，里面盛满了氨水。被呛得又咳嗽又流眼泪的人们将手帕在氨水里浸湿，用湿布一遍遍地擦拭他们的帽子和衣服。这样可以擦掉可怕的溶液留下的红斑，再稍加些墨水就可以使衣服恢复原先的颜色。

那氧气呢？不用说，这已经不是问题了。学术节结束了。这损失惨重的一课对我来说很重要。我进入了那个化学实验室；我看到了那些神奇的大口瓶是试管。教学中最重要的不是对老师所教的内容掌握多少，而是激发学生的潜能，就像用火去引爆沉睡的炸药一样。总有一天，我能自己获得氧气；总有一天，没有老师我也能学化学。

实验虽然失败了，但这一课对作者来说很重要。他明白了激发学生潜能的重要性，并想要研究化学。

是的，我将学习化学，尽管一开始很不顺利。那怎么学呢？边教边学。我不会向任何人推荐这种方法。有老师的指导和示范是多么幸福啊！他面前有一条平坦畅通的道路。而另一种人走的是崎岖不平、常常绊到脚的小径；他在那条未知的道路上摸索着，迷失了方向。为了重新回到正确的道路，如果他没有气馁，他只能靠坚持，这是不幸的人们的唯一向导。这便是我的命运。我一边教别人一边学习，我日复一日地用犁铧在贫瘠的旷野上耕种，然后把收获到的一点点种子传给别人。

硫酸盐爆炸事件的几个月后，我被派到了卡庞查，去那里的中学担任中学的初级教学。第一年很辛苦，学生太多，我忙得不可开交，学生的拉丁语一塌糊涂，他们的拼写和语法学习进度不一。第二年，学生分成了两组；我有了一名助手。分组在学生的吵闹声中进行。我选择了那些年纪较长、理解力较强的学生，其他学生将被分到预备班中学习。从那天起，事情就和从前不一样了，不再有固定的教学计划了。那时候，老师可以自行安排，不再像机器一样受到学校规定的束缚。我可以按照我的愿望行事。但怎样才能使这所学校无愧于“初级学校”这个称号呢？

当然，我要将化学课列入教学计划！我的长期阅读告诉我，教学生一些化学知识没有坏处，如果他们能够

掌握一些使农田有好收成的方法的话。大部分学生是来自农村，他们以后还要回去开发他们的土地。那就让我们来告诉他们，土壤是由什么构成的，庄稼吸收什么养料。其他人会从事工业，他们会成为制革工人、金属铸造工、烧酒酿造工、肥皂商、鳀鱼桶制造商。那就让我们来教他们腌制、制皂、蒸馏、使用鞣酸、铸造金属。当然，这些东西我也不懂，但我可以学，我学会了以后要把这些教给学生，教给那些会对老师的结结巴巴加以嘲笑的小鬼。

正好学校里有一个小得不能再小的实验室，里面有一个储气罐，一打球形玻璃瓶、几根试管和很少的几种化学药品。如果我能拥有它就够了。那个实验室是个圣所，是留给六年级的人用的。除了老师和准备业士文凭的学生外，任何人不能进入。对于我这样一个外行，想进入这个地方是不合适的，它的主人是不会允许的。一个初等文化的人是不敢随便踏入高等文化的领地的。当然，我也可以不去那儿，只要他们把工具借给我就行。

我向校长汇报了我的计划，他是这些财产的最高负责人。他是个文化研究者，那时候只懂拉丁文的人不太受到尊重，他几乎不懂科学，也不太明白我提出这个要求的目的。我谦逊地一再坚持，努力说服他。我谨慎地强调了问题的关键点，我的学生很多，比学校里任何一个班的都多，他们在学校吃饭，这是校长最操心的事儿。我们应该鼓励他们、吸引他们，尽可能地提高他们。只要多给几盘汤就能使我得到成功；我的要求被准许了。可怜的科学啊！为了把你介绍给没有受到过西塞罗和德摩斯梯尼滋养的人，我需要使用多少外交辞令啊！

我被批准可以每周使用一次工具。为了实现我那宏伟的计划，这些工具是很必需的。我把工具从二楼的神秘场所搬到我上课的那个像地窖一样的地方。麻烦的是那个储气罐，搬下去之前要先把它倒空，然后还得将它装满。一个热情的走读生是我的助手，他匆忙吃完饭后，在上课前一两个小时便来帮忙。就靠我们两个人来搬这些工具。

这次我是想得到氧气，以前我没能看到这种气体。我闲暇时候便借助书本制定了我的实验方案。我要先做这个，再做那个，我要用这种方法还是那种方法。最主要的是要防止发生危险。因为如果用硫酸热处理二氧化锰，还可能会弄瞎我们自己。各种担心使我想起了以前的同学像疯子一样尖叫的场景。让我们还是试试吧：机会总是喜欢勇者！而且，为谨慎起见，除了我谁都不能靠近那张桌子。如果事故发生，也只会有我一个受伤者；而且在我看来，为了认识氧气而被烧伤是值得的。

两点钟的铃声响了，学生们进入了教室。我故意夸大了发生危险的可能性，让他们都坐在自己的凳子上不要动。他们都同意了。我可以开始了。我的身边除了准备帮我的助手外没有其他人；时间到了，大家都谦恭地注视着这个未知的事物，十分安静。

很快，钟罩里的水面上开始出现气泡，发出“咕噜咕噜”声。这就是我要的气体吗？我的心也激动地跳动着。我第一次实验就能够成功吗？让我们拭目以待。我把一根刚刚熄灭、烛芯还有一丝红光的蜡烛用一根铁丝吊着，放进装有我的产品的试管中。太棒了！伴随着一声很小的爆炸声，蜡烛点燃了，发出明亮的火焰。这就是氧气。

真实又生动地描写了实验成功后作者的心理：一方面激动不已，另一方面还要克制自己，不让学生看出来自己也是“第一次看到这么神奇的实验”。

这是个庄严的时刻。我的观众们很欣喜，我也一样，但我不是为蜡烛重新燃烧而欣喜，而是为取得了成功而欣喜。我的脸上泛起一阵虚荣的红光；我感觉热血在血管里奔流，但我要克制住内心的激动。在学生的眼中，老师对所教的东西都习以为常了。如果让这些淘气的孩子看出我的惊喜，如果让他们知道我也是第一次看到这么神奇的实验，他们会怎么看我啊。那样我就会失去他们的信任，就把自己降到了学生的地位了。

鼓起勇气来！让我们继续下去，就像对化学很熟悉一样。现在轮到用钢带了，这是一条像开塞钻一样的盘卷的旧的手表发条，上面装有导火线。靠这个简易的引芯，那条钢带应该能在装满气体的大口瓶里燃烧起来。它确实燃烧了，释放出来绚烂的火焰，伴随着轻微的噼啪声，四射的光芒和铁锈色的烟雾在瓶子里撒了一层粉。激烈燃烧的钢带一端时不时地滴下一滴红色液体，液体颤动着穿过瓶底的水层，嵌入玻璃中，玻璃立刻变

软了。无法控制的火热的金属泪滴使我们战栗。所有人都跺脚、尖叫、鼓掌。胆小的学生用手捂着脸只敢从手指缝隙里观看。我的观众们都兴高采烈，我自己也心满意足。嘿，我的朋友们，化学很神奇吧！

我们一生中都有值得纪念的日子。有些实际的人是生意上取得了成功；他们赚到了钱便昂首挺胸了。而另外一些思考者是获得了思想；他们在自然这本大账户上为自己开了个新的户头，然后便安静地享受真理带来的喜悦。我最值得纪念的日子之一就是我第一次结识氧气的那天。那天下课后，所有的工具都被送回原处，我感觉自己又长高了几厘米。作为一个无师自通的操作者，我成功地展示了我两小时前还不认识的东西。没有发生任何事故，甚至没有留下一点儿硫酸腐蚀的痕迹。

> 本篇的题目是“难忘的一课”，看到这里，你有没有发现，本文难忘的并不仅仅是“一课”，学生时代失败的实验和第一次氧气成功的实验，对作者来说，都是最深刻的记忆。

圣马蒂亚勒的那堂课的悲惨结局使我以为这个实验很难很危险。但只要警觉一点，谨慎一点，我还是可以继续下去的。前景还是很喜人的。

现在到了该做氢气实验的时候了，我一边读书一边认真考虑。在肉眼看到氢气之前，我的思想之眼已经不止一次看到它了。我使燃烧的氢气在一根因受热而有水滴流淌的玻璃管内唱歌，学生们看到了欣喜万分；我使混合物发出爆鸣声，他们吓得跳了起来。后来，我成功地向他们展示了磷的壮观、氯气的猛烈、硫的恶臭、碳的变形等等。总之，这一年里，主要的非金属元素以及它们的化合物都在课堂上接受了检阅。

事情被传开了。一些新生被这所学校的神奇所吸引来听我的课。食堂里要多添加几套餐具了；比起化学，对肥肉炖豆角的利润更感兴趣的校长因为寄宿生的增加而表扬了我。我真正地开始了，剩下的只是时间和不屈不挠的意志力。

思维导图

- 难忘的一课
  - 情节概括 —— “我”在沃克卢斯初级师范学校读书时的化学启蒙，以及“我”到中学任教后，自学化学，并带领学生做化学实验的趣事。
  - 沃克卢斯初级师范学校上过两门自然科学
    - 解剖课 —— 莫奎因—坦登给“我”启蒙，“我”学会了解剖动物内脏。
    - 化学课
      - 自然学科老师每周来两次，“我”从窗户里看。
      - 毕业前，自然学科老师带学生做氧气实验，蒸馏瓶爆炸，老师和靠近的学生受伤。
  - 在中学任教，将化学课列入计划，带学生做化学实验
    - 一边教学，一边学习。
    - 第一次成功完成氧气实验。

第十章 工业化学

有些事情迟早要发生的。当我通过矮窗户去远眺实验室时，那里炖煮着的茜草在冒着热气；当我在教堂里听第一次也是最后一次化学课，亲眼目睹了几乎要毁掉我们容貌的硫酸盐爆炸时，我远不曾想到我会在同一个拱形屋檐下扮演的角色。如果预言家预言我有朝一日会做老师，那时我也是不会相信的。是时间为我们安排了这么多意想不到的事。

连房子也会经历意想不到的变化，如果有什么东西能震撼它的话。圣马蒂亚勒的那个建筑物原本是个教堂，如今变成了礼拜堂。人们曾经用拉丁语在那儿祷告，如今人们用法语祷告。而在此期间，有几年它被用于科学，用来祷告驱除黑暗。未来它会变成什么样？它会不会像城市里的许多其他教堂一样，如拉伯雷所说，变成制毡店、废铁仓库货或搬运公司的车库呢？谁知道呢？房子的命运也和我们一样难以预料。

写房子的命运和人类的命运，在表现命运“难以预料”的同时，展开作者对自己研究工业化学的一段岁月的回忆。

当我用它作为市政课实验室时，它的大厅仍保持着我之前拜访时的样子，我那次的拜访短暂而糟糕。右边的墙壁上还残留着刺眼的黑色斑点，就像有个疯子抓起一个墨水瓶扔到墙上溅起的污点。我一眼就认出了这个污点，这是从蒸馏瓶里飞溅出来的腐蚀性溶液的痕迹。这么长时间以来，没有人想过要刷一层白色涂料将这些污点遮盖住。这也好，这些斑点是给我的最好的忠告。每次上课，这些斑点都浮现在我的眼前，不断提醒我要小心谨慎。

尽管化学有着种种诱惑，它还是没能让我忘记一项我渴望已久的、符合我志趣的计划，那就是到大学里教自然史。有一天，一位总监来学校听我的课，他可不是来给我鼓励的。我的同事都称他为鳄鱼，也许是因为他在巡视时粗暴地训斥了他们。尽管他有些粗暴，但本质上他是个很厉害的人。他给我的建议深深影响了我以后的研究。

那天，他独自一人突然出现在教室里，我正在教学生画几何图形。我需要解释一下，那时为了维持生计养活自己和家人，我在校内校外兼了许多职务。在学校上完两小时的物理课、化学课或自然史课后，我还毫不停歇地开了另外两小时的课，教学生如何画几何图、如何画测量平面图、如何根据弧线的一般规律画一条任意的弧线。我们把这门课叫做制图课。

这位可怕的大人物的突然闯入并没有使我很慌张。十二点的钟声响起，学生们离开了教师，留下了我们两个人。我知道他是个几何学家，一条画得很完美的超越曲线可能会取悦于他。学生交上来的图画中可能会有一些令他满意，我要好好利用这个机会。有个学生，其他方面都很笨，唯独对角规、圆规和绘图笔的使用很擅长。他虽然笨，手却很巧。

我先利用正切线向他揭示正切线的规律和走向，我的艺术家先画出了一条普通的轮转线，然后画出了内摆线和外摆线，最后画出了延长和缩短了的相同的弧线。他的画像个绝妙的蜘蛛网，精巧的弧线层层叠绕。图形如此精确，人们很容易就能从中推导出难以计算的美的定理。

我将那些几何图形的作业交给总监，他本人很喜欢几何。我谦虚地介绍着几何图形的结构，希望这些画能引起他的好感。结果努力白费了，当我把图纸摆放在他面前时，他只是瞥了一眼就把图纸扔到了桌上。

> 大家眼里的“鳄鱼”，也有和蔼的一面。这让作者惊讶，同时后面的对话，又影响了作者以后的研究。

我心想：“哎呀！暴风雨就要来临了；摆线救不了你了；轮到你来领教鳄鱼的厉害了！”

但完全不是。这位大人物很和蔼,他坐在凳子上,双腿叉开,邀请我也坐在他身旁。我们谈了一会儿制图课后,他突然问道:

“你有钱吗?”

我被这奇怪的问题问晕了,以微笑作答。

他说:“别害怕。请相信我,我问你这个问题是关心你。你有财产吗?”

“我并不为我的贫穷而感到羞愧,总监先生。我可以坦率地告诉您,我没有;我的收入就是我那微薄的工资。”

他皱了皱眉,我听到他低声地说,就像忏悔者在自言自语:

“真遗憾,那真是太遗憾了。”

听到他对我的贫穷表示遗憾,我感到很吃惊,我问他为什么。我还不习惯从我的上司那儿得到这样的关心。

这个被描述得很可怕的总监先生继续说道:“是的,这真的是很遗憾。我拜读了您在自然科学年鉴上发表的论文。您观察力敏锐,有从事研究的兴趣,语言生动,文笔流畅。您本应该成为一名优秀的大学教授的。”

“但这正是我的目标。”

“放弃这个目标吧。”

“是我的学识还达不到要求吗?”

“不,您达到要求了;但您没有财产。”

巨大的障碍摆在我的面前,不幸总是降临在穷人头上!想在大学教书就需要有个人收入。不管你多么平庸,但只要你有钱表明你地位显赫就行了。这才是最重要的;其他条件都是其次。

这位值得尊敬的先生向我讲述了他贫穷的经历。尽管他没有我穷,但也因此受到了挫折;他动情地向我讲述他的苦痛经历。听得我很心痛;我眼睁睁地看到我未来的庇护所倒塌了。

“您的一席话对我很有启发,先生,”我对他说道,“您使我不再犹豫不决,我要暂时放弃我的计划了,我要看看有没有可能先赚点儿钱,好让我能够体面地教书。”

然后我们友好地握了手便分开了。我再也没有见到过他。他慈父般的循循善诱很快说服了我。我已经看清了不公的现实。几个月前我得到了一份在普瓦捷大学教授动物学的兼职,薪水很低,除去搬家费用后每天只剩下不到三法郎,用这笔收入我还得养活七口之家。我赶紧拒绝了这份看似体面的工作。

不,科学不应该开这样的玩笑。如果我们这些平庸之辈能派上用场,那至少要让我们能够生活下去。如果不能,那也要让我们去到公路上敲碎石子。是的,当那位老实的总监向我讲述贫穷的不幸经历后,我已经看清了现实！我讲的是并不太久远的事。自那以后,事情有了很大的改变;但是当梨子成熟时,我已经过了采摘的年龄。

现在我应该如何克服总监所提到的以及我个人经历中所证实的一些困难？我将从事工业化学。在圣马蒂亚勒上公开课时,我可以自由使用那个宽敞、设备还算齐全的实验室。我为什么不利用这个条件呢？

阿维尼翁的主要工业是茜草。农民提供茜草,经由工厂加工成更纯、更浓缩的产品。我的前辈就是干这行的,而且干得很好。那就让我跟随他的步伐,利用这继承来的大缸和熔炉等昂贵的工具开始干吧。

我要研制什么产品呢？我打算提取出染色成分——茜素,把它从茜草根部分离出来,得到一种纯净的、可以直接用来染布的染料,这种方法比古老的印染工序更加迅速。

当找到解决方法后,问题就变得再简单不过了;可当问题需要解决时,它总是显得那么棘手！为此我不知道耗费了多少脑筋和耐心,哪怕没有得到想要的结果我也不气馁;不知道有多少次我在这昏暗的教堂里冥思苦想！当实验推翻了我的计划时,那是多么令人沮丧啊！我像古代的奴隶一样,为了积攒一笔赎身费而顽强坚持,我要以明日的成功来回答昨日的失败,可经常还是失败了,有时也能取得一些进展。我不屈不挠地继续前进,因为我不可战胜的雄心。

我会成功吗？可能吧。最后我得到了一个满意的答案。我用一种便宜而且实用的方法得到了纯净的、体积很小的浓缩染料;无论是印还是染,效果都很好。我的一位朋友开始在他的工厂里大规模采用我的方法进行印染;好几家印布工厂都采用了这种染料,并且很满意。我终于成功了,一道玫瑰色的裂缝出现在阴霾色的

“玫瑰色的裂缝”“阴霾色的天空”,比喻形象生动,茜草染色成分提取的成功,让作者看到了希望,解决了他的生计问题,从而可以安心研究昆虫。

天空里。我终于能获得那笔小小的财富了,没有它我便不能在大学教书。摆脱了每天令人痛苦的生计问题,我就可以安心地生活在昆虫中间了。

在决定事情成败的工业化学给我带来的喜悦中,另一道阳光给我增添了新的快乐。让我们回到两年前。两位总学监来到我们学校视察,一位负责文科,一位负责理科。视察结束后,全体教员被召集到校长室来接受这两位大人物的最后的指示。负责理科的总学监先开始。我实在不想去回想他说的话。完全是官方评论,毫无激情可言,让人听完转身就忘了。我以前听过不少这样的说教,从来没有一次给我留下过深刻印象。

然后是负责文科的总学监讲话。刚听他讲了几句话,我心想:

“噢!这回不大一样了!”

他的演讲语言生动,慷慨激昂,不落俗套,他跳跃的思维翱翔在哲学的宁静天空中。这次我洗耳恭听,甚至为之振奋。他的讲话不是行政说教,而是充满了热情,很有吸引力,这是个精通说话艺术的人,是个真正意义上的演说家。在我的学校生涯中,我还没有听过如此激动人心的讲话。

会议结束后,我的心跳比以往加快了。

我心想:“好遗憾啊,我是搞理科的,无法有朝一日和这位总学监建立联系。我觉得我们能成为好朋友。”

我向那位总是消息比我灵通的同事询问他的名字,他们告诉我他叫维克多·杜雷。

两年后的某一天,我正在我的蒸馏罐之间巡视,双手因经常接触红色染料变得红通通的,像煮熟的龙虾爪似的怎么擦也擦不掉。这时我竟意外地看到一个人径直走进圣马蒂亚勒教堂,那个身影似曾相识。是的,就是他,是总学监先生,他的演讲曾令我激动不已。杜雷先生现在是公共教育部部长。他曾被人们尊称为“阁下”,这个曾经虚浮的客套话如今变得名副其实。我们都很敬重他,他谦恭而又勤勉。

来访者微笑地说道:“我想和你在阿维尼翁单独呆半个小时,这是我在阿维尼翁的最后半个小时,正好让我从正式的礼节中解脱出来放松一下。”

获此殊荣,我感到局促不安,请他原谅我的服装,我只穿了衬衫,特别是我那龙虾爪似的手,我藏在身后好一会儿不敢伸出来。

“你不必道歉,我就是来看看劳动者的。工人穿着带有油污的工作服比穿其他什么都好。让我们聊一会儿吧。你现在在做什么?”

我用简短的几句话向他解释了我的研究课题；我拿出了我的产品；我当着他的面做了一个用茜红印染的实验。实验的成功以及实验设备的简陋令他感到惊讶，我的实验室里没有蒸汽室应该配备的玻璃漏斗，只有一个简陋的圆底器皿。

他说："我要帮助你，你的实验室里需要什么？"

"不，部长，我什么也不需要！我稍微想想办法，现有的工具就足够了。"

"你什么都不需要！你真是很独特！别人都是向我提一堆要求，他们的实验室已经装备精良了。而你，如此清贫，却拒绝我的帮助！"

"不，我很愿意接受一样东西。"

"是什么？"

"我是否有荣幸能和您握一下手？"

"来，我的朋友，让我们衷心地握手。但这还不够。你还有别的想要的吗？"

"巴黎植物园是您的管辖范围。如果有鳄鱼死了，请帮我留一张鳄鱼皮。我要把里面塞满草，挂在我的拱顶上。那样我的工作室就可以和巫师的神秘之地比个高低了。"

部长环顾了四周，瞥了一眼那个拱顶，笑着说道：

"这主意不错。我现在认识作为化学家的您了。以前我只知道作为自然主义者和作家的您。我听说过您的小昆虫，但我得走了，没法看了，下次吧。我的火车要开动了，可以陪我去火车站吗？就我们俩，那样路上还能多聊会儿。"

> 通过这段对话，杜雷先生和作者的形象跃然纸上。杜雷先生谦恭勤勉、和蔼可亲，他赏识有才华的法布尔，并想为他的研究提供帮助。作者则是一位诙谐幽默，专心于研究的科学家形象。

我们一边走着一边讨论着昆虫学和茜草。我的羞怯感早已消失了。如果面对的是一位骄傲自大的蠢材，我会沉默不语；如果面对的是一位崇高率直的智者，我会很自在。我告诉了他我在自然史方面的研究，我的教授计划，以及与艰苦命运的抗争，我的希望和担心。他鼓励我，说我会有个更好的未来。我们到了火车站后，在站外一边来回走着一边轻松愉快地谈话。

一位可怜的老太太经过，衣衫褴褛，岁月的沧桑和田间的劳作使她的背部变得弯曲。她伸出手来祈求施舍。杜雷从马甲中掏出一个两法郎的硬币放在她伸出的手上。我也想再加两法郎，可我的口袋和往常一样空荡荡。我走到那个乞讨的老人身边，对她轻声说道：

“你知道是谁给你的吗？是皇帝陛下的部长大人。”

可怜的妇人惊呆了，她惊讶地上下打量那位慷慨的大人物，然后把目光转移到银色的硬币上，然后又转移到慷慨的大人物身上。天哪！这是多么意外的收获啊！

她用沙哑的声音喊道：“佩卡伊尔！”

然后她鞠躬点头，走开了，她的眼睛一直盯着手中的硬币。

“她说什么？”杜雷问。

“她说祝您健康长寿。”

“那佩卡伊尔是什么意思？”

“佩卡伊尔本身是一首诗，表达人们内心的感激之情。”

我也在心里重复着这朴实的祝福。当乞讨者向他伸出手时，他能够停下来，那他的灵魂中一定有比做部长所具备的才能更加可贵的东西。

我们进入了火车站，他许诺过他会和我单独在一起的，我无所畏惧。但如果我预见到接下来的情况，我肯定会及早离开的！一群人把我们慢慢围住，现在要走已经来不及了，我尽量做出镇定自若的样子。少将和他的军官们，省长和他的秘书，市长和他的助理，学校总监和优秀教职工代表都走了过来。部长面对着围成半圆形的人群，我就站在他身边。一边是人群，另一边是我们两个。接下来是惯常的鞠躬行礼，他来到我的实验室时我却忘了这些。忠实的狗在墙角向圣克罗鞠躬敬礼，同时也向主人身边的小人物致意。我有点儿像圣克罗的狗面对着与我毫不相干的这些显贵。我站在那儿看着，把我那红通通的双手藏到身后，藏在宽边帽下。

官方的问候之后开始谈话，但并不热烈；部长抓住我藏在帽子下的右手，轻轻拉着。

“为什么不把你的双手给这些先生们看？”他说，“他们会为引以为豪的。”

我用胳膊肘推拉了一阵，但仍是徒劳，我只能顺从，伸出了我的龙虾爪。

省长的秘书说道：“这是工人的手，真真正正工人的手。”

将军看到我和这些重要人物站在一起，有些震惊，附和道：

“是一双印染工人的手。”

“是的，这是一双工人的手，”部长反驳道，“我多么希望能有一双这样的手。相信我，这双手将有助于我市的主要工业的发展。这双手不仅精通化学实验，而且能够灵巧地使用鹅毛笔、铅笔、解剖刀和放大镜。看来你们还不认识他，我很乐意把他介绍给你们。”

这时我真恨不得能有条地缝钻进去。幸好火车要开动的铃声响了。我向部长道别后便匆忙离开了，他还在因刚才给我开的玩笑而发笑。

这件事被传开了，这是必然的，火车站大厅里没有秘密。我也因此尝到了大人物庇护下的烦恼。我被认为是个有影响力的人，能够呼风唤雨。我深受那些求职者和推销员的纠缠。这个人想开一家烟草店，那个人要为儿子申请助学金，那个人想要增加养老金。他们说只要我提出来就能办到。

世俗社会的权力和社会关系，在作者那里并没有存在的空间，他的脑子里只有对昆虫和自然的狂热。

噢，天真的人们，你们真会幻想！你们会发现我只会帮倒忙。我承认我有许多怪癖，但我确实没有这个癖好。我赶走了那些纠缠不休的人们，他们丝毫不能理解我的谨慎。如果他们知道部长要帮助我的实验室时，我却和他开玩笑说我想要一张鳄鱼皮挂在拱顶上，他们会怎么说我！他们肯定以为我是个傻子。

六个月过去了，我收到了一封部长的召见信。我猜测他是要提拔我去一所重点高中教书，于是我写信请求他让我留在原来的学校，留在冶炼炉和昆虫的身边。第二封信来了，比第一封信更加紧急，并署有部长的亲笔签名。信上说：

“立刻前来，否则我将派宪兵将你抓来。”

没办法，二十四小时后，我来到了杜雷的办公室。他热情地和我握手，然后拿起一份导报，说：

“看看这个，你拒绝了我的化学仪器，但你不会拒绝这个。”

我看向他手指的那行，发现我的名字被列在荣誉勋位团里。我惊呆了，结结巴巴地一时想不到感谢的话语了。

他说：“你到这儿来，让我来给你个嘉奖，我将是典礼的主持人。典礼就在你我之间秘密举行，你应该会更喜欢。我了解你的！”

他在我的衣服上别上红绶带，亲吻了我的两颊，并让我发电报将这件事汇报给我的家人。和这位大人物在一起的这个早晨多么美好！

我很清楚这装饰性绶带和金属徽章的虚荣性，特别是那些常见的不正当手段败坏了荣誉时，但这条绶带对我来说非常珍贵。这是个纪念品，而不是用来炫耀的物品。我将虔诚地将它存放在抽屉里。

桌上有一包厚书，这是刚结束的一八六七年万国博览会草拟的科学发展的报告集。

部长说道：“这些书是给你的，把它们带走吧。你可以在闲暇的时候翻阅看看，你会感兴趣的。这里面还涉及你所研究的昆虫。你把这个也带回去，补偿你这次的路费。不应该由你来承担我强加给您的旅行的路费。如果还有剩余，就把它用于你的实验室吧。”

他把一叠二百法郎的钱币交到我手上。我想拒绝也没有用，我便提醒他我的路费没那么昂贵；而且他赐予我的拥抱和绶带的价值是这些路费无法比拟的。但他仍然坚持。

“拿着这些钱，否则我就发火了。还有，你明天要和我一起去皇宫，参加一个学术团体招待会。”

他看到我一脸困惑，好像是因即将被皇帝接见而情绪低落，他说：

“别想从我这儿逃跑。当心我信上跟你讲过的那些宪兵。你进来时已经看见那些戴熊皮高帽的人了，小心别落到他们手上。为了防止你逃跑，我要和你一起乘我的车去杜伊勒里宫。”

事情如他所愿地发生了。第二天，在部长的陪同下，我被一些穿着短裤和带银扣的皮鞋的侍从领到了杜伊勒里宫的一个大厅里。他们看起来很奇怪。他们的服装和僵硬的步伐像金龟子一样，但他们没有鞘翅，而是穿着有金边的大燕尾服。大厅里已经有许多来自不同地方的人在等待了，其中包括地理探险家、植物学家、地质学家、收藏家、考古学家和史前燧石收藏家。总之，他们是外省科学生活的代表。

皇帝陛下进来了，他的穿着很简单，除了胸前围着一条红色的波纹丝带外，没有其他华丽的装饰。他像个普通人一样，一点也不威严，胖胖的，留着大胡子，眼睛半闭着，看上去昏昏欲睡。他走到每个人的面前，部长把我们的名字和从事的工作一一像皇帝介绍，皇帝便和每个人交流几句。他能够了解到很多情况，话题从斯匹兹卑尔根岛的冰块到加斯科尼的沙丘，从加洛林王朝的宪章到撒哈拉的植物群，从甜菜的生长到阿莱西亚前恺撒的战壕。当他走到我面前时，他询问我最近关于芫菁完全变态的研究。我回答时语言错乱，把每天使用的“先生”一词和对我来说完全陌生的“陛下”一词弄混了。令人恐惧的这关总算是过了，皇帝继续接见我后面的人。和皇帝的五分钟谈话对我来说是莫大的荣幸。我相信这一点，但我却不希望再有这样的荣幸。

招待会结束了，大家打完招呼后便离开了。部长家设午宴款待我们。我坐在他的右边，获此殊荣我感到局促不安，他的左边是一位有名的生理学者。像别人一样，我也聊到了很多事情，包括阿维尼翁大桥。杜雷的儿子坐在我的对面，他友善地用众人在上面跳舞的那座桥和我开玩笑，他笑我迫不及待地想要再见到那有百里香香味的山丘和满是蝉的灰色的橄榄树。

他父亲问道：“什么！你不打算参观我们的博物馆和我们的收藏品吗？里面有很多有趣的东西。”

“我知道，阁下，但我更愿意去无与伦比的田野博物馆去发现更多有趣的东西。”

“那你打算干什么？”

“我打算明天就回去。”

我必须得回去，我已经在巴黎呆够了；我从来没有体验过置身于人潮中的这种孤独感。我还是走吧，我已经拿定主意要走了。

一旦回到家人中间，我会感觉卸下了思想的包袱，精神得到了放松，我心灵深处的排钟也因此获得了解放，发出了欢快的声音。那个救星工厂即将建立起来，而且充满希望。是的，我将从中获得那微薄的收入，它将帮助我实现在大学讲台上讲授动物和植物的理想。

在人群中的孤独感和在家人面前、在讲台上的放松，这一对比更让我们看到了作者作为昆虫学家的纯粹。

然而命运对我说：“不，你无法得到这笔赎身金了；你永远是个拖着枷锁的奴隶；排钟发出的欢快的声音是不真实的！”

工厂还在全面进行中，就传来了一个消息。一开始只是谣传，说不上可靠，但是很有可能，然后消息就被证实是准确可靠的。化学家已经获得了人造茜草染素，由于有了实验室配置出的染剂，我们那个地区的农业和工业领域发生了翻天覆地的变化。这个成果毁灭了我的努力和希望，但我却没有太吃惊。我自己尝试过研制人造茜素，而且我对此有所了解，我知道，在不远的将来，化学家的蒸馏瓶将取代田间劳作。

我的希望破灭了。下一步做什么呢？让我们换一根杠杆去推动那块西绪福斯巨石。让我们试着从墨水瓶里提取出从茜草罐中提取不到的东西。让我们开始劳作吧！

思维导图

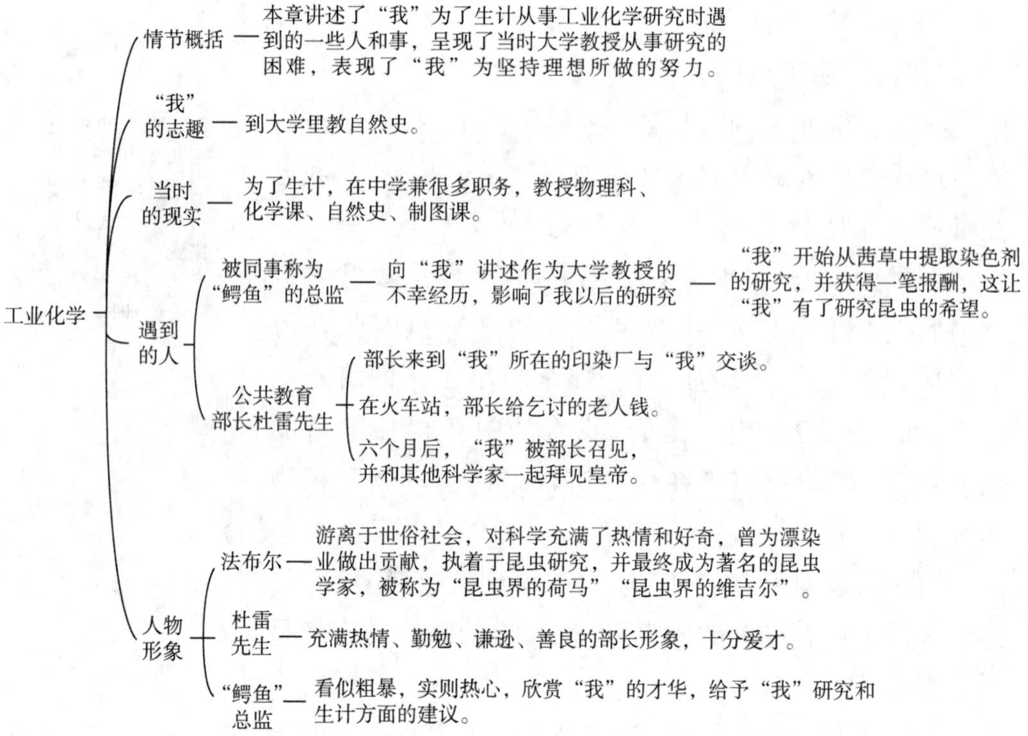

- 工业化学
  - 情节概括 —— 本章讲述了“我”为了生计从事工业化学研究时遇到的一些人和事，呈现了当时大学教授从事研究的困难，表现了“我”为坚持理想所做的努力。
  - “我”的志趣 —— 到大学里教自然史。
  - 当时的现实 —— 为了生计，在中学兼很多职务，教授物理科、化学课、自然史、制图课。
  - 遇到的人
    - 被同事称为“鳄鱼”的总监 —— 向“我”讲述作为大学教授的不幸经历，影响了我以后的研究 —— “我”开始从茜草中提取染色剂的研究，并获得一笔报酬，这让“我”有了研究昆虫的希望。
    - 公共教育部长杜雷先生
      - 部长来到“我”所在的印染厂与“我”交谈。
      - 在火车站，部长给乞讨的老人钱。
      - 六个月后，“我”被部长召见，并和其他科学家一起拜见皇帝。
  - 人物形象
    - 法布尔 —— 游离于世俗社会，对科学充满了热情和好奇，曾为漂染业做出贡献，执着于昆虫研究，并最终成为著名的昆虫学家，被称为“昆虫界的荷马”“昆虫界的维吉尔”。
    - 杜雷先生 —— 充满热情、勤勉、谦逊、善良的部长形象，十分爱才。
    - “鳄鱼”总监 —— 看似粗暴，实则热心，欣赏“我”的才华，给予“我”研究和生计方面的建议。